国家自然科学基金项目研究成果

小微企业安全生产市场化服务研究

梅　强　刘素霞　著

U0333187

科　学　出　版　社

北　京

内 容 简 介

本书在深入剖析我国小微企业安全生产市场化服务现实问题的基础上,将定性研究与定量分析相结合,理论分析与实践研究相补充,数理分析与模拟仿真相融合,围绕我国小微企业安全生产市场化服务现状、小微企业安全生产服务市场的形成与培育、小微企业安全生产市场化服务运行机制、小微企业安全生产市场化服务质量评价等系列科学问题进行深入、系统的研究。研究内容既丰富了安全科学理论体系,又为研究安全生产问题提供了可供借鉴的理论框架;研究结论与对策建议可为政府安全生产监管部门制定安全生产服务相关政策提供决策支持。

本书既可作为管理学、安全科学相关专业学者研究安全管理、安全生产服务的参考书,也可作为政府部门工作人员、企业安全管理人员强化安全生产市场化服务相关理论知识、提高安全管理工作技能的学习指导书。

图书在版编目(CIP)数据

小微企业安全生产市场化服务研究/梅强,刘素霞著. —北京:科学出版社,2021.2

ISBN 978-7-03-063577-8

Ⅰ. ①小… Ⅱ. ①梅… ②刘… Ⅲ. ①中小企业 – 安全生产 – 生产服务 – 研究 Ⅳ. ①F276.3 ②X931

中国版本图书馆 CIP 数据核字(2019)第 273477 号

责任编辑:王丹妮 / 责任校对:陶 璇
责任印制:张 伟 / 封面设计:无极书装

科学出版社 出版
北京东黄城根北街 16 号
邮政编码:100717
http://www.sciencep.com

北京凌奇印刷有限责任公司 印刷
科学出版社发行 各地新华书店经销

*

2021 年 2 月第 一 版 开本:720×1000 B5
2021 年 2 月第一次印刷 印张:18
字数:360 000
POD定价:168.00元
(如有印装质量问题,我社负责调换)

序

　　安全生产不但关系到人民群众的生命和财产安全，而且关系到社会的稳定和经济健康发展。随着安全管制的加强，我国安全生产形势近年来持续稳定好转，但仍处于脆弱期、爬坡期、过坎期。与大中型企业相比，小微企业安全生产资源、实力不足，在一定程度上面临安全生产"无人管""不会管"的状况，这成为职业危害和事故隐患的重灾区。只有全面提升小微企业安全生产水平，才能实现我国安全生产形势的根本好转。

　　要想全面提升小微企业安全生产水平，就要从根本上杜绝小微企业对安全生产事故和安全生产监管的侥幸心理，并有效弥补小微企业安全生产资源实力弱的现实缺陷。因此，我国在加强安全管制的同时，需要对小微企业安全生产进行服务扶持，加强政策引导，有效整合各类社会资源，大力推行小微企业安全生产市场化服务，通过市场机制实现社会安全生产资源的优化配置；开展安全生产市场化服务，借助各类服务机构的专业与技术优势来助力小微企业安全生产，这将对新形势下提高我国安全生产水平起到积极作用。

　　然而，我国安全生产市场化服务起步较晚，目前还处于初级阶段，存在安全生产服务机构能力有限、安全生产服务市场混乱、安全生产服务质量难以保证等现实难题。继 2016 年 12 月 31 日国务院安全生产委员会发布《国务院安全生产委员会关于加快推进安全生产社会化服务体系建设的指导意见》之后，2018 年 6 月 19 日，工业和信息化部、应急管理部、财政部和科技部四部委联合发布了《工业和信息化部 应急管理部 财政部 科技部关于加快安全产业发展的指导意见》，提出以企业为主体，市场为导向，强化政府引导，着力推动安全产业创新发展、集聚发展，积极培育新的经济增长点。大力发展安全生产市场化服务，需要在摸清现实难题的基础上，对小微企业安全生产市场化服务的形成机理、运行机制等进行深入研究。

　　梅强教授率领团队成员从 20 世纪 90 年代开始，研究中小企业安全生产问题，承担了多项国家自然科学基金项目及各类省部级课题，产出了丰富的研究成果。其 2011 年在科学出版社出版的《中小企业安全生产管制研究——基于生命价值理论视角》，也是本人写的序，此书当时提出："由于员工生命价值被严重低估，企业预期事故损失过低造成市场失灵，导致中小企业安全投入动力不足，进而需要加强安全管制。"之后，随着安全管制的加强和研究工作的进一步深入，梅强教授率领团队进一步针对小微企业的安全生产现实困境，研究如何有效发展小微企业安全生产市场化服务，形成了《小微企业安全生产市场化服务研究》一书，为我们思考如何解决现阶段小微企业安全生产问题提供了一个全新的视角，为我们全面认识安全生产市场化服务提供了系统的理论知识。该书是梅强教授主持的国家自然科学基金项目"基于小微企业行为分析的安全生产服务运行机制与引导策略研究"的主要成果，是其团队近 30 年持续跟进研究企业安全生产问题的学术成果的结晶。

该书围绕小微企业安全生产市场化服务现状、问题、形成、培育、运行、质量评价等内容进行深入、细致、全面、系统的研究工作，是以安全生产服务为主题的专著。该书的第一个特色是剖析出了安全生产服务市场的政策导向型特征，并从服务需求和供给双侧对安全生产市场化服务进行深入研究，提出安全生产服务市场培育对策。该书的第二个特色是将扎根理论的定性研究与计算实验的量化研究相结合，对小微企业安全生产市场化服务运行过程中的问题进行深入剖析，在探清市场化服务运行过程中的刚需服务目标偏离机理、违规的演化规律以及柔需服务质量监管的演化规律后，提出规范市场化服务运行的对策措施。该书研究内容不但丰富了安全科学、服务科学的理论体系，而且为创新安全生产治理提供了有益的理论框架。

安全工作，任重道远。希望在安全生产政策的积极引导和各级政府安全生产监管部门的努力下，小微企业严格落实安全生产的主体责任，服务机构充分发挥安全生产专业与技术优势，安全生产服务市场规范运行，从而实现安全生产社会资源的优化配置，全面提升小微企业安全生产水平。

中国工程院院士
西安交通大学管理学院名誉院长
汪应洛
2020 年 9 月 6 日

前　　言

本书是国家自然科学基金项目"基于小微企业行为分析的安全生产服务运行机制与引导策略研究"（71373104）的主要研究成果。

笔者率领团队成员一直致力于研究中小微企业发展系统化管理，从 20 世纪 90 年代初开始，研究中小微企业的安全生产问题。笔者率领的中小企业发展研究中心于 2008 年被评为江苏省首批哲学社会科学研究基地，率领的中小企业创新创业研究团队于 2013 年被评为江苏高校首批哲学社会科学优秀创新研究团队；在主持中小企业发展相关问题的联合国开发计划署资助项目、国家社会科学基金项目、国家软科学项目等系列研究的过程中，深刻认识到安全生产对社会经济发展的重要作用和对中小企业健康发展的重要意义，提出了以生命价值研究为基础、提高工伤（亡）赔偿标准、加大中小企业安全投入压力和动力的主张，并于 2008~2010 年承担国家自然科学基金项目"基于生命价值理论的中小企业安全生产管制研究"（70773051）的研究工作，主要研究成果——《中小企业安全生产管制研究——基于生命价值理论视角》在 2012 年被评为江苏省哲学社会科学优秀成果奖二等奖。

然而，研究发现，面广量多的小微企业由于安全生产资源实力弱，缺少将安全生产监管压力转化为动力的条件，在加强安全生产监管的同时，还需要开展安全生产服务。同时，企业安全生产行为选择是一个复杂的决策过程，需要考虑内外部因素的交互作用。这两项研究内容分别于 2013 年、2014 年获得国家自然科学基金项目"基于小微企业行为分析的安全生产服务运行机制与引导策略研究"（71373104，梅强主持）、"企业安全生产行为：影响机理、企业行为选择与政府引导策略研究"（71403108，刘素霞主持）的资助，团队成员对小微企业、服务机构进行了广泛的调研和深入的理论分析，并将规范分析与数理模型和模拟仿真相结合，很好地完成了预期目标，本书正是在第一个项目研究成果的基础上提炼而成的。

本书针对小微企业安全生产"无人管""不会管"的事实，综合运用系统科学的基本原理，博弈论和演化经济学的基本思想，演化博弈、信号博弈、扎根理论和计算实验等研究方法，围绕小微企业安全生产市场化服务展开系统研究。构建内生专业化水平的企业内部职能分工外化模型，分析小微企业安全生产服务市场形成的最低有效需求规模和安全生产市场化服务供给的交易效率阈值，并且认为在安全生产市场化服务运行的初级阶段，政府安全生产监管部门一方面需要激发小微企业安全生产服务需求，另一方面需要对安全生产服务市场进行培育，这论证了小微企业安全生产服务市场是一个 H 型的政策引导型市场。运用扎根理论方法分析小微企业安全生产刚需服务运行目标偏离形成机理，运用计算实验方法分别模拟小微企业安全生产刚需服务运行违规演化规律和安全生产柔需服务质量监管演化规律，分别针对安全生产刚需服务和柔需服务，设计服务质量评价指标体系。在充分借鉴发达国家安全生产市场化服务经验的基础上，提出我国发展小微企业安全生产市场化服务的优化策略。考虑到安全生产托管服务这一典型的创新性安全生产柔需服务模式正逐步在多地试点，特选取某电镀工业园进行实践研究，总结该园区安全生产托管服务的动力、利益联盟及工作特色。

本书凝聚了笔者的大量心血，同时也离不开诸多机构、专家和学者的大力支持。感谢国家自然科学基金委员会提供的资金支持。感谢江苏省中小企业发展研究基地、江苏省应急管理厅、镇江等市各级安监部门以及受访、受调查服务机构、小微企业、园区管理部门、专家和学者等的通力协助。本书在写作过程中，吸收了大量的相关研究成果和专家学者的观点，书稿的形成仰仗于广大同仁富有启发性的观点，对广大专家和学者深表谢意。

本书主要作者为江苏大学管理学院博士生导师梅强教授和刘素霞副教授，主要成员包括仲晶晶、张菁菁、王艳和于泽聪等，偌红、高灵洁、王程、陈华仲、李航烽等研究生协助本书校对。江苏大学管理学院安全管理课题组的部分博士后和研究生参与了本书相关内容的调研与研讨活动。全书由梅强教授负责统稿和定稿，刘素霞协助修改全书。

目前，未见以安全生产服务为主题的学术专著，希望本书能为各级安全生产监管部门制定安全生产治理、安全生产服务引导政策提供理论与实践依据，为安全生产、服务科学领域的专家、学者进行相关研究工作提供借鉴与思考。然而，安全生产市场化服务涉及管理科学、经济科学、系统科学、安全科学等诸多学科，是一个多学科交叉的复杂问题，加之笔者的研究水平有限，书中难免存在某些有待商榷的思想和观点，恳请读者批评指正。

梅 强

2020 年 6 月 30 日

目　　录

第4篇　小微企业安全生产市场化服务质量评价研究

第5篇　提高小微企业安全生产市场化服务的对策研究

第6篇 小微企业安全生产市场化服务的实践研究

第1章 绪 论

1.1 研究背景及问题的提出

1.1.1 研究背景

第一，小微企业在我国经济社会中具有特殊的重要地位，但因为侥幸心理的存在，加之安全生产资源实力不足，导致其职业危害和安全事故突出。

小微企业是国民经济的"基本细胞"，是维护社会稳定、促进社会经济发展的中坚力量。截至 2018 年底，我国所有市场主体达 11 020 万户，个体工商户约 7 328.6 万户[①]，中小企业的数量已经超过了 3 000 万家，贡献了全国 80%以上的就业岗位，70%以上的发明专利，60%以上的 GDP（gross domestic product，国内生产总值）和 50%以上的国家财政税收[②]。

但是，一方面，相当数量的小微企业主安全生产意识淡薄，对政府的安全生产监管和安全事故的发生心存侥幸，认为政府的安全生产监管力量有限，即使安全生产违法违规也不一定会被发现；认为安全事故是小概率事件，即使安全生产投入不足，也不一定会发生事故。侥幸心理的存在使得小微企业失去了安全生产动力。另一方面，大部分小微企业技术、设备落后，安全设施配备不足；资金紧缺，没有专项安全资金；管理人员素质较低，对安全生产政策法规不了解；职工数量少，难以针对安全生产形成专人管理。由于其安全生产资源实力不足，即使政府不断加大安全生产监管力度，也难以将安全生产压力转化为小微企业的安全生产动力。"侥幸心理+安全生产资源实力不足"使得小微企业成为职业危害和安全事故隐患的重灾区，伤亡事故频繁发生。

第二，借助服务机构的专业技术优势，大力开展安全生产市场化服务，是解

---

① http://www.samr.gov.cn/zhghs/tjsj/201902/t20190228_291539.html.

② http://www.chinanews.com/m/gn/2019/09-20/8961119.shtml.

决小微企业安全生产问题的有效途径。

　　我国政府对小微企业的安全生产问题，主要采取一些强制性的管制措施，但由于小微企业量大面广且多分布在乡镇，对其安全生产监管能力薄弱，安全管制政策很难执行到位。政府职能应由管制型向服务型转变，通过"花钱买服务"的形式，借助服务机构的力量来强化监管力量和服务能力，增加小微企业安全生产压力，杜绝小微企业主的侥幸心理。根据蓝柏格定理，压力变成动力，需要一个转化的条件，那就是压力的承受者有承受压力的能力。该理论可以解释，为何以往研究通过提高安全事故罚金、工伤（亡）赔偿标准等经济约束措施来增加企业安全生产的压力，可以规范大中型企业的安全生产行为，而无法促使小微企业将这种安全生产压力转化为安全生产动力。究其原因，是小微企业资源实力的限制使其难以承受安全生产压力，进一步助长其侥幸心理。

　　在加强安全生产管制的同时，大力发展市场化的安全生产服务，才能从根本上治理小微企业安全生产问题。20 世纪 90 年代，国家积极在建设项目（工程）验收过程中推行职业安全卫生评价工作。2002 年，为适应安全生产形势的发展，国家安全生产监督管理局和国家煤矿安全监察局发布了《印发〈关于加强安全评价机构管理的意见〉的通知》（安监管技装字〔2002〕45 号），确定了安全评价的概念、类型。2006 年，广州市率先推动实施了安全生产托管模式，之后，广东、浙江、四川、江苏等省陆续推行安全生产托管制度，并取得了一定成效。《中共中央　国务院关于推进安全生产领域改革发展的意见》中强调，着力堵塞监督管理漏洞，坚持系统治理，综合运用法律、行政、经济、市场等手段，落实人防、技防、物防措施，提升全社会安全生产治理能力。2016 年 12 月 31 日，国务院安全生产委员会发布了《国务院安全生产委员会关于加快推进安全生产社会化服务体系建设的指导意见》，2018 年 6 月 19 日，工业和信息化部、应急管理部、财政部和科技部四部委联合发布了《工业和信息化部　应急管理部　财政部　科技部关于加快安全产业发展的指导意见》，提出以企业为主体，市场为导向，强化政府引导，着力推动安全产业创新发展、集聚发展，积极培育新的增长点。

　　与大中型企业相比，小微企业内部安全生产往往缺乏专业机构、人员进行管理，更需要安全生产技术、管理、咨询、指导、培训等市场化服务。《中华人民共和国安全生产法》（以下简称《安全生产法》）（2014 版）第二十一条规定，矿山、金属冶炼、建筑施工、道路运输单位和危险物品的生产、经营、储存单位，应当设置安全生产管理机构或者配备专职安全生产管理人员。前款规定以外的其他生产经营单位，从业人员超过一百人的，应当设置安全生产管理机构或者配备专职安全生产管理人员；从业人员在一百人以下的，应当配备专职或者兼职的安全生产管理人员。因此，相当部分的小微企业没有设立安全生产机构、没有专职安全管理人员,安全生产问题突出。借助服务机构的安全生产专业技术优势,助力小微企业安全生产,这是安全管理的创新模式,是破解小微企业安全生产问题的有效途径。

第三,处于初期阶段的安全生产市场化服务,在运行过程中涌现出了一系列难题,亟须明晰其形成机理与运行机制等。

《安全生产法》《安全生产许可证条例》等法律法规要求,如矿山、金属冶炼、危险化学品、建筑施工等企业必须由具有国家认可资质的安全评价机构出具安全评价报告,从而获得安全生产许可证。相关法律法规的确立执行直接催生出了企业对于安全评价的刚性需求。同时,随着安全生产管制力度的加强和政府安全生产服务扶持政策的开展,小微企业中安全生产意识比较强的企业,也开始通过购买咨询、培训、指导等安全生产服务来提升其安全管理水平。近年来,安全生产服务市场发展迅速并初具规模,为小微企业安全生产管理带来了新的活力。

不可否认的是,我国小微企业安全生产市场化服务发展仍处于初期阶段,在发展过程中涌现出一系列问题,如小微企业在政策压力下被动购买安全生产服务,购买意愿低,缺乏对高质量服务的追求动力,等等。同时,我国的安全生产服务机构多依附于政府部门而存在,安全服务供给水平低,存在市场运行目标偏移系统运行、效率低下的问题;安全生产服务市场不规范,市场秩序混乱,市场化服务运行过程中服务质量低劣乃至违规问题;等等。这些问题的存在,限制了安全生产市场化服务的自由健康发展,不利于小微企业安全生产管理质量的提升。并且,安全生产市场化服务不同于一般意义上的市场化服务,需要政府部门发挥桥梁作用,从系统整体对安全生产服务需求、供给双侧进行政策引导,以实现安全生产市场化服务供需联动机制,提高服务效果。因此,为解决小微企业安全生产市场化服务存在的问题,需要从系统的角度,深入剖析小微企业安全生产市场化服务的形成机理与运行规律。

1.1.2 问题的提出

"侥幸心理+安全生产资源实力不足"是小微企业安全生产问题的症结所在。在加强安全生产管制的同时,需要大力发展市场化的安全生产服务,从而杜绝小微企业的侥幸行为,激发其安全生产积极行为,进而提高其安全生产能力,最终从根本上提高小微企业整体安全生产水平。

在市场经济条件下,小微企业是安全生产的责任主体,而作为监管主体的政府不应该再统包统揽,需要从"全能型"政府向"有限服务型"政府转变。

政府部门应该更多从法律及法规的制定、标准的拟定等制度层面监管小微企业的安全生产，而更为具体的管理和服务工作应交由更为专业的机构——安全生产服务机构来完成。由于我国的安全生产服务机构大多依附于政府而存在，安全生产市场化服务供给水平低，而小微企业的特性又使其难以主动地寻求安全生产服务，故安全生产服务处于供需双低的非正常均衡状态，不利于小微企业安全生产。同时，安全生产具有显著的正外部性，更需要政府对安全生产服务市场进行培育，以实现安全生产服务供需联动。在行为交往过程中，安全生产市场化服务系统各主体不是完全理性的，其交往过程是一个不断试错与学习的过程，难以应用传统的博弈理论来进行解释与分析。因此，需要对安全生产市场化服务形成机理和运行机制进行深入剖析，进而提出培育安全生产服务市场并引导其优化运行的策略。

1.2　研究目的及意义

1.2.1　研究目的

本书的研究目的是，在理论分析与现状分析的基础上，探明小微企业安全生产市场化服务运行过程中存在的问题；通过对安全生产服务市场形成机理的分析，明晰安全生产服务市场形成的条件和培育的路径；通过对安全生产市场化服务运行过程中的各类问题的深入剖析，明晰问题的成因与演化规律；通过分析安全生产市场化服务评价的特点，构建服务评价体系。并以以上分析结果为基础，全面提出优化小微企业安全生产市场化服务的对策建议。

1.2.2　研究意义

1. 理论意义

本书通过对安全生产服务机构及安全生产服务市场产生演进过程的微观动态刻画，明晰安全生产服务市场的形成机理；通过剖析市场运行过程中存在的问题，科学刻画安全生产服务市场运行过程并揭示其系统复杂性，探索安全生产服务市场运行规律；通过分析安全生产市场化服务评价的特点，构建小微企业安全生产市场化服务评价体系。

本书研究有助于创新安全生产服务理论，开拓安全生产服务、安全生产管制、监管等相关课题的研究空间，为小微企业安全生产治理问题研究提供新的研究范式，为安全生产服务的研究框架构建奠定一定的理论基础，并为安全生产服务市场运行优化研究提供新的理论依据。

2. 实践意义

本书研究的实践意义在于，通过对小微企业安全生产服务市场形成及培育、运行过程中问题成因及演化规律、服务质量评价的系统研究，明晰政府、安全生产服务机构和小微企业在安全生产市场化服务过程中的不同职能、交互关系及整体"涌现"现象的演化过程。为政府加强安全生产工作立法、执法，扶持多样化的安全生产服务机构，优化安全生产市场化服务，进而全面提升小微企业安全生产水平提供政策依据和理论指导。同时也为有效降低小微企业安全生产事故率，提高小微企业安全生产治理水平开辟一条新路径。

1.3 国内外研究综述

早在 17 世纪，国外学者就注意到劳动力由农业向制造业，再向服务业转移的问题。而安全生产市场化服务逐渐进入学者关注的视线则始于 20 世纪六七十年代。服务业涵盖了批发零售、金融、保险、房地产、公共部门及个人服务等领域的商业活动。制造活动中也包含了服务（即生产者服务）。安全生产服务便是生产者服务中的一项重要内容。

最早将企业安全生产服务独立出来，建立专业安全生产服务机构制度的是西方一些发达国家，该制度与市场经济体制对社会分工专业化进程的要求相适应。安全生产服务可以分为技术性服务和事务性服务，具体包括安全评价、安全咨询、检测检验、教育培训、治理事故隐患、安全生产管理、事故调查分析等。相关研究内容主要集中在以下方面。

1.3.1 安全生产市场化服务必要性与重要意义的研究

在加强安全生产管制的同时，小微企业由于在信息、资金、人员等方面的限制，需要市场化的安全生产服务（梅强和刘素霞，2011）。Walters（2004）、Eakin 等（2010）从中小企业收集信息的资金与能力的局限方面阐述了成立服务机构、提供安全生产市场化服务的必要性；Hasle 和 Limborg（2006）通过文献综述，认为小企业的员工比大企业的员工面临更高的风险，小企业在控制风险方面存在困难，有必要由中介机构参与小企业的管理系统进行风险预防活动。Hasle等（2009）提出，小企业主处理健康和安全的方式与大企业不同，他们无法从过去的事故中吸取教训，需要第三方安全专业人员与小企业主和雇员发展基于信任的对话。Samant等（2007）认为，没有工会的小型企业可能更容易发生职业伤害，政府应制定针对企业安全生产委员会建立和发展的政策或干预措施，以改善小型企业的职业安全健康状况。

服务机构提供的专业服务能够有效促进小微企业安全生产水平的提升。Olsen和Hasle（2015）阐明了服务机构对小型企业职业健康和安全计划转型与传播的贡献。有的认为充分利用第三方参与的、混合的、自我响应监管模式效果更好（Alders and Wilthagen，1997），有的则认为服务机构加入的合作规劝监管比政府强制监管更有利于实现监管目标（Rouviere and Caswell，2012）。Chen等（2009）认为，应从安全培训、管理承诺、应急准备、管理政策、制度建立等方面对航空业的安全管理体系进行管理评价咨询。Hasle等（2014）认为，将当局、雇主、工会等不同行为者结合起来共同防治的政策手段，能有效提升工作场所职业安全健康水平。

我国学者针对小企业安全生产现状，有的提出"4+1"安全生产监督管理模式（李传贵等，2006），或建立由制度、组织和技术共同构成的安全生产支撑模式；有的论述了安全生产服务机构在安全生产技术服务性工作及安全生产服务市场方面的作用与功能（于群和代帆，2004；王凯全和李强，2008；李涛，2010）。李建红（2011）阐述了安全评价对改善企业安全管理、提升安全生产水平的促进作用。杨光（2007）阐述了强化安全生产社会制约机制的功效。印朝富（2013）阐述了在建筑安全管理体系中推行第三方评价制度的好处。徐建（2012）指出，在安全生产监管上，政府需转变角色，借助中介组织力量以更有效地发挥监管作用。伏燕（2012）阐述了行业协会对企业安全生产的服务、协调、自律和监督作用。仲晶晶等（2014）研究表明，安全生产服务市场专业供给模式对企业安全生产具有保障作用，且企业内部自制成本和交易效率对安全生产服务的供给方式具有决定性作用。仲晶晶等（2015）研究表明，在企业生产职能和安全生产服务职能实现专业化分工的模式下，安全生产服务市场专业供给模式能够更好地为企业的安全生产提供保障，并利于企业专注生产。

1.3.2　各国安全生产市场化服务运行情况的研究

基于现实中英国、日本、瑞典等工业化发达国家率先推行职业健康安全法，通过法律途径将职业健康、安全服务市场化的做法，有学者对其进行了回顾。例如，Atherley 等（1978）概述了 1974 年英国颁布的《职业安全与健康法》和其依托民间组织及中介机构将职业健康服务市场化。Muto 等（2000）认为，日本职业健康安全机构在遵守国际和国内相关规范方面表现良好的基础。Brown 等（2001）认为，波兰监管体系在管理小企业职业健康危害方面取得了相当大的成功。Mikkelsen（2001）通过欧洲职业安全健康局发布的报告，认为营销和采购是改善安全的最新方法。Askenazy（2006）认为保险公司对美国企业职业健康与安全做出了重大贡献。Kankaanpää 等（2009）指出，芬兰法律要求雇主必须为其员工职业健康安全负责，必须承担安全成本。Moriguchi 等（2010）通过对日本和荷兰职业医生为小企业员工提供通用的安全生产托管服务效果的对比，指出雇主是改善职业健康安全的关键人员。Morillas 等（2013）通过对瑞典和西班牙实施欧洲指令的比较研究，揭示了健康和安全管理做法有助于减少西班牙安全事故。

Rantanen 等（2013）认为，世界上绝大多数工人因执行不力、覆盖面不全、内容欠缺和能力不足而缺乏职业健康与安全服务。Moyo 等（2015）认为只有加强培训和教育，才能促进南非职业健康发展。Mrema 等（2015）概述了在经济不断扩展的情况下，坦桑尼亚职业健康和安全服务面临的挑战。T. Thiede 和 M. Thiede（2015）认为，孟加拉国船厂采取安全措施减少了伤害，提高了效率，安全认证帮助其进入了更大的国际竞争市场。Jahangiri 等（2016）认为，伊朗自营企业职业卫生服务的实施水平较低，必须提供基本培训以提高其职业卫生服务水平。Lenhardt 和 Beck（2016）研究认为，欧盟国家风险评估覆盖范围和质量仍然存在相当大的缺陷，需要当局加强风险评估的质量控制和咨询，发挥专家作用。Glick 等（2018）发现中东国家健康安全应急体系运行不畅。Šidagytė 等（2015）调查了芬兰、拉脱维亚和立陶宛这三个欧洲国家的职业安全健康实施情况，发现只有芬兰建有较为系统的职业安全健康相关法律。

1.3.3 安全生产市场化服务运行效果及其影响因素的研究

1. 安全生产市场化服务运行效果

西方学术界的研究主要集中在安全认证服务运行效果上。有学者通过模型解释在外部顾问执行的职业健康和安全干预期间导致预防性变化的过程，以及工作场所环境对这些干预措施和变革建议实施的影响（Baril-Gingras et al.，2006）。还有学者讨论认证对职业健康安全管理体系（occupational health and safety management systems，OHSMS）的影响（Granerud and Rocha，2011），以及认证如何影响职业和健康管理系统的过程（Hohnen and Hasle，2011）。

有研究认为，保险和监管机构、安全代表、工会和职业安全健康委员会等在事故预防活动中都能发挥积极作用，进而帮助企业有效降低职业伤害和职业病率（Tompa et al.，2007；Hovden et al.，2008；Yi et al.，2011）。现代职业健康安全立法、干预措施和高质量的员工安全培训可以帮助中小企业改善工作环境（Legg et al.，2015；Ghahramani，2016；Sari，2009；Ulutasdemir et al.，2015）。健全的风险评估方法不仅能够带来更高水平的风险管理，还能主动预测职业风险事故和事故征候，并预防其发生（Cioca et al.，2010）。Steel 等（2018）通过对 2007~2017 年公布的职业健康保险项目进行的系统经济评价，发现生产率是吸引安全投资的关键因素。Legg 等（2015）研究认为，现代职业健康保险立法和干预措施有助于改善中小企业工作环境，但要越来越多地考虑中小企业具体特征。

但也有学者认为，安全服务运行效果不尽如人意。例如，Quinlan 和 Bohle（2009）通过对过去 20 年国际上安全服务运行情况的研究，发现 85%的安全生产服务效果较差。当安全服务系统与小型工作场所性质和实际现实不一致时，安全服务效果较差（Eakin et al.，2010）。Meershoek 和 Horstman（2016）认为，专业服务机构在将员工健康转变为商品方面发挥了重要作用，但同时也指出，职业健康市场的发展方向及其产生的副作用，以及市场能在多大程度上识别和消除这些副作用。

2. 影响安全生产市场化服务运行效果的因素分析

安全生产市场化服务运行效果的影响因素很多。Olsen 和 Hasle（2015）、Tucker 和 Turner（2014）等从服务机构、政府、员工等不同主体视角探讨其如何通过项目设计、关系运作、行为促进等影响安全生产市场化服务运行效果。Laura 等（2015）通过小型建筑公司、汽车修理厂等个案，探究认证制度的市场运行效果及影响机制。Masi 和 Cagno（2015）等系统分析安全认证在设计和实施阶段，政府安全生产监管（简称安监）部门、服务机构、资源和信息、内部管理、组织机构、人员、技术对其运行效果的影响。Santos 等（2013）揭示了参与认证企业防范安全风险的效果及影响企业不参与认证的因素。

对于促进企业健康和安全绩效而言，领导和承诺是组织层面最重要的因素，风险评估和管理是项目层面最重要的因素（Mahmoudi et al.，2014）。职业安全健康管理是否有效，主要看职业安全健康检查的质量和检查员的专业能力（Niskanen et al.，2014）。经济和奖励因素、混乱且不充分的监管控制以及工人组织保护自己的能力是影响分包企业职业健康安全的关键因素（Mayhew et al.，1997）。健康和安全经理与安全代表对旨在发展健康与安全组织的地方项目发挥了"变革者"的作用（Hasle and Jensen, 2006）。国家机构在不同类型的市场经济体制中实施职业健康和安全管理体系的影响不同（Rocha, 2008）。

安全生产服务要想运行良好，需要企业与安全服务提供者成功合作，而成功合作的前提是，企业必须强烈依赖合作伙伴提供的培训、定向和风险分析等服务（Nenonen and Vasara, 2013），以及双方合作意愿，共同致力于长期合作，频繁联系，公司有一个结构优良的管理环境，双方的协商，服务针对的是公司不是个人，等等（Schmidt et al., 2015）。当工人知道在工作场所有安全代表时，风险预防与安全保护意识会更强（Ollé-Espluga et al., 2015）。Niskanen（2015）认为，影响健康安全水平持续改进的影响因素有企业管理层的领导力、与服务机构的合作、立法质量、培训、对工作环境的监测。"职业安全管理一级技术员""职业健康管理一级技术员""工业安全高级检查员"在职业健康安全管理方面具有重要的市场价值（Chang et al., 2016）。对提高安全有效性最有影响的因素是管理承诺、工人参与、财政资源分配、培训、风险评估、明确责任，以及沟通和传播职业健康、安全结果和活动（Mohammadfam et al., 2016）。Subramaniam 等（2016）研究强调，员工自愿行为在促进安全工作环境方面的重要性。董小刚和王顺洪（2015）研究发现，安全观念文化、安全制度文化和安全材料文化对建筑工人安全依从行为有显著的正向影响，过度自信对安全遵从行为有显著的负向影响。de Boeck 等（2017）研究显示了食品安全气氛对员工行为的直接（非中介）和间接（通过动机和知识）影响。Jiang 等（2017）的研究表明，员工对领导信任能够促进领导者对员工行为的影响。Curcuruto 和 Griffin（2018）探讨了组织对安全参与的支持、团队安全气氛等对员工安全行为的影响。

1.3.4　安全生产市场化服务监管的研究

与大型企业相比，微型企业的雇主更多地认为安全是法律义务而不具备实用性（Bonafede et al., 2016），因此，即便一些小企业实施了风险评价，但仍然会存在各种问题。Niskanen 等（2012）研究了关于风险评价及职业安全健康预防措施的法律问题。Battaglia 等（2015）认为，OHSMS 成熟度与外部因素更相关，公共当局的审计发挥了惩罚作用，而立法压力并不被所有公司视为职业健康安全发展的关键因素。在安全认证服务失灵的时候，需要政府加强服务监管，对服务机构或者企业提供技术、财力和物质支持，这都能促进企业进行安全风险评估，减少事故风险（Lengagne, 2016; Habib et al., 2016; Sunindijo, 2015）。Haslam 等（2016）针对职业健康安全服务提供者没有改善小微企业安全现状，探讨了小微企业如何利用安全服务改善自身职业健康安全管理。Cunningham 和 Sinclair（2015）提出了安全服务中介组织采取的、推进中小企业职业安全与卫生的对策与举措。Sunindijo（2015）确定了小型组织在实施安全管理时面临的关键障碍，并提出了解决这些障碍的策略。Ghahramani（2016）研究认为，认证机构若能应用强制性政策来检查第三方审计过程，则可以提高审计质量，并有助于提高其系统的有效性，从而提升企业安全绩效。Arntz-Gray（2016）发现各国皆易出现安全生产违规的情况，因此，即使是发达国家的企业也需要第三方机构进行安全生产审批，而安全生产合规可以作为审核企业内部管理制度是否合适的附加标准。Drakopoulos 和 Theodossiou（2016）研究认为，很多工人会低估事故风险，因此监管机构加强对特殊类型工种的工人的安全监管是必要的。

我国学者就安全生产服务机构存在的问题提出了监管建议（李涛，2010；乐新军和佘立中，2010）。阴建康（2009）通过研究当前安全生产服务机构发展过程中存在的问题和薄弱环节，探寻安全生产服务工作的切入点、工作方式和手段。姜秀慧（2015）研究了安全生产服务机构如何利用技术与知识优势参与企业安全生产事故应急管理。胡文信（2016）分析了煤矿安全生产检测检验、安全评价、职业卫生检测与评价等技术服务机构工作中的风险，并提出了应对措施。有的学者针对安全生产服务市场运行中出现的问题提出监管对策。秦娟等（2012）运用演化博弈理论，建立了中小企业与安全生产监管执行者支付矩阵，探析如何遏制中小企业对政府监管者的寻租行为。梅强等（2015）通过构建多主体模型，分析了处罚与赔偿、安全投入标准、社会舆论对管制效果的影响。刘素霞等（2016）在分析安全生产服务市场存在问题的基础上，探讨了如何规范并引导双方行为向预期的良好状态演化。郝生跃和柴正兴（2006）建议，按照建筑业安全生产服务特点，将其分为自律性行业组织、咨询服务机构和安全卫生监督鉴证机构三类。蒋赪兵和江虹（2016）就如何拓展安监部门在安全生产服务中的作用提出了建议。汤道路（2015）论述了安全生产的市场推进机制及其法律保障，建议在条件成熟以后，实现政府监管与市场推进的有机结合。

1.3.5　安全生产市场化服务质量的研究

小微企业安全生产市场化服务质量评价是一种特殊的服务质量评价。要想开展小微企业安全生产市场化服务质量评价，不仅要弄清服务质量的内涵，还需要明确相应的评价方法。因此，相关研究先阐述一般意义上的服务质量及其构成维度、评价方法，再梳理安全生产市场化服务质量评价的研究情况。

1. 服务质量构成维度

由于服务本身具有的、区别于有形产品的特性，国外学者在对服务质量概念进行研究时，跳出了原有的有形产品质量的概念模式，大都从顾客对服务质量的理解及感受来进行研究，主要是将期望与实际进行比较。著名的芬兰学者Grönroos（1982）根据认知心理学的基本理论，从顾客的感受角度出发，提出了顾客感知服务质量的概念，他指出，服务质量与有形产品质量不同，它是一个主观范畴，是由顾客对服务质量的主观感知而来的，服务质量与顾客对服务质量形成的期望（即期望的服务质量）及其实际感知的服务水平（即体验的服务质量）有关。美国的服务管理研究组合 PZB（Parasuraman，Zeithaml and Berry）对服务质量进行了更深入的研究，他们仍然从顾客感知服务质量的角度出发，指出服务质量是顾客接受服务后实际感觉到的质量与顾客对服务的期望之间的差距，即顾客期望和顾客实际体验的差距（Parasuraman et al.，1985）。

还有学者对服务质量进行分类。Grönroos（1982）认为，服务质量包括功能质量（服务过程）和技术质量（服务结果）两类，功能质量是顾客如何得到这种服务，以及在服务交互中感受到的服务水平；技术质量是服务过程的产出，即顾客在服务结束后得到的服务结果。服务质量构成维度是指影响顾客对服务质量评价的要素，即对顾客期望的服务质量和实际感知服务质量产生影响的要素。在对服务质量评价进行研究时，有必要对已有研究中服务质量的构成维度进行梳理。表 1.1 梳理了从不同的视角进行的、关于服务质量构成维度的研究。

表 1.1 服务质量构成维度梳理

研究视角	学者（年份）	服务质量构成维度
服务质量的概念	Rohrbaugh（1981）	广义服务包括人员绩效、设备质量、资料质量、决策质量和结果质量
	Haywood-Farmer（1988）	有形设备和程序、服务人员行为与响应性及专业性判断三者交互的结果
服务质量的形成	Churchill 和 Surprenant（1982）	实际服务与预期服务的差异
服务质量的构成	Grönroos（1982）	技术质量、功能质量
	Parasuraman 等（1985）	可靠性、响应性、胜任力、接近性、礼貌性、沟通性、亲近性、安全性、了解性和有形性
	Parasuraman 等（1988）	有形性、可靠性、响应性、保证性和移情性
	Schvaneveldt 等（1991）	绩效、保证、完整性、便于使用和情绪/情景
	Rust 和 Oliver（1994）	技术质量、功能质量和有形的环境质量
	Dabholkar 等（1996）	有形设备、可靠性、人员的互动、问题解决和政策
	Brady 和 Cronin（2001）	互动质量、实体环境质量和产出质量

续表

研究视角	学者（年份）	服务质量构成维度
服务过程	Takeuchi 和 Quelch（1983）	消费前、消费中和消费后三个阶段
服务特征	Martin（1986）	适用性、复制能力、及时性、最终使用者满意和合理的规格

从表 1.1 可以看出，对服务质量研究时，从质量构成视角出发的研究较多。对质量的构成分析，学者从一开始就指出了构成因素的具体指向，如材料、设备等，然后将具体指向转变成抽象的集合分析，再以顾客角度对影响服务质量的因素分类研究，研究随着时间的推移越来越深入。在这些研究中，Parasuraman 等（1988）的有形性、可靠性、响应性、保证性和移情性五个维度的研究接受程度最高，为服务质量构成维度的研究和构建服务质量评价模型做了充足的准备。

2. 服务质量评价方法

目前，比较流行的服务质量评价方法有 SERVQUAL（service quality，服务质量）模型和 SERVPERF（service performance，服务绩效）模型。

1）SERVQUAL 模型

Parasuraman 等（1988）提出了 SERVQUAL 模型。该模型是根据全面质量管理（total quality management，TQM）的思想，将之应用于服务行业中，再以 SERVQUAL 模型为基础，提出的一种新的服务质量评价模型。该模型首先测量顾客对服务的期望质量，其次测量顾客对服务质量的实际感知，计算两者之间的差距，即服务质量=实际感知–期望质量。当顾客对服务的实际感知大于期望质量时，满意，服务质量较高；当顾客对服务的实际感知小于期望质量时，不满意，服务质量较低。Parasuraman 等（1988）在研究的过程中，提出了测量的五个维度，并根据提出的五个维度设计了包含 22 个问题的调查表，见表 1.2。

表 1.2　SERVQUAL 模型测量维度含义及组成问题

测量维度	含义	组成问题
有形性	包括实际设施、设备及服务人员的列表等	1. 有现代化的服务设施 2. 服务设施具有吸引力 3. 员工有整洁的服装和外套 4. 公司的设施与他们所提供的服务相匹配
可靠性	指可靠地、准确地履行服务承诺的能力	5. 公司向顾客承诺的事情都能及时完成 6. 当顾客遇到困难时，能表现出关心并予以帮助 7. 公司是可靠的 8. 能准时提供所承诺的服务 9. 正确记录相关的信息

续表

测量维度	含义	组成问题
响应性	指帮助顾客迅速提高服务水平的意愿	10. 不能指望他们告诉顾客提供服务的准确时间 11. 期望他们提供及时的服务是不现实的 12. 员工并不总是愿意帮助顾客 13. 员工太忙以至于无法立即提供服务，满足顾客的需求
保证性	指员工所具有的知识、礼节及表达出自信与可信的能力	14. 员工是值得信赖的 15. 在从事交易时，顾客会感到放心 16. 员工是礼貌的 17. 员工可以从公司得到适当的支持，以提供更好的服务
移情性	指关心并为顾客提供个性服务	18. 公司不会针对顾客提供个别的服务 19. 员工不会给予顾客个别的关心 20. 不能期望员工了解顾客的需求 21. 公司没有优先考虑顾客的利益 22. 公司提供的服务时间不能满足所有顾客的需求

SERVQUAL 模型要求消费者根据表 1.2 中的 22 个问题，填写每个问题的实际感知服务和期望中服务质量的高低，然后得到不同问题的得分，再计算得出结果，这个结果就是判断服务质量水平的依据。

在实际应用中，SERVQUAL 模型简单、易操作，其有效性、可靠性和预测性已经被广泛地接受，成为服务质量评价的权威性工具。

2）SERVPERF 模型

由于顾客期望的不易测量性，美国学者 Cronin 和 Taylor（1994）在对服务质量的概念和度量，以及服务质量与顾客满意度、购买动机之间的关系等问题进行研究的基础上，摒弃了"服务质量=实际感知−期望质量"的 SERVQUAL 模型，认为"服务质量=实际感知"，无须考虑期望指标，可直接测量顾客对服务实际感知的得分，故他们开发了 SERVPERF 模型。该模型的整个指标体系简单明了，应用非常简便，数据搜集的效率较高，在如今的服务质量评价研究中得到了广泛的应用。

目前在进行服务质量评价时，仍然以 SERVQUAL 模型及 SERVPERF 模型为主。学者根据不同的行业、不同的地点进行模型修正。

3. 安全生产市场化服务质量评价的研究情况

安全生产市场化服务质量评价的研究是一个较新的领域，用"安全生产市场化服务质量评价"进行主题、题名或者关键词途径检索，未见相关文献。因此，将检索字段扩展到"安全生产服务+评价"以及"安全生产+服务评价"进行主题、题名或者关键词途径检索，仍然未见相关文献。

进一步将搜索字段扩展，用"中介服务"代替"安全生产服务"，对"安全生产+评价""安全生产+质量""中介服务+评价""中介服务+质量"进行检索，检索结果多为对科技中介服务的研究。

在 2014 年之后，关于安全生产服务的相关研究成果开始增多，硕士和博士论文的数量也在增加，但是从总体上来看，研究的学者仍然较少。

随着政府职能的转变，安全生产服务开始转向市场化。2009 年开始有学者提出安全生产服务机构是伴随我国安全生产监管体制的改革逐渐发展起来的，要充分利用好这些资源（阴建康，2009）。同时，安全生产服务供给效用低，供给与需求不匹配，安全生产市场化服务的发展还不完善。2016 年开始有学者对安全生产服务评价进行研究，研究主要集中于煤矿、建筑等高危行业。李艳等（2019）运用模糊综合评价的方法对矿山安全培训方案进行评估；邵兵洋和杨玉中（2018）对煤矿安全评价中介组织的监管方式进行改进探析；付省亮（2018）对建筑安全生产监理服务质量评价体系进行研究；等等。学者的研究多建立在实际主观经验上，通过对研究的主体分析，给出各项建议。但根据主体具体情况进行数据搜集及分析，给出具体可执行的方案的研究很少。

1.3.6　研究述评

由以上文献梳理可知，国内外学者从资源实力、风险控制能力、企业内部安全生产问题特性等方面剖析了小微企业安全生产面临的问题，指出小微企业安全生产急需专业化服务。

国外学者集中探讨了职业安全健康认证服务运行效果及影响因素，少数学者开始反思在职业安全健康认证服务及 OHSAS[①] 18001 实施过程中存在的企业方、服务提供方问题。而对于存在的问题，有的从服务机构视角，有的从企业视角，有的从政府服务监管视角提出改进对策。这些研究多数是某个国家、地区或行业在宏观层面研究 OHS（occupational health and safety，职业健康安全）认证服务及 OHSAS 18001 实施过程中取得的成效、影响因素或存在问题与改进对策，这些对策也都是针对某一方面问题提出的原则性、条文式的理论措施，缺乏基于系统视角的考虑。

国内学者主要关注安全评价服务市场运行的供需刺激及如何引导规范市场问题，针对我国小微企业安全生产服务市场供需两不旺及企业安全生产缺人管或管理能力差现象，提出企业安全生产托管设想。针对安全生产服务机构服务质量问题，建议其改变工作方式和手段或建议通过修订法律法规完善准入制、监管制和责任制等，这些对策多数只是针对某项服务某一方面问题提出的理论性建议。国

---

① OHSAS: occupation health and safety assessment series，职业安全卫生管理体系。

内学者强调了安全生产市场化服务质量评价的重要性与必要性，但是目前的研究尚未给出可执行的安全生产市场化服务质量评价体系。

欧美地区发达国家的安全生产服务市场已经形成并有效运行。但我国小微企业安全生产服务市场还处于初级阶段，是一个不成熟的特殊市场，在安全生产市场化服务发展过程中不可避免地存在着一系列问题。以往研究所提的加强安全生产市场化服务的对策措施多数只是一种构想或经验性描述，是针对某一方面出现的问题提出的解决方案，缺乏系统性。而小微企业安全生产市场化服务涉及多主体的行为交互，市场主体的多样性及市场环境的复杂性都使得传统的研究方法不能科学地揭示小微企业安全生产市场化服务的运行规律。

因此，本书拟综合运用文献研究法、演化博弈、扎根理论与计算实验等方法，从系统的角度出发，深入分析小微企业安全生产市场化服务形成的条件和运行的规律，在此基础上，提出促使小微企业安全生产市场化服务健康运行的优化引导策略。

1.4　基本概念界定

1.4.1　小微企业

根据工业和信息化部、国家统计局、国家发展和改革委员会、财政部发布的《关于印发中小企业划型标准规定的通知》（工信部联企业〔2011〕300 号），以《2017 年国民经济行业分类》（GB/T 4754—2017）为基础，国家统计局制定了《统计上大中小微型企业划分办法（2017）》（国统字〔2017〕213 号），将我国的企业划分为大型、中型、小型、微型等四种类型，小微企业是小型和微型企业的统称，本书所指小微企业为工业产业领域内的小微企业。统计上大中小微型企业划分标准见表 1.3。

表 1.3　统计上大中小微型企业划分标准

行业名称	指标名称	计量单位	大型	中型	小型	微型
农、林、牧、渔业	营业收入（Y）	万元	$Y \geqslant 20\,000$	$500 \leqslant Y < 20\,000$	$50 \leqslant Y < 500$	$Y < 50$
工业	从业人员（X）	人	$X \geqslant 1\,000$	$300 \leqslant X < 1\,000$	$20 \leqslant X < 300$	$X < 20$
工业	营业收入（Y）	万元	$Y \geqslant 40\,000$	$2\,000 \leqslant Y < 40\,000$	$300 \leqslant Y < 2\,000$	$Y < 300$

续表

行业名称	指标名称	计量单位	大型	中型	小型	微型
建筑业	营业收入（Y）	万元	Y≥80 000	6 000≤Y<80 000	300≤Y<6 000	Y<300
	资产总额（Z）	万元	Z≥80 000	5 000≤Z<80 000	300≤Z<5 000	Z<300
批发业	从业人员（X）	人	X≥200	20≤X<200	5≤X<20	X<5
	营业收入（Y）	万元	Y≥40 000	5 000≤Y<40 000	1 000≤Y<5 000	Y<1 000
零售业	从业人员（X）	人	X≥300	50≤X<300	10≤X<50	X<10
	营业收入（Y）	万元	Y≥20 000	500≤Y<20 000	100≤Y<500	Y<100
交通运输业	从业人员（X）	人	X≥1 000	300≤X<1 000	20≤X<300	X<20
	营业收入（Y）	万元	Y≥30 000	3 000≤Y<30 000	200≤Y<3 000	Y<200
仓储业	从业人员（X）	人	X≥200	100≤X<200	20≤X<100	X<20
	营业收入（Y）	万元	Y≥30 000	1 000≤Y<30 000	100≤Y<1 000	Y<100
邮政业	从业人员（X）	人	X≥1 000	300≤X<1 000	20≤X<300	X<20
	营业收入（Y）	万元	Y≥30 000	2 000≤Y<30 000	100≤Y<2 000	Y<100
住宿业	从业人员（X）	人	X≥300	100≤X<300	10≤X<100	X<10
	营业收入（Y）	万元	Y≥10 000	2 000≤Y<10 000	100≤Y<2 000	Y<100
餐饮业	从业人员（X）	人	X≥300	100≤X<300	10≤X<100	X<10
	营业收入（Y）	万元	Y≥10 000	2 000≤Y<10 000	100≤Y<2 000	Y<100
信息传输业	从业人员（X）	人	X≥2 000	100≤X<2 000	10≤X<100	X<10
	营业收入（Y）	万元	Y≥100 000	1 000≤Y<100 000	100≤Y<1 000	Y<100
软件和信息技术服务业	从业人员（X）	人	X≥300	100≤X<300	10≤X<100	X<10
	营业收入（Y）	万元	Y≥10 000	1 000≤Y<10 000	50≤Y<1 000	Y<50
房地产开发经营	营业收入（Y）	万元	Y≥200 000	1 000≤Y<200 000	100≤Y<1 000	Y<100
	资产总额（Z）	万元	Z≥10 000	5 000≤Z<10 000	2 000≤Z<5 000	Z<2 000
物业管理	从业人员（X）	人	X≥1 000	300≤X<1 000	100≤X<300	X<100
	营业收入（Y）	万元	Y≥5 000	1 000≤Y<5 000	500≤Y<1 000	Y<500
租赁和商务服务业	从业人员（X）	人	X≥300	100≤X<300	10≤X<100	X<10
	资产总额（Z）	万元	Z≥120 000	8 000≤Z<120 000	100≤Z<8 000	Z<100
其他未列明行业	从业人员（X）	人	X≥300	100≤X<300	10≤X<100	X<10

注：大型、中型和小型企业须同时满足所列指标的下限，否则下划一档；微型企业只需满足所列指标中的一项即可

1.4.2　安全生产市场化服务

按照《安全生产法》，安全生产服务是指由依法设立的安全生产服务机构受生产经营单位或者政府部门的委托，依法有偿提供的专门业务的技术服务活动。它具有独立性、客观性、有偿性、服务性和专业性。根据安全生产服务提供方式的差异，安全生产服务可分为安全生产社会化服务和安全生产市场化服务两类。

安全生产社会化服务是指，安全生产服务由政府职能部门、行业协会、经济合作组织和其他服务实体提供，集政府公共服务和群众自我服务于一体的综合性安全生产服务。

安全生产市场化服务是指，安全生产服务由市场经济主体供给，按照市场运行规则，依据消费者安全生产需求来定位，以满足消费者安全生产需求为目的，自负盈亏的安全生产服务。按照是否为安全生产法规所强制要求，安全生产市场化服务可以分为两类：安全生产刚需服务和安全生产柔需服务。

1. 安全生产刚需服务

安全生产刚需服务，是指按照安全生产法规要求，企业要想达标，必须向具有特定资质的服务机构购买的服务，即企业必须按相关法律法规要求，寻求安全生产服务机构为其提供安全评价和安全生产检测检验服务，并获得由安全生产服务机构出具的专业安全合格报告，方能进行正常的生产经营活动。因此，企业在法律法规的强制要求下产生了对安全评价服务和安全生产检测检验服务的刚性需求，该类需求必须由安全生产服务机构满足。安全生产刚需服务主要包括安全评价服务、安全生产检测检验服务。

1）安全评价服务

安全评价服务，国外也称为风险评价或危险评价服务，是指具有安全评价资质的服务机构，为了帮助企业实现工程、系统安全，应用安全系统工程原理和方法，对社会各系统中存在的危险与有害因素进行分辨，以衡量、判断这些工程、系统是否会发生事故和职业危害及其严重程度，从而为制定安全防范措施和安全生产管理决策提供科学依据的活动。安全评价服务分为安全预评价、安全验收评价、安全现状评价三种类型。《安全生产法》《安全生产许可证条例》《建设项目安全设施"三同时"监督管理暂行办法》等法律法规规定了不同类型的企业需要进行安全评价的情形。企业需要委托具有相应资质的安全生产服务机构为其开展安全评价工作。

2）安全生产检测检验服务

安全生产检测检验服务，是指具有安全生产检测检验服务资质的服务机构，依据国家有关标准、规程等技术规范，对工矿商贸生产经营单位影响从业人员安全和健康的设施设备、产品的安全性能和作业场所存在的危险等进行检验检测，并出具具有证明作用的数据和结果的活动。

2. 安全生产柔需服务

安全生产柔需服务是相对于安全生产刚需服务而言不受限于法律法规的特定要求，企业根据自身安全生产需要，向服务机构购买的、为提高安全生产管理水平的活动。从法律法规的角度来讲，安全生产柔需服务不是强制性的，不与生产许可相联系。安全生产柔需服务主要包括 OHSMS 认证、安全生产培训、安全管理咨询、安全生产托管等服务。

1）OHSMS 认证服务

OHSMS 认证服务，是指具有 OHSMS 认证资质的服务机构，依据职业安全管理标准及其他审核准则，对用人单位 OHSMS 的符合性和有效性进行评价的活动，以便找出受审核方 OHSMS 存在的不足，使受审核方完善其 OHSMS，从而实现职业安全管理绩效的不断改进，达到对工伤事故及职业病有效控制的目的，保护员工及相关方的安全和健康。目前广泛采用的是 OHSMS 认证。

2）安全生产培训服务

安全生产培训服务是指，受客户的委托，服务机构有目的、有计划、有组织地对企业各类人员传授安全生产相关知识和技能的活动，其目的在于提高企业员工的安全综合素质，减少安全生产事故的发生。

3）安全管理咨询服务

安全管理咨询服务是指，服务机构运用安全科学技术和基础理论，依靠安全技术、安全管理等，帮助政府机构、企业等单位解决其安全生产监管与管理中存在的问题，进行的科学化安全决策活动，其目的在于确保安全生产，促进资源的合理配置。该服务包括安全生产标准化构建咨询、安全制度建设咨询、安全目标控制体系构建咨询、安全生产隐患排查等。

4）安全生产托管服务

安全生产托管服务是指，企业委托专业安全生产服务机构及其从业人员，为其进行的、与安全生产相关的各类日常管理服务。目前多数企业采取安全管理专业技术人员入驻企业方式,开展事故隐患排查、安全评估,反馈安全检查意见,开展企业员工安全培训,建立企业安全管理制度,等等。

1.4.3　安全生产服务机构

根据《安全生产法》,安全生产服务机构是依法设立的、具备国家规定的资质条件、具有独立法人资格的社会组织。它是为安全生产经营单位或政府、公民个人有偿提供安全评价、认证、检测、检验、咨询等服务的机构。安全生产服务机构独立依法执业,协助地方政府开展相关的安全生产监督与管理,促进企业安全管理水平的提高。其依法独立履行职责的权利受法律保护,任何单位和个人不得非法干预。承担安全评价、认证、检测、检验的机构应当具备国家规定的资质条件,并对其做出的安全评价、认证、检测、检验的结果负责。

1.4.4　安全生产服务市场

安全生产市场化服务运行过程中演化出安全生产服务市场,该市场是一个集企业安全生产管理职能分工、服务机构安全生产能力专业化供给、政府安全生产监管功能输出为一体的市场。其内涵如下:一是决策与执行分开。政府在安全生产领域的职责主要是决策,而不是执行。政府的政策制定着眼于公平,而安全生产服务市场使公平与效率兼得。二是提供安全生产服务的主体多元化,这样,各主体间就会形成有效市场竞争,提高服务效率。三是安全生产服务的消费者,针对多元的供给机构,可以拥有选择资源和选择权,且法律对此选择权给予保障。

1.4.5　安全生产市场化服务质量

按照国际质量认证组织的 ISO 8402:1994 的定义,服务质量指服务满足规定或潜在需要的特征和特性的总和,即服务能够满足被服务者需求的程度。通常所说的服务质量水平,是企业为使目标顾客满意而提供的最低服务水平,也是企业保持这一预定服务水平的连贯性程度。

安全生产市场化服务质量是指,安全生产服务机构为生产经营单位依法有偿提供的专门业务的技术服务活动,以国家强制的安全生产要求作为基本满足条件的,满足被服务者安全生产服务需求的程度。

1.5 研究内容与方法

1.5.1 研究思路

本书以管理科学、安全科学、行为科学、服务科学相关理论为基础，综合运用扎根理论、博弈论、计算实验等方法，围绕小微企业安全生产市场化服务，在理论梳理与现状分析的基础上，开展小微企业安全生产服务市场形成机理、运行机制及服务质量评价系列研究，提出对策措施并进行实践研究。本书主体内容共有 6 篇。

第 1 篇为我国小微企业安全生产市场化服务现状剖析，分析不同类型安全生产服务的发展历程、安全生产市场化服务现状、运行动力与需要解决的问题。

第 2 篇为小微企业安全生产服务市场的形成与培育研究。鉴于我国安全生产服务市场尚不成熟，同时安全生产服务不同于一般意义上的市场化服务，需要政府进行政策引导。首先，从微观视角，通过对小微企业内部职能分工外化、安全生产服务市场形成的最低有效需求规模、供给的交易效率阈值分析，阐明安全生产服务市场形成的微观机理。其次，在此基础上，分别从需求与供给双侧，研究如何激发小微企业安全生产服务需求，如何有效培育安全生产服务供给。

第 3 篇为小微企业安全生产市场化服务运行机制研究。针对安全生产市场化服务运行过程中存在的问题，分别以安全评价服务为例，对小微企业安全生产刚需服务运行目标偏离形成机理、刚需服务运行违规防治进行研究，以安全生产托管服务为例，对柔需服务质量监管进行研究。通过以上研究规范安全生产服务市场，提高安全生产市场化服务成效。

第 4 篇为小微企业安全生产市场化服务质量评价研究。质量评价是提升安全生产服务质量的有效途径，我国安全生产市场化服务还处于起步阶段，安全生产服务质量评价工作还未正式开始。在分析刚需服务、柔需服务质量评价特点的基础上，分别构建评价指标，为开展安全生产市场化服务质量评价提供有效工具。

第 5 篇为提高小微企业安全生产市场化服务的对策研究。在借鉴国外安全生产市场化服务发展经验的基础上，围绕小微企业安全生产服务市场培育措施、安全生产市场化服务运行规范措施以及服务质量评价等方面提出对策建议。

第6篇为小微企业安全生产市场化服务的实践研究。以某电镀工业园区为研究对象，分析该园区安全生产特点、安全生产托管服务动力来源以及相关主体利益联盟的形成，并总结安全生产托管服务过程中的特色工作，为其他园区开展安全生产托管服务提供实践参考。

综上所述，第一，在第1篇分析目前初级阶段安全生产市场化服务的现状与其存在的问题的基础上，需要明晰小微企业安全生产服务市场的形成机理，包括安全生产服务市场是如何形成的、如何培育等，这是第2篇的研究内容。第二，安全生产服务市场运行过程中存在着实际目标与预期目标偏离，服务过程中存在着违规行为、服务质量低等问题，需要规范安全生产市场化服务运行机制，这是第3篇的研究内容。第三，研究发现，要提高服务质量，开展安全生产服务质量评价是有效手段，因此，需要构建服务质量评价体系，这是第4篇的研究内容。第四，在以上研究基础上，提出第5篇的安全生产市场化服务优化引导策略。第五，进行第6篇安全生产市场化服务的实践研究。各篇研究内容之间的逻辑关系见图1.1，整体研究思路见图1.2。

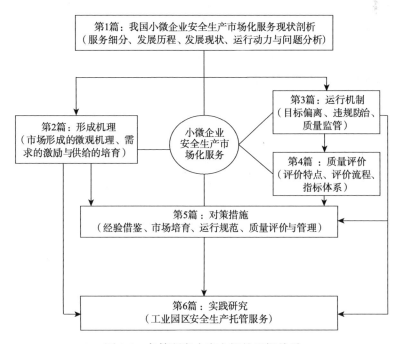

图 1.1　各篇研究内容之间的逻辑关系

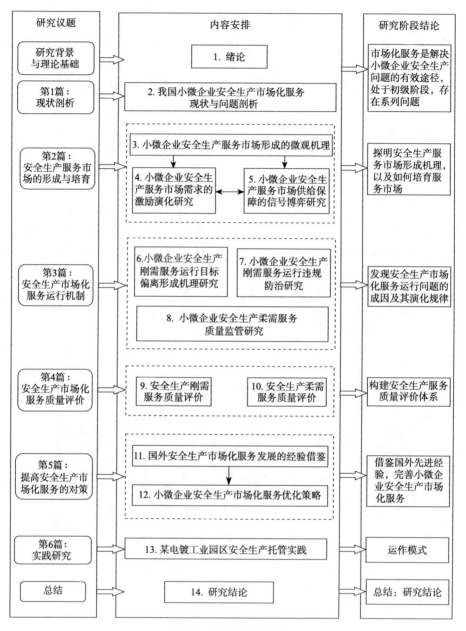

图 1.2 整体研究思路

1.5.2 研究内容

本书围绕小微企业安全生产市场化服务形成与运行过程中的系列问题展开研

究，内容共分为14章。第1章为绪论，阐明研究背景并提出要研究的问题、目的及意义，梳理国内外研究现状及趋势，界定基本概念，交代研究的思路、内容和方法。第14章为研究结论。其余为主体内容，共分为六部分。

1. 我国小微企业安全生产市场化服务现状剖析

在对我国安全生产市场化服务内容和类型细分的基础上，分析目前我国小微企业安全生产服务需求、安全生产服务机构发展现状、安全生产市场化服务运行动力，梳理当前我国小微企业安全生产市场化服务建设和推进过程中亟须解决的问题。

2. 小微企业安全生产服务市场的形成与培育研究

在明晰小微企业安全生产服务市场形成的微观机理的基础上，从小微企业安全生产服务市场的需求侧和供给侧两个方面来分析培育市场。通过构建小微企业安全生产服务购买行为的演化博弈模型动态刻画其安全生产管理需求在政府部门的监管和补贴下"由内向外"（由企业内部演化至市场外部）形成安全生产服务市场需求的演化过程，通过构建信号博弈模型剖析安全生产服务市场供给中的逆向选择问题。该部分包括第3~5章的内容。

（1）小微企业安全生产服务市场形成的微观机理。该章基于专业化分工理论，通过构建内生专业化水平的企业职能分工模型，分析安全生产服务市场形成的经济学依据、形成的最低有效需求规模以及实现市场化供给的交易效率阈值等。

（2）小微企业安全生产服务市场需求的激励演化研究。该章通过构建小微企业安全生产服务购买策略与地方政府监管策略的支付矩阵，并考虑中央政府对地方政府的监督影响，考量小微企业在中央政府和地方政府的两级政府混合监管策略下，其安全生产服务购买行为的演化路径。以此制定相应措施，激励小微企业安全生产服务需求外化，鼓励其购买安全生产服务。

（3）小微企业安全生产服务市场供给保障的信号博弈研究。逆向选择严重影响小微企业安全生产市场化服务的交易效率。该章通过对安全生产服务市场逆向选择问题的产生机理分析，提出设计一个有成本的信号，通过构建信号传递模型治理安全生产服务市场中存在的逆向选择问题，以区分安全生产服务机构的类型，促其优胜劣汰，提高安全生产服务市场供给水平。

3. 小微企业安全生产市场化服务运行机制研究

围绕小微企业安全生产市场化服务运行，以引导安全生产服务市场良好运作为目标，运用扎根理论与计算实验方法，剖析安全生产市场化服务偏离预期目标的形成机理及其系统演化规律，以期明晰小微企业安全生产市场化服务运行的机制。该部分包括第 6~8 章的内容。

（1）小微企业安全生产刚需服务运行目标偏离形成机理研究。该章以安全评价服务市场为例，应用扎根理论研究方法，提炼影响小微企业安全生产刚需服务市场运行目标的因素，深入剖析安监部门、小微企业、服务机构交互作用下的市场运行目标偏离的形成机理。

（2）小微企业安全生产刚需服务运行违规防治研究。该章以安全评价服务市场为例，从政府监管视角出发，采用计算实验方法，模拟安全评价服务市场参与主体的交互行为，分别实验不同时段监管方式、监管力度和惩罚力度下市场违规问题的防治情况。

（3）小微企业安全生产柔需服务质量监管研究。该章以安全托管服务市场为例，采用计算实验方法，分别实验政府违规处罚措施、激励措施和质量评级措施引导下柔需服务质量的演化情况。

4. 小微企业安全生产市场化服务质量评价研究

在分析小微企业安全生产刚需服务与柔需服务质量评价特性的基础上，分别构建二者的评价体系。该部分包括第 9~10 章的内容。

（1）安全生产刚需服务质量评价。该章在分析安全生产刚需服务质量评价特点的基础上，全面搜集有关安全生产服务质量评价的文献资料和新闻报道资料，并结合半结构化访谈收集的资料，采用扎根理论方法，通过对数据资料的逐级编码分析，探索出安全生产刚需服务质量影响因素模型，并据此构建出安全生产刚需服务质量评价指标体系。

（2）安全生产柔需服务质量评价。该章在分析安全生产柔需服务质量评价特点的基础上，充分借鉴 INDSERV 模型及相关研究成果，提出安全生产柔需服务质量评价维度和评价指标，并通过对购买安全生产柔需服务的小微企业的调查数据，来检验所构建的评价体系的有效性和各级指标的权重。

5. 提高小微企业安全生产市场化服务的对策研究

在分析发达国家安全生产市场化服务运行状况的基础上，总结可以借鉴的先进经验，提出优化小微企业安全生产市场化服务的策略。该部分包括第 11~12 章的内容。

（1）国外安全生产市场化服务发展的经验借鉴。该章分析美国、英国、日本安全生产市场化服务的状况，总结可以借鉴的经验，并提出对我国安全生产市场化服务的启示。

（2）小微企业安全生产市场化服务优化策略。在借鉴西方发达国家先进的安全生产管理经验和理念的基础上，从政府安监部门职能转变、理顺各主体之间的关系、市场培育、供需匹配、规范市场运作等方面提出了优化安全生产市场化服务的对策建议。

6. 小微企业安全生产市场化服务的实践研究

以某电镀工业园区为研究对象，分析该园区安全生产托管模式，为其他园区开展安全生产托管服务提供实践参考。

1.5.3　研究方法

1. 文献研究法

文献研究法是指在搜集、鉴别、整理文献资料的基础上对现有事实形成科学认识的研究方法。这种方法作为科学研究的一种传统方法，具有不可替代的科学性，通过对国内外相关文献的阅读与梳理，界定小微企业、安全生产市场化服务、安全生产服务机构、安全生产服务市场、安全生产服务质量等概念，阐述安全生产市场化服务相关研究现状与趋势，对各项研究内容进行理论分析，从而为研究提供理论依据。

2. 新兴古典经济学模型方法

新兴古典经济学模型方法在专业化分工相关理论分析的基础上，通过构建内生专业化水平的企业职能分工模型，论证小微企业安全生产市场化服务模式的经济合理性。同时通过发展该模型，继续深入分析小微企业获得安全生产市场化服务的关键影响因素，以此作为后续培育市场的理论依据和切入点。

3. 演化博弈方法

演化博弈方法通过构建小微企业与地方政府安监部门的演化博弈模型，动态刻画小微企业购买安全生产服务行为的演化轨迹。考察政府安监部门不同策略、举措对小微企业安全生产服务需求外化的影响和关联，并试图据此获得政府安监部门对小微企业安全生产服务需求激励的政策制定依据，达到从需求侧培育市场的目的。

4. 信号博弈方法

信号博弈方法基于不完全信息动态博弈的相关理论，构建信号博弈模型，通过甄别安全生产服务机构的优劣来治理安全生产服务市场中存在的逆向选择问题，从而达到小微企业安全生产服务市场供给优化的目的。通过市场优胜劣汰的机制促进安全生产服务机构和服务水平的提高，提升安全生产市场化服务供给的交易效率，以此达到从供给侧培育市场的目的。

5. 扎根理论方法

扎根理论是一个系统的方法体系，其研究分析过程科学、严谨，所构建的理论是从经验数据中按系统、规范的研究程序所获得的，研究结果可以被追溯检查，甚至可以在一定程度上被重复检验，使得理论构建科学、可信、可解释。鉴于此，该方法被认作定性研究中最科学的方法论，也被认作社会学领域中最适于进行理论建构的传统研究方法。

利用半结构化深度访谈获得第一手资料，运用扎根理论方法，提炼概念、范畴，并挖掘概念、范畴及其相互间的关系。一方面，构建小微企业刚需服务市场三主体交互形成机理模型，揭示导致该市场运行目标偏离的深层原因，找出解决问题的对策；另一方面，探索小微企业刚需服务质量影响因素，在此基础上，构建刚需服务质量评价指标体系。

6. 计算实验方法

安全生产服务市场是一个涉及政府、企业、服务机构、企业员工、供应链上下游企业、银行等众多主体的复杂系统。在这一系统中，主体行为形成与变化机理具有不确定性，这就给安全生产服务市场带来了复杂性。同时，外界环境的动态变化也加重了系统的复杂性。这种复杂性、动态性和参与对象的多元性，使得研究者较难采用传统方法对安全生产服务市场运行进行全面深入的分析，必须变换思路和方法进行探索和研究。

计算实验作为一种情境建模方法，可以很好地刻画企业和服务机构的异质性和环境的动态变化性，厘清主体行为的差异及其与外部环境的关联机制，从而揭示安全生产服务市场系统的复杂性和运行的内在规律性。同时，借助计算机建模的优势，按照问题的需要，设置研究变量、所涉及变量的水平等，通过操控自变量来观察因变量的变化，调整变量和实验条件，可以观察到常规状态下很难出现的极端值和作用情况，因而用其来研究小微企业安全生产服务市场运行是可行的。

　　在前期研究的基础上，构建基于市场多主体交互的计算实验模型，还原市场各方主体的交互过程。在设计不同市场机制的过程中，设置不同参数以影响主体行为，从而进行实验，通过反复实验和结果对比，寻求最优引导策略。

第1篇　我国小微企业安全生产市场化服务现状剖析

我国小微企业安全生产市场化服务处于起步阶段，安全生产服务市场还很不成熟、不完善。而且，我国安全生产具有自己的独特情境，不能照抄照搬国外的做法，只有深入了解安全生产市场化服务发展的情况、摸清确实存在的问题，才能探寻出适合我国国情的安全生产市场化服务发展策略。

我国安全生产市场化服务有多种类型，如安全评价、安全检验检测、OHSMS认证、安全培训、安全管理咨询、安全生产托管服务等。按照是否属于法律法规强制要求的安全活动且此类安全活动必须由安全生产服务机构提供，安全生产市场化服务可以分为安全生产刚需服务和安全生产柔需服务两类。不同类型的安全生产服务运行特点不同，有必要通过对安全生产市场化服务的细分，明晰不同类型服务的属性与特征。有必要对我国各类安全生产市场化服务的发展历程进行梳理，分析安全生产市场化服务的需求与供给状况。

在对其发展历程与现状分析的基础上，分别对安全生产刚需服务和安全生产柔需服务的运行动力特点进行分析，分析这两类安全生产市场化服务运行的相互关系。从而揭示我国小微企业安全生产服务市场的特点及安全生产市场化服务发展存在的问题，并归纳出需要研究的科学问题。

第2章　我国小微企业安全生产市场化服务现状与问题剖析

大力发展安全生产市场化服务是解决小微企业安全生产问题的有效途径，与一般意义上的市场化服务相比，具有特殊性。第1章通过文献综述，系统阐述了安全生产市场化服务的研究状况及研究趋势，为了弄清我国小微企业安全生产市场化服务发展的现实状况，有必要对安全生产市场化服务内容、发展历程与现状、运行动力及存在的问题进行深入分析，进而系统认识安全生产市场化服务的特性，探寻需要研究的科学议题。

2.1　市场细分理论与小微企业安全生产市场化服务细分

2.1.1　市场细分理论

美国市场学家温德尔·史密斯（Wendell Smith）于20世纪50年代中期提出了市场细分的概念，即根据消费者的消费欲望、需求、购买行为及习惯等方面的不同，将一个总市场划分为若干具有一定共同特征的子市场。分属于同一子市场的消费群体，在消费需求和欲望上有共同点；分属于不同子市场的消费者，在消费需求和欲望上有显著不同。市场细分的基本原理与依据在于，首先，市场作为商品交换关系的综合，其本身就是可以细分的。其次，市场中消费者异质需求是存在的，且消费者需求差异可以被区分。最后，企业面对不同的消费者需求，各自具备优势。进行有效市场细分的条件在于，首先，市场需具备可衡量性，即用来细分市场的标准及细分后的市场要有明显的区别。其次，被细分的市场能使企业有效进入并具有可营利性。最后，被细分的市场应当具有差异性和相对稳定性。市场细分基于顾客需求不同点，故凡是可以让顾客需求产生差异的因素都可以作为市场细分标准，且因各类市场特点不同，市场细分条件也有所不同。

2.1.2 小微企业安全生产市场化服务细分

根据市场细分的基本定义和细分准则，安全生产服务市场也可根据客户企业的消费需求进行划分，通过需求，厘清安全生产服务市场的不同交易内容，可以明晰安全生产服务市场中客户企业消费需求的区别。目前，安全生产市场化服务主要有安全评价服务、安全生产检测检验服务、OHSMS 认证服务、安全生产培训服务、安全管理咨询服务和安全生产托管服务等。不同企业对不同种类安全生产服务的需求存在显著差异。

其中，安全评价和安全生产检测检验属于法律法规强制要求的安全活动，且此类安全活动必须由安全生产服务机构提供，即企业必须按相关法律法规要求，寻求安全生产服务机构为其提供安全评价和安全生产检测检验服务，并获得由安全生产服务机构出具的专业安全合格报告，方能进行正常的生产经营活动。因此，企业在法律法规的强制要求下产生了对安全评价服务和安全生产检测检验服务的刚性需求，该类需求不但必须由安全生产服务机构提供，而且提供安全评价和检测检验服务的机构必须持有相应的资质。

OHSMS 认证工作，虽然不属于法律法规强制性要求的安全活动，但是有的企业为了提升自身竞争力和安全管理水平，会主动申请 OHSMS 认证，由具有认证资质的服务机构对委托企业的 OHSMS 进行审核，并做出审核结论。因此，从法律法规的角度讲，进行 OHSMS 认证并不是企业的刚性需求，但是企业一旦进行 OHSMS 认证，必须委托具有认证资质的服务机构开展相关服务工作。

关于安全生产培训工作，虽为法律法规强制要求，属于企业必须进行的安全活动类别，然而《安全生产培训管理办法》第九条规定，对从业人员的安全培训，具备安全培训条件的生产经营单位应当以自主培训为主，也可以委托具备安全培训条件的机构进行安全培训。不具备安全培训条件的生产经营单位，应当委托具有安全培训条件的机构对从业人员进行安全培训。企业虽同样在法律法规的强制要求下产生了对安全生产培训服务的需求，但该类服务需求既可自给自足，也可由安全生产服务机构提供。

对于安全管理咨询与安全生产托管，则不同于上述活动类别，虽然相关法律法规存在鼓励生产经营单位向安全生产服务机构购买安全管理咨询服务及安全生产托管服务的现象，但并没有强制企业必须执行，购买该类服务属于企业的自发行为，即企业自愿寻求安全生产服务机构的帮助，向其购买安全管理咨询服务和安全生产托管服务，以提高自身的安全生产水平。由此可知，企业对安全管理咨询服务与安全生产托管服务的需求，并非因法律法规强制要求所形成，而是出于提高安全生产水平的目的而自发形成的柔性服务需求。

上述分析表明，安全评价、安全生产检测检验属于法律强制要求所产生的安全生产市场化服务，因此，称为安全生产刚需服务，对应的市场称为安全生产刚需服务市场。OHSMS 认证、安全生产培训、安全管理咨询和安全生产托管服务属于企业自发需求所产生的服务，称为安全生产柔需服务，对应的市场称为安全生产柔需服务市场。各类安全生产市场化服务细分见表 2.1。

表 2.1　各类安全生产市场化服务细分

安全服务	安全活动	安全活动强制性	安全服务强制性	服务需求方	服务供给方	服务属性	市场属性
安全评价服务	安全评价	法规强制	法规强制	企业	具有相应资质的服务机构	刚需服务	刚需服务市场
安全生产检测检验服务	安全生产检测检验	法规强制	法规强制	企业	具有相应资质的服务机构	刚需服务	刚需服务市场
OHSMS 认证服务	OHSMS 认证	非法规强制	非法规强制	企业	具有相应资质的服务机构	柔需服务	柔需服务市场
安全生产培训服务	安全生产培训	法规强制	非法规强制	企业	服务机构/企业	柔需服务	柔需服务市场
安全管理咨询服务	安全管理咨询	非法规强制	非法规强制	企业	服务机构/企业	柔需服务	柔需服务市场
安全生产托管服务	安全生产托管	非法规强制	非法规强制	企业	服务机构/企业	柔需服务	柔需服务市场

2.2　我国安全生产市场化服务发展历程

2.2.1　我国安全评价服务的发展历程

安全评价服务起源于 20 世纪 30 年代美国的保险业。美国保险协会为判断所承担客户保险的风险大小，开始从事风险评价业务，这些业务需求促进了安全评价方法的发展。20 世纪 80 年代初，安全评价被引入我国并得到大力发展。在学习、引用国外各行业安全评价方法的基础上，中国机械、冶金、化工、石油、航天航空等行业企业也开始应用安全评价方法。同时，许多行业和地方政府也制定了各种安全检查表和安全评价标准，如 1986 年劳动人事部分别向有关科研单位下达了机械工厂危险程度分级、化工厂危险程度分级、冶金工厂危险程度分级等科研项目。1987 年国家机械工业委员会首先提出了在机械行业内开展机械工厂安全评价，并于 1988 年 1 月 1 日颁布了第一部安全评价标准《机械工厂安全性评价标准（试行）》，该标准已应用于我国 1 000 多家企业。1992 年，国家技术监督局批准发布《光气及光气化产品生产装置安全评价通则》GB 13548—92 强制性国家标准，标准中规定了安全评价的程序和方法。此外，有关部门还颁布了《发电企业安全性评价》《航空航天工业部工厂安全性评价规程》《兵器工业机械工厂安全性评价标准》等。同时，与之相关的安全生产法律法规也在不断完善，如 1996 年 10 月劳动部颁发了《建设项目（工程）劳动安全卫生监察规则》（第 3 号令），规定六类建设项目必须进行安全评价。与之配套的规定、标准有劳动部《建设项目（工程）劳动安全卫生预评价管理办法》（第 10 号令）及《建设项目（工程）劳动安全卫生预评价导则》（LD/T106—1998）。这些法规和标准对安全评价做出了详细的规定，规范和促进了建设项目安全评价工作的开展。

2001 年国家安全生产监督管理局成立后不久，于 5 月 24 日颁发了《关于进一步加强建设项目（工程）劳动安全卫生预评价工作的通知》（安监管办字〔2001〕39 号）。2002 年 1 月 26 日，国务院颁布了《危险化学品安全管理条例》，这是中央政府颁布的法规中首次出现"安全评价"这一名词的文件。同年 6 月 7 日，国家安全生产监督管理局和国家煤矿安全监察局颁发了《印发〈关于加强安全评价机构管理的意见〉的通知》（安监管技装字〔2002〕45 号），确定了安全评价的概念，并将原来单一的安全预评价工作拓展为安全预评价、安全验收评价、安全状况综合评价和专项安全评价四种类型。安全评价被写入 2002 年 6 月 29 日颁布的《安全生产法》中，为安全评价工作的发展、提高提供了强大动力。2003 年 3 月 31 日，国家安全生产监督管理局颁发了《安全评价通则》，此后，《安全预评价导则》《安全验收评价导则》《危险化学品经营单位安全评价导则》《安全现状评价导则》等十余项安全评价导则技术文件相继颁布，标志着我国安全评价标准体系初步形成，在此基础上，国家开始逐步加大规范安全评价机构行为的力度。2004 年 1 月 13 日，《安全生产许可证条例》开始实施，将依法取得安全评价作为部分企业取得安全生产许可的条件，该条例在 2014 年修订。2004 年 10 月 20 日，国家安全生产监督管理局颁布了第 13 号令《安全评价机构管理规定》，并在 2009 年修订。

以下法律法规中规定了企业必须开展安全评价的情形。《安全生产法》第二十九条规定，矿山、金属冶炼建设项目和用于生产、储存、装卸危险物品的建设项目，应当按照国家有关规定进行安全评价。《安全生产许可证条例》第二条规定，国家对矿山企业、建筑施工企业和危险化学品、烟花爆竹、民用爆炸物品生产企业（以下统称企业）实行安全生产许可制度。企业未取得安全生产许可的，不得从事生产活动。《建设项目安全设施"三同时"监督管理办法》第七条规定，下列建设项目在进行可行性研究时，生产经营单位应当按照国家规定，进行安全预评价：

（一）非煤矿矿山建设项目；（二）生产、储存危险化学品（包括使用长输管道输送危险化学品，下同）的建设项目；（三）生产、储存烟花爆竹的建设项目；（四）金属冶炼建设项目；（五）使用危险化学品从事生产并且使用量达到规定数量的化工建设项目（属于危险化学品生产的除外，以下简称化工建设项目）；（六）法律、行政法规和国务院规定的其他建设项目。

根据《安全评价机构管理规定》，国家对安全评价机构实行资质许可制度，安全评价机构的资质分为甲级、乙级两种。甲级资质由省、自治区、直辖市安全生产监督管理部门（以下简称省级安全生产监督管理部门）、省级煤矿安全监察机构审核，国家安全生产监督管理总局审批、颁发证书。乙级资质由设区的市级安全生产监督管理部门、煤矿安全监察分局审核，省级安全生产监督管理部门、省级煤矿安全监察机构审批、颁发证书。省级安全生产监督管理部门、设区的市级安全生产监督管理部门负责除煤矿以外的安全评价机构资质的审批、审核工作，省级煤矿安全监察机构、煤矿安全监察分局负责煤矿的安全评价机构资质的审批、审核工作。未设立煤矿安全监察机构的省、自治区、直辖市，由省级安全生产监督管理部门、设区的市级安全生产监督管理部门负责煤矿的安全评价机构资质的审批、审核工作。取得甲级资质的安全评价机构，可以根据确定的业务范围在全国范围内从事安全评价活动；取得乙级资质的安全评价机构，可以根据确定的业务范围在其所在的省、自治区、直辖市内从事安全评价活动。下列建设项目或者企业的安全评价，必须由取得甲级资质的安全评价机构承担：国务院及其投资主管部门审批（核准、备案）的建设项目；跨省、自治区、直辖市的建设项目；生产剧毒化学品的建设项目；生产剧毒化学品的企业和其他大型生产企业；法律、法规和国务院或其有关部门对安全评价有特殊规定的，依照其规定。

为了进一步加强安全评价机构、安全生产检测检验机构的管理，规范安全评价、安全生产检测检验行为，应急管理部颁布了《安全评价检测检验机构管理办法》，自 2019 年 5 月 1 日起施行，《安全评价机构管理规定》同时被废止。

相关法律法规的颁布进一步推动了安全评价工作向更广、更深的方向发展。目前，安全评价作为现代安全管理模式，在国内得到了迅速发展，已成为我国安全生产重要的技术保障措施之一。在法律要求下，安全评价在国内的强制推行进一步带动了其需求的增强，促进了其服务的发展。

2.2.2　我国安全生产检测检验服务发展历程

我国的安全生产检测检验服务具有中国特色，起初，安全生产检测检验服务机构是隶属于政府的事业单位，缺乏统一的标准。自 2002 年 10 月 8 日国家经济贸易委员会（简称国家经贸委）发布《煤矿矿用安全产品检验管理办法》后，新形式、公信化的安全生产检测检验体系步入了正轨。2002 年 11 月《安全生产法》第三十条进一步规定，生产经营单位使用的涉及生命安全、危险性较大的特种设备，以及危险物品的容器、运输工具，必须按照国家有关规定，由专业生产单位生产，并经取得专业资质的检测、检验机构检测、检验合格，取得安全使用证或者安全标志，方可投入使用。由此，为企业配置专业安全生产检测检验服务也开始走上了法律强制化的道路。

2007 年，国家安全生产监督管理总局发布《安全生产检测检验机构管理规定》，将原仅限"煤矿矿用安全产品检测检验"扩大到"全国工矿商贸生产经营单位从事涉及生产安全的设施设备（特种设备除外）及产品的型式检验、安全标志检验、在用检验、监督监察检验、作业场所安全检测和事故物证分析检验等业务"，正式确立了目前正在实行的安全生产检测检验范围，对安全生产检测检验机构的资质评定、技术标准、活动原则，监督管理办法和罚则也进行了明确，它进一步强化了安全生产检测检验服务及其机构的规范性、专业性和标准性。2010 年，国家安全生产监督管理总局制定了《安全生产检测检验机构能力的通用要求》（AQ 8006—2010）。《安全评价检测检验机构管理办法》于 2018 年 6 月 19 日由应急管理部第 8 次部长办公会议审议通过，并于 2019 年 5 月 1 日起施行。

安全生产检测检验服务无论在国外还是在国内都是保证安全生产的重要技术支撑服务。相较于欧美发达国家，我国的安全生产检测检验受到了法律的强制推行，这不仅推动了企业对安全生产检测检验服务的需求，也保障了安全生产检测检验的服务质量，对提高企业安全生产水平，强化作业环境安全设施，消灭事故于萌芽起到了重要作用。

2.2.3　我国 OHSMS 认证服务发展历程

我国在国际职业安全健康标准化提出之初就十分重视此项工作。1995 年 4 月我国政府派代表参加了 ISO[①]/OHS 特别工作组，1996 年 3 月 8 日，我国成立了"职业安全健康管理标准化协调小组"。1996 年 6 月 13 日，我国职业安全健康代表参加了 ISO 组织召开的 OHSMS 标准国际研讨会。随后劳动部一些科研机构开展了 OHSMS 标准研究工作，收集和翻译当时国际出现的几个主要版本的 OHSMS 标准，将其形成了研究总结报告，并提出了我国实施 OHSMS 工作的具体意见。

---

① ISO：International Organization for Standardization，国际标准化组织。

1998 年中国劳动保护科学技术学会提出了《职业安全健康管理体系规范及使用指南》（CSS TLP1001：1998）。1999 年 10 月，国家经贸委颁布了《职业安全卫生管理体系试行标准》，下发在国内开展 OHSMS 试点工作的通知。

为促进职业安全健康管理工作的健康发展，2000 年 7 月，国家经贸委发文成立"全国职业安全卫生管理体系认证指导委员会""全国职业安全健康管理体系认证机构认可委员会""全国职业安全健康管理体系审核员注册委员会"。2001 年 11 月 12 日，国家标准化管理委员会和国家认证认可监督管理委员会宣布将《职业健康安全管理体系规范》作为国家标准 GB/T28001—2001，等同采用 OHSAS18001：1999 标准。同年 12 月，国家经贸委、国家安全生产监督管理局制定并发布了《职业安全健康管理体系指导意见》《职业安全健康管理体系审核规范》，进一步推动了我国职业安全健康管理工作向科学化、规范化方向发展。2002 年 3 月，国家安全生产监督管理局下发了《关于调整全国职业安全健康管理体系认证指导委员会及工作机构组成人员的通知》，对全国 OHSMS 认证指导委员会及其下设机构组成人员进行了调整和充实。2011 年 12 月 30 日，国家质量监督检验检疫总局和国家标准化管理委员会联合发布了《职业健康安全管理体系要求》（GB/T28001—2011），等同采用 OHSAS18001：2007 标准。2018 年 7 月，中国合格评定国家认可委员会发布了《职业健康安全管理体系认证机构认可方案》（CNAS—SC125：2018），以确保各认证机构实施 OHSMS 评审和认证的一致性。

OHSMS 认证服务，为规范和提高企业安全生产管理，促进企业安全生产管理水平的提高发挥着积极作用。目前，其与 ISO 9000 质量管理体系认证、ISO 14000 环境管理体系认证并称为企业最重要的三大认证，三者具有一体化发展的趋势。

2.2.4　我国安全生产培训服务的发展历程

我国的安全生产培训服务起步较晚，检索到的关于安全生产培训服务的最早的文章出现在 1978 年《劳动保护》杂志上，是对劳动安全培训结果的总结。20 世纪 90 年代，《中华人民共和国劳动法》颁布，安全生产培训服务教育第一次被列入国家法律成为重要内容，其中特别规定，劳动者具有接受职业技能培训权利，用人单位必须对劳动者进行劳动安全教育，特种作业人员必须具备经过专门培训所取得的特种操作资格。在法律的促进下，国家开始逐渐加大安全生产培训教育工作力度，并颁布了一系列的安全生产培训教育相关规程，如《企业职工劳动安全卫生教育管理规定》《特种作业人员安全技术培训考核管理办法》《煤矿安全培训机构及教师资格认证办法》等。自此，安全生产培训服务的各项措施都有了法律依据，国内的安全生产培训服务也逐渐增多，并越来越被重视，尤其在煤矿、水利、电力等领域都相继开展了一系列的专业安全生产培训。

2002 年《安全生产法》颁布实施，进一步明确了各级政府、生产经营单位、从业人员在安全生产培训服务教育方面的责任、权利和义务。之后，我国的安全生产培训工作开始迈入了体系建设阶段。自 2004 年国家安全生产监督管理总局相继制定出台了《安全生产培训管理办法》《生产经营单位安全培训规定》《煤矿安全培训规定》等文件，将安全生产培训服务作为提高安全监管监察人员等相关人员安全素质的重要手段，对安全培训管理体制、培训机构、教材、师资建设等做出了全面规定。这些文件的出台进一步明确了安全生产培训管理的基本制度，促进和规范了安全培训相关服务的发展。

安全生产培训是提升企业员工安全素质，进而提高企业安全生产水平的有效措施。法律法规对企业员工安全生产培训虽有特定要求，但不同于安全评价和安全生产检测检验服务，企业的安全生产培训工作既可以通过购买安全生产服务机构的安全生产培训服务来完成，也可以依靠企业内部的资源来开展培训工作。而对于小微企业而言，自身资源实力有限，企业内部缺少专门的安全生产管理机构，因此，不具备自身开展安全生产培训的条件。

2.2.5　我国安全管理咨询服务的发展历程

国内的安全管理咨询服务起源于 20 世纪 50 年代，通过设立劳动保护研究所、安全技术研究所等研究机构为企业提供一些简单的安全技术指导和咨询。20 世纪七八十年代，加强了大中专院校对安全科学人才的培养，为安全咨询服务提供了更强大的技术人才支持。

2002 年《安全生产法》的颁布，从国家法律层面对安全管理咨询、评价、检验检测等事项提出了要求。《安全生产法》（2002 版）规定，矿山、建筑施工单位和危险物品的生产、经营、储存单位，应当设置安全生产管理机构或者配备专职安全生产管理人员。前款规定以外的其他生产经营单位，从业人员超过三百人的，应当设置安全生产管理机构或者配备专职安全生产管理人员；从业人员在三百人以下的，应当配备专职或者兼职的安全生产管理人员，或者委托具有国家规定的相关专业技术资格的工程技术人员提供安全生产管理服务。之后，国家大力发展注册安全工程师制度，以期借助注册安全工程师的专业管理提升企业安全生产水平。例如，2002 年人事部、国家安全生产监督管理局发布了《注册安全工程师执业资格制度暂行规定》（人发〔2002〕87 号），2003年发布了《注册安全工程师执业资格考试实施办法》（国人部发〔2003〕13

号），2007 年人事部、国家安全生产监督管理总局发布了《关于实施〈注册安全工程师执业资格制度暂行规定〉补充规定的通知》（国人部发〔2007〕121号）。应急管理部成立后，于 2019 年 1 月 25 日和人力资源社会保障部联合发布了《注册安全工程师职业资格制度规定》《注册安全工程师职业资格考试实施办法》代替以前的文件。

近年来，随着安全生产相关法律法规的完善，安全生产的保障理念和措施都得到了很大提升，这为安全咨询业务发展提供了良好契机，其中，政府的政策导向有力拉动了安全咨询服务业务的发展。例如，《职业健康安全管理体系规范》虽然没有形成强制的规范认证和行业管理，但促进了大众对职业健康安全的关注，使企业更积极地寻求相关的职业咨询服务。为了进一步规范企业安全生产行为，国家大力推行安全生产标准化工作，相继制定、颁布了《危险化学品从业单位安全生产标准化通用规范（AQ3013—2008）》、《企业安全生产标准化基本规范（AQ/T9006—2010）》和《国务院安委会关于深入开展企业安全生产标准化建设的指导意见》（安委〔2011〕4 号）。之后，在企业贯彻落实安全生产标准化工作的过程中，服务机构为企业提供了大量的安全管理咨询工作。

2.2.6　我国安全生产托管服务的发展历程

我国的安全生产托管服务尚处于试点阶段。广州在 2006 年底首先引入安全生产托管机制，借助社会技术服务力量，以托管的形式，为各类企业提供有效的安全生产服务，2006 年，广州市政府率先提出了安全生产托管服务模式。2007年，深圳市龙岗区龙城街道龙西社区开展了企业安全生产托管试点工作，后扩展到其他几个街道，并在 2008 年拟订了《深圳市推行企业安全生产托管工作指导意见（试行）》，在全市范围内推广安全生产托管工作。对安全生产托管工作的内容、职责等给予了说明和规范。2013 年，浙江省在杭州、宁波、绍兴等地，针对矿山、危险化学品等高危行业，借助中介机构的力量进行市场机制引入试点工作，探索安全生产服务外包工作，为企业提供个性化、专业化、组织化的隐患排查治理有偿服务。截至2016年底，浙江省已有 3 000 多家企业参与安全生产托管工作，引进和培育安全生产服务中介机构 13 家。

江苏泰州市安全生产监督管理局选择医药高新技术产业开发区作为安全生产委托管理试点地区，这里小微企业密集，占到全区企业总数的 20%。2018 年2 月，医药高新区制定了《微小企业安全生产管理办法（试行）》，从托管范围、托管内容、托管方式、各方权利和义务、监督管理等方面进行了具体规定。依据企业资产总额、从业人员、营业收入等指标，医药高新区划定了小微企业托管范围，共计 199 家企业。已有 95%的小微企业实行安全生产委托管理，其中 21 家选择委托安全生产协会专家管理，其他 168 家企业选择服务机构实行委托管理。

国务院安全生产委员会于 2016 年 12 月 31 日发布了《国务院安全生产委员会关于加快推进安全生产社会化服务体系建设的指导意见》，要求加快建立主体多元、覆盖全面、综合配套、机制灵活、运转高效的新型安全生产社会化服务体系。2018 年 6 月 19 日工业和信息化部、应急管理部、财政部、科技部印发《工业和信息化部 应急管理部 财政部 科技部关于加快安全产业发展的指导意见》指出，积极培育安全服务新业态。在规范发展安全工程设计与监理、标准规范制定、检测与认证、评估与评价、事故分析与鉴定等传统安全服务基础上，积极发展安全管理与技术咨询、产品展览展示、教育培训与体验、应急演练演示等与国外存在较大差距的安全服务。

2.3　我国小微企业安全生产市场化服务现状分析

小微企业安全生产市场化服务首先取决于安全生产服务需求的规模，没有有效的市场需求，就无法刺激一个市场的形成；其次取决于安全生产服务的供给质量，没有高质量的供给，市场也无法持续发展。因此，小微企业安全生产市场化服务发展与安全生产服务的需求、供给主体的发展密切相关。

2.3.1　小微企业安全生产服务需求现状分析

小微企业本身资源薄弱且融资困难，为了达到我国相关法律法规对其安全生产水平的相关要求，从理论上来说，小微企业是亟须专业的安全生产服务的，即从理论上来说，小微企业安全生产服务市场得以产生和形成的需求是有的。但就现实状况而言，小微企业理论上的安全生产服务需求有多少转化为实际的购买力和安全生产服务消费？下面将通过对数家小微企业的实际调研，来说明小微企业安全生产服务需求的现实状况。

1. 小微企业调研样本基本情况

为了摸清小微企业对于安全生产服务的现实需求，采取问卷方式调查了江苏省 135 家小微企业。调查内容主要分为三个部分：被调研小微企业的基本信息、安全生产服务购买的相关情况及企业内部安全生产管理的相关现状，详见附录 A。被调研的小微企业组织形式以个人独资和合伙为主，分别为 66 家和 43 家，占比 49%和 32%，占所调研企业总数的 81%。被调研小微企业基本情况如图 2.1 和图 2.2 所示。

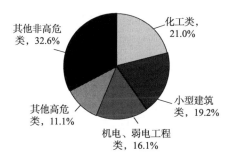
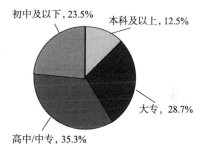

图 2.1　行业属性分布　　　　　图 2.2　被调研小微企业主学历分布

被调研小微企业行业属性分布情况为化工类 28 家，占 21%；小型建筑类 26 家，占 19.2%；机电、弱电工程类 22 家，占 16.1%；其他高危类 15 家，占 11.1%；其他非高危类 44 家，占 32.6%。

小微企业主学历分布情况为，本科及以上学历 17 人，占 12.5%；大专学历 39 人，占 28.7%；高中/中专学历 48 人，占 35.3%；初中及以下学历 32 人，占 23.5%。

2. 小微企业安全生产服务购买情况

为了解小微企业安全生产服务的购买情况，对小微企业安全生产服务购买经历、购买意愿、服务满意度和获得途径进行调查。

1）小微企业安全生产服务购买经历

根据被调研小微企业从安全生产服务市场中购买安全生产服务的经历，仅有一次购买经历的小微企业有 79 家，占 58.5%，大多为化工类、小型建筑类和机电类企业，动机多为取得安全生产许可证，曾经有偿咨询过安全生产相关专家。有两次以上购买安全生产服务经历的小微企业有 29 家，占 21.5%，多为化工类、机电类小微企业和个别其他高危行业小微企业，这些小微企业其生产过程中伴随着较高的风险，因此有多次甚至定期组织安全生产相关专家来企业内部进行隐患排查、安全培训和讲座等服务。从未正式以有偿形式购买安全生产服务的企业有 27 家，占 20%。

对于不同类型的安全生产服务项目，上述有过购买安全生产服务经历的小微企业中，有 30.3%的企业一次或多次购买安全评价服务，包括安全预评价、安全现状评价和安全验收评价；21.4%的企业一次或多次购买安全培训服务；12.1%

的企业一次或多次购买安全咨询服务；16.2%的企业一次或多次购买安全检测服务。对于具体服务项目的购买经历分布，如图 2.3 所示。

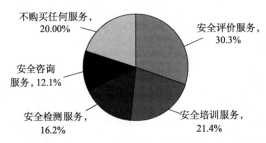

图 2.3　被调研企业不同安全生产服务购买经历分布

2）小微企业安全生产服务购买意愿

采用利克特五点量表列出安全生产服务的不同内容，对被调研小微企业的购买意愿进行量度。其中，1 表示不愿意购买，2 表示较不愿意购买，3 表示一般，4 表示愿意购买，5 表示非常愿意购买，调研结果如表 2.2 所示。

表 2.2　小微企业安全生产服务购买意愿测量

购买意愿	安全预评价	安全现状评价	安全验收评价	安全检测	安全培训	安全咨询
均值	3.010	3.181	3.392	2.990	3.309	2.821
标准差	0.884	1.107	1.103	1.031	0.917	0.984

调查结果显示，被调研的 135 家小微企业总体而言对各类安全生产服务购买的积极性都不高，均值在 2.821~3.392。其中，小微企业对安全验收评价和安全培训的购买意愿相对较高，这可能是因为安全验收评价牵涉工程能否顺利验收，而对于一些特定岗位，新晋员工的上岗前安全培训也是必不可少的。对安全检测和安全咨询的购买意愿相对较低，可能是因为，目前安全生产相关法律法规对安全咨询并未做出强制性要求。换言之，安全咨询在安全生产服务市场中属于一种非强制性的柔性需求，一般安全生产意识较高的小微企业主才会倾向安全咨询，防患于未然，为企业的长远发展考虑。

3）小微企业对于各项安全生产服务的满意度

同样采用利克特五点量表列出安全生产服务的不同内容，对被调研小微企业关于安全生产服务的满意度进行量度。其中，1 表示不满意，2 表示较不满意，3 表示一般，4 表示满意，5 表示非常满意，调研结果如表 2.3 所示。

表 2.3　小微企业关于安全生产服务的满意度测量

满意度	安全预评价	安全现状评价	安全验收评价	安全检测	安全培训	安全咨询
均值	2.640	2.951	3.081	3.082	3.289	2.944
标准差	0.650	0.705	0.684	0.684	0.828	0.784

　　调研结果显示，被调研的 135 家小微企业对于曾经购买过的安全生产服务满意度总体不高，均值在 2.640~3.289。其中，被调研小微企业对于安全培训的满意度相对较高，可能的解释为，安全培训的服务提供相对成熟，培训结果也更好检验。对于安全预评价、安全现状评价及安全咨询的满意度都较低，可能的解释为，安全评价服务所产生的结果除了有一部分服务机构的因素外，还包含很大一部分小微企业的自身因素，不排除一些小微企业自身安全生产的基础较差，导致其安全评价结果不理想。而对于安全咨询这项柔性服务，其服务的实质内容主要是对企业内部的安全管理体系的优化，是一项有利于企业长远发展的服务项目，因此可能在短期内很难见到其实质性的收益。

　　4）小微企业安全生产服务获得途径

　　安全评价、安全培训、安全咨询等各类项目的安全生产服务贯穿于小微企业整个生命历程，都为小微企业的安全生产管理服务。因此，小微企业安全生产服务的获得途径也是多样化的，包括传统的政府安监部门的统一供给，小微企业内部引进技术、人才、自行组织内部供给和第三方安全生产服务机构市场化供给等多种途径和方式。调研结果显示，倾向向安全生产服务机构购买服务的企业占37.2%；倾向在企业内部培养专职人员进行安全生产管理的企业占 45.3%，结果如图 2.4 所示。

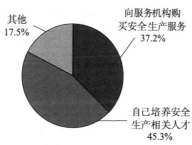

图 2.4　安全生产服务获取方式分布

　　如果地方安监部门对于从安全生产服务市场中购买安全生产服务的小微企业设有专项资金补贴，那么倾向向专业安全生产服务机构购买服务的企业比例将上升至 67.5%，但仍有 32.5%的被调研小微企业不会向安全生产服务机构购买服务，结果如图 2.5 所示。

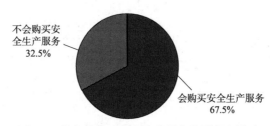

图 2.5　提高补贴对安全生产服务购买意向影响

2.3.2　安全生产服务机构发展现状分析

　　小微企业安全生产市场化服务的一个条件是小微企业内部大量的安全生产管理需求能够被有效地激发至市场，从而形成有效的安全生产服务市场需求规模。另一个不可或缺的条件是安全生产服务机构独立、有序、良性地发展。如果安全生产服务机构的发展水平有限，其提供的安全生产服务必然也不能满足企业的需要，供给效率得不到保障，那么安全生产服务市场就不能健康持续地为小微企业服务，必然会影响安全生产市场化服务进程。

　　安全生产服务机构的主要服务内容有安全评价、安全生产检测检验、安全培训等。其中，安全评价是安全生产服务的一项重要内容，贯穿于企业建立、运营、消亡的全部过程，是安全生产服务机构的核心业务。通过我国安全评价机构的规模和分布情况可以窥见安全生产服务机构的发展状况。尽管我国的安全评价工作起步较晚，但随着国家相继实施《安全生产法》《安全生产许可条例》等一系列法律法规后，安全评价具有了一定程度的、法律法规保障的强制性色彩，安全评价行业由此得到了快速发展。全国范围内甲级、乙级安全评价机构分布概况如图 2.6 所示（不含港、澳、台、西藏数据）。

　　安全生产服务机构必须在取得安全评价的相关资质后才能开展此项业务，安全评价资质分为甲、乙两级，取得甲级资质的安全评价机构可以根据确定的业务范围在全国范围内开展业务，取得乙级资质的安全评价机构可以根据确定的业务范围在其所在的省、自治区、直辖市内从事安全评估活动。截至 2018 年底，全国范围内取得甲级安全评价资质的机构共有 156 家，乙级安全评价资质机构共有401 家，安全评价工作逐渐进入规范发展的轨道。调研材料显示，目前我国安全检验的大部分工作仍然由政府安监部门或其下属的事业单位承担，安全检测的工作主要由市场化运营的第三方安全生产服务机构承担。关于安全培训，截至2018 年底，全国范围内一至四级资质的培训机构近 4 000 家，专职教师逾 2 万人，教材种类也很丰富，安全培训不仅面向广大企业员工、企业主，同时还以政府安监部门执法人员、监察人员及社会大众为对象。

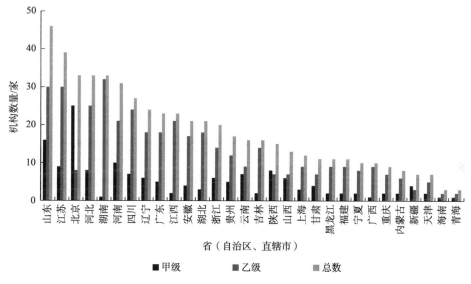

图 2.6　安全评价机构各省分布概况

安全生产服务机构作为专业提供安全生产技术、事务性服务的市场主体，为小微企业输入安全生产相关专业知识、技能和经验，以协助后者提高安全生产水平。安全生产服务机构良性发展和安全生产服务市场秩序井然离不开与之相关的安全生产法律法规及政策等外部条件的保障。

我国《安全生产法》第十三条明文规定："依法设立的为安全生产提供技术、管理服务的机构，依照法律、行政法规和执业准则，接受生产经营单位的委托为其安全生产工作提供技术、管理服务。"

国务院应急管理部门负责指导全国安全评价检测检验机构管理工作，建立安全评价检测检验机构信息查询系统，完善安全评价、检测检验标准体系。省级人民政府应急管理部门、煤矿安全生产监督管理部门（以下统称资质认可机关）按照各自的职责，分别负责安全评价检测检验机构资质认可和监督管理工作。设区的实际人民政府、县级人民政府应急管理部门、煤矿安全生产监督管理部门按照各自的职责，对安全评价检测检验机构执业行为实施监督检查，并对发现的违法行为依法实施行政处罚。

由此可见，在安全生产的领域里，不但安全生产的责任主体——企业需要受到政府安监部门的监管，而且，作为服务主体的安全生产服务机构也要受到政府安监部门的监管。

从安全生产服务市场形成与培育的角度来说，监管前者的目的在于强制和激励企业内部的安全生产服务需求，使其外化至市场，从而形成有效的市场需求规模。监管后者的作用在于规范安全生产服务机构的服务活动，在安全生产服务市场的初期更好地维持市场秩序，提高安全生产服务市场的交易效率，减少无效、低效的服务，淘汰资质不健全的安全生产服务机构，避免小微企业与安全生产服务机构之间的逆向选择，促进市场健康成长。

2.4　我国小微企业安全生产市场化服务
运行动力分析

　　为促进小微企业安全生产市场化服务运行，需要对相关经济主体的利益追求过程进行引导，即通过各经济主体对利益的追求拉动服务供需，实现供需耦合的良性发展。一方面，小微企业在快速发展的同时，伴随着严峻的安全生产问题，但其凭借自身力量无法兼顾生产和安全，因此亟须来自企业外部的安全生产服务。另一方面，面对小微企业规模性的安全生产服务需求，安全生产服务机构应运而生，为小微企业提供了经济有效的安全生产服务供给。由此，因小微企业所形成的、一定规模的安全生产服务需求以及安全生产服务机构为谋求自身生存发展和对利润的追求所形成的一定水平的安全生产服务供给，成为构成安全生产市场化服务运转的内部动力。

　　然而，小微企业的安全生产服务需求并非自发形成，其固有的侥幸心理和有限资源使其难以将安全生产服务需求真正落实。同时，安全生产管理的特殊性使小微企业在购买安全生产服务时面临明显的信息不对称，安全生产服务机构具有提供劣质安全生产服务的动机和机会。由此，国家相关法律法规的要求及政府安监部门的规制对保障市场有效运转起到了不可磨灭的作用。一方面，伴随着《安全生产法》《安全生产管理条例》等安全生产相关法律法规的相继出台，国家从法律层面强制要求小微企业必须购买诸如安全评价、安全生产检测检验等安全生产服务，加之政府安监部门对小微企业安全监管力度的不断加强，加大了小微企业安全生产服务潜在需求转化为实际需求的外部驱动力。另一方面，国家制定行业标准、提高行业壁垒、加强市场监管，促使安全生产服务机构提高安全生产服务质量，以保障安全生产服务的有效供给。

　　根据上述分析可知，小微企业安全生产服务市场的运行动力包含内部动力和外部动力，其中所涉及的主体为小微企业、安全生产服务机构及安监部门。安全生产市场化服务运行动力如图2.7所示。

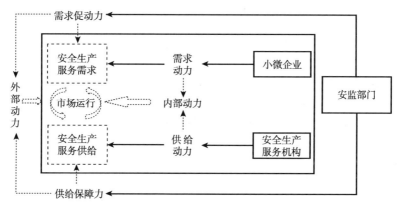

图 2.7 安全生产市场化服务运行动力

粗的虚箭头表示内部动力、外部动力合成共同促进市场运动；细的虚箭头表示可能转化

2.4.1 小微企业安全生产刚需服务运行动力

小微企业安全生产刚需服务和柔需服务在服务购买类别上的显著差异直接导致两类服务的市场化运行动力及其特征不尽相同。

一方面，在安全生产刚需服务运行中，小微企业必须按法律法规相关规定，向第三方专业服务机构购买诸如安全评价、安全生产检测检验等安全生产服务，且只有取得由服务机构出具的安全生产合格报告，方能进行正常的生产经营活动。这在法律要求层面直接激发了小微企业对刚需服务的购买需求。同时，在法律执行上，当安监部门严格按照法律要求执行刚需服务的安全要求，认真监管小微企业安全生产时，小微企业必须购买刚需服务，这从政府监管层面进一步落实了小微企业的刚需服务需求。由此，法律法规和政府监管直接激发了小微企业的刚需服务需求。其中，取得安全生产合格报告、正常参与生产经营活动是小微企业购买安全生产服务的内部动力，而法律法规要求和政府监管既是刚需服务需求产生的外部动力也是直接动力。

另一方面，由于刚需服务是法律强制要求和政府严格监管下的产物，故对整个市场来说，刚需服务的服务需求数量较为稳定，但对个体服务机构而言，为了在市场中取得更多的服务业务、获取更大的经济利润，则需提供更高性价比的服务，以迎合小微企业的服务需求。由此，谋求生存发展、追逐利润成为服务机构的内部动力。同时，作为服务内容和服务结果的安全评价服务报告及安全生产检测检验服务报告等都具有法律效力，因此，此类服务的服务供给效率和服务质量亦受到法律法规的约束，并被政府安监部门所监管，如政府规定，只有取得相关资质的服务机构方能开展服务业务，未取得资质的服务机构则不能提供相关服务，出具的安全评价报告也不受法律认可；加强对服务质量的监管，一旦发现违规服务、违法服务报告，将对服务提供方进行严惩，严重者甚至受到法律的制裁；等等。同时，为保障刚需服务的服务供给效率和质量，政府对服务机构提供一定的政策支持，鼓励安全技术的开发及加强对人才的培养，如加大对安全技术科研院所的资金支持力度，提高安全技术的研发水平；在大专院校开设安全技术相关专业，培养专业的安全技术人才；完善对安全技术人员的技能考核制度；等等。由此，法律法规的约束及政府部门的监管和支持是服务机构保证刚需服务供给的外部动力。安全生产刚需服务运行动力如图 2.8 所示。

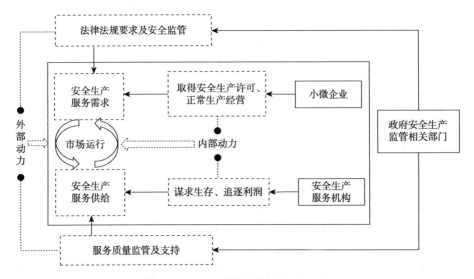

图 2.8　安全生产刚需服务运行动力

2.4.2　小微企业安全生产柔需服务运行动力

在安全生产柔需服务运行中，小微企业是否购买服务未受强制要求，即小微企业可选择购买柔需服务，亦可选择不购买。理论上，小微企业安全生产水平低，资源不足且大多存在侥幸心理，对安全生产重视不足，并不愿花费有限的资源用于购买安全生产服务以提高安全生产水平。然而当安全生产刚需服务运行良好，相关安全要求无法回避时，小微企业受到刚需服务安全要求的外力感知，则必须提高自身安全生产水平，这是激发柔需服务需求产生的外部动力。但即便小微企业受到安全要求外力感知，需提高安全生产水平，也依然可以选择依靠自己的力量进行安全生产。现实中，小微企业通常安全水平现状差、内部安全生产管理极不完善，这都意味着，当自行构建和执行一整套类似大型企业的安全管理体系时，需付出巨大的安全成本。加之其将有限的资源更多用于核心竞争力的建设维护上，对安全的资金投入和相关安全技术人才的培养都很欠缺，这使得小微企业若想提高安全生产水平，就要借助外力。同时，小微企业依靠自己的力量进行安全生产所付出的巨大安全成本也十分不利于其在行业中占据有利的竞争地位，这也导致了小微企业更倾向通过购买柔需服务获得更高的安全效益。由此，小微企业短缺的安全管理能力及节约安全成本是其购买柔需服务的内部动力。

不同于刚需服务，安全生产柔需服务并非法律法规的强制要求，其服务质量也未受到法律和政府监管的硬性约束。一方面，小微企业对柔需服务需求多出于降低安全成本、提高安全绩效的目的而自发形成，故而小微企业更倾向选择高质量、高性价比的柔需服务，为追求更多经济利润，服务机构愿意提高柔需服务质量，这成为服务机构提供柔需服务的内部动力。另一方面，若柔需服务质量低，则无法满足企业需要，柔需服务供给效率得不到保障，该市场也无法健康持续地为小微企业服务。因此，为保障柔需服务的有效供给，避免市场失灵，政府必须履行"守夜人"的职能，既需通过一定的监管手段防止出现劣质、虚假服务，亦需规范市场，营造良好的竞争环境，促进柔需服务有序良性发展。此外，政府在现实中亦对服务机构提供一定的支持鼓励政策，进一步加大对安全技术和专业人才的培养和发展力度，以保障服务的有效供给。由此，政府的监管和政策支持是保证市场化服务供给的外部动力。安全生产柔需服务运行动力如图 2.9 所示。

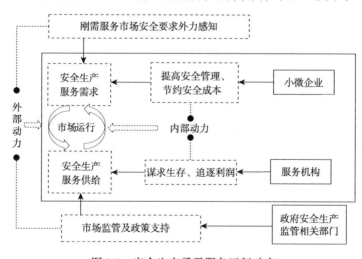

图 2.9　安全生产柔需服务运行动力

2.4.3　小微企业安全生产刚需服务与柔需服务运行动力特点及相互关系

由上述分析可知，小微企业安全生产刚需服务并非自发供需运行的，服务的产生和运行需强大的外部动力支持，且该外部动力是促使内部动力产生及保障市场化服务运行的关键。刚需服务运行呈现强政策依赖性特点，具体表现为，法律法规的要求和政府安全生产监管是引发和维持市场化服务运行的外部始发动力，它促使小微企业形成获取安全生产合格报告，以正常参与生产经营活动的内部动力，由此激发了刚需服务需求产生，并进一步带动服务机构产生追逐利润的内部动力。同时，政府对服务质量的监管约束又是市场化服务供给的外部保障动力，并最终促进了市场化服务良性发展。安全生产刚需服务运行动力特点如图 2.10 所示。

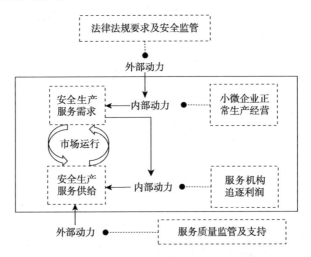

图 2.10 安全生产刚需服务运行动力特点

小微企业安全生产柔需服务运行虽未受法律法规和政府监管这一外部动力激发，未呈现强政策依赖性特征，但也并非自发供需形成。刚需服务良好运行并由此感知更高安全要求是激发和保障小微企业柔需服务的外部起始动力，具体表现在，只有当刚需服务顺利运行并对小微企业提出更高安全要求时，小微企业为节约安全生产成本、提高安全管理能力的内部动力才得以激发，并产生柔需服务购买需求，进而激发服务机构产生谋求生存发展、追逐利润的内部动力，并在政府监管这一外部动力保障下，提供柔需服务，最终促使市场化的柔需服务有效运转。安全生产柔需服务运行动力特点如图 2.11 所示。

以上结果进一步表明，小微企业安全生产两类市场化服务运行之间具有明显联动关系，其中安全生产刚需服务良好运行的前提是法律法规规范及政府对小微企业的安全监管，而安全生产刚需服务良好运行又成为安全生产柔需服务良好运行的大前提和先决条件。至此，可知小微企业刚需服务运行与柔需服务运行之间具有联动反应，刚需服务带动柔需服务一起运转。两类市场化服务联动关系如图 2.12 所示。

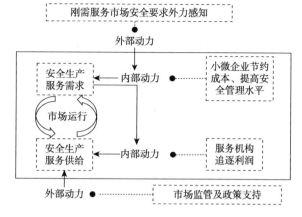

图 2.11 安全生产柔需服务运行动力特点

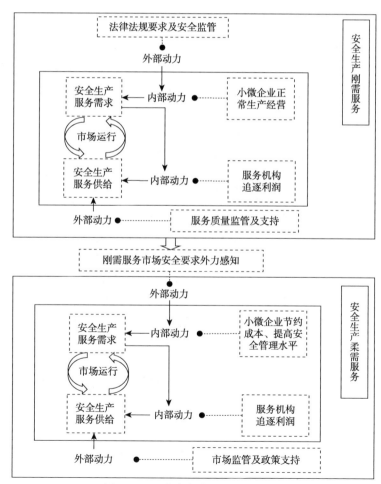

图 2.12 两类市场化服务联动关系

2.5　我国小微企业安全生产市场化服务发展过程中需要解决的问题

2.5.1　我国小微企业安全生产服务市场特点分析

目前，我国小微企业安全生产市场化服务还处于初级阶段，安全生产服务市场不成熟、不完善，安全生产服务需求低、供给不足，安全生产服务市场的发展对政府政策有很强的依赖性。

一方面，小微企业安全生产服务需求的产生依赖于政府强有力的安全生产管制政策。第一，安全生产刚需服务是由政府法律法规强制性要求直接产生的。第二，安全生产柔需服务需求也与政府安全生产管制政策紧密联系，当安全管制政策严格且监管力度加强时，小微企业提高安全生产水平的压力就会加强，在企业没有能力完成安全生产达标要求时，就会考虑购买服务机构的安全生产服务，此时，安全生产柔需服务需求则变得强劲。

另一方面，小微企业安全生产服务供给需要政府政策支持。第一，安全评价、安全生产检测检验这些安全生产刚需服务的供给方需要具备相应的资质条件，这些资质标准依据中华人民共和国应急管理部 1 号令《安全评价检测机构管理办法》审定，服务机构的资质审核、认定由相应的政府部门完成。安全评价、安全检验检测服务机构的数量和业务水准与资质审核和认定标准有关，当审核与认定标准提高时，服务机构的数量就会减少，相应地，服务水准也会提高，安全生产服务的供给质量也会提高。第二，安全生产柔需服务的供给需要政府政策的大力扶持。例如，2015 年浙江省政府安排 300 万元财政资金，将其专门用于安全生产服务的宣传、培训和试点工作，截至 2016 年底，浙江省已有 3 000 多家企业参与安全生产托管工作，引进和培育安全服务中介机构 13 家。

因此，与一般意义上的服务市场不同，现阶段小微企业安全生产服务市场是一个 H 型政策引导型市场，需要政府政策对需求和供给双侧进行引导，在激发安全生产服务需求的同时，规范安全生产服务市场，培育安全生产服务机构，进而提高安全生产供给能力。并在此过程中，引导安全生产需求与服务供给对接、配套，实现小微企业安全生产市场化服务需求与供给的供需耦合，充分体现政府安监部门在小微企业和服务机构之间的桥梁作用。

2.5.2　我国小微企业安全生产市场化服务发展过程中存在的问题

1. 我国小微企业安全生产服务市场存在的问题

1）小微企业安全生产市场化服务有效需求低

从小微企业来看，资源实力弱是安全生产水平低的客观因素，而身兼数职的小微企业主和普遍教育程度不高、流动性大的员工的安全意识差则是主观因素。就小微企业的内部条件来看，少有企业具备自行进行安全生产管理的资源和技术实力。因此，量大面广的小微企业内部存在大量的安全生产服务需求。小微企业的内部条件决定了小微企业有大量的安全生产市场化服务的潜在需求。

然而，若无政府安监部门的法律法规的约束和规制，由于小微企业主对安全生产监管和安全事故的发生存在侥幸心理，即使小微企业内部存在大量的安全生产服务需求，这种需求仍然处于被忽视和从属的地位，无法变成有效的市场需求，安全生产服务市场仍然不足以形成并维持。调查过程中也发现，企业选择安全评价、安全生产检测检验这些安全生产刚需服务的目的停留在取得安全生产许可证，并不关心安全评价和安全生产检测检验工作是否真正有利于企业安全生产。对于安全生产柔需服务，在政府对安全生产监管不严的情况下，小微企业在没有停产整顿的威胁的时候，购买安全生产服务的积极性不高。部分地区小微企业购买了安全生产服务，并取得了不错的成效，这是政府政策大力推进的结果，否则小微企业的安全生产柔需服务潜在需求难以转化为购买意愿。

2）小微企业安全生产市场化服务供给能力有限

尽管我国的安全生产服务机构已经有了一定的初步发展，但仍然存在很多问题。一方面，就全国范围内安全生产服务机构的发展而言，机构在行政区域上分布不均，东部、中部地区，特别是北上广深（北京、上海、广州、深圳）的安全生产服务机构发展较具规模，资质健全，服务也更规范。而西部地区的安全生产服务机构发展势头缓慢，不足以满足当地企业的安全生产服务需求。另一方面，在市场形成初期，服务机构之间存在一些恶性竞争和盲目竞争，主要表现为一些机构为了得到企业的安全生产服务项目，不惜违法违规、迎合企业出具不实报告，只看重经济利益，而忽略了安全生产的社会责任。还有一些机构为了占有市场份额，即使其技术实力不足，也开展多项业务吸引客户，他们缺乏深入研究、探索和因地制宜的精神，导致其安全生产服务的手段、方式单一，报告教条化，对企业而言，并无太多实际意义的参考价值。

在安全生产服务市场建设初期，服务机构整体建设明显滞后、服务主体市场竞争不充分。没有充分的竞争，就不能形成安全生产服务机构间的"优胜劣汰"，一些"浑水摸鱼"的机构也得以生存，而小微企业在购买服务时却无从辨别，由此带来逆向选择的问题。市场中生成的这些低效、无效的服务，拉低了安全生产服务市场的供给效率，不能满足企业的真正需求。

2. 我国小微企业安全生产市场化服务运行存在的问题

1）小微企业安全生产刚需服务运行存在的问题

在安全生产刚需服务运行中，《安全生产法》强制要求高危行业企业实施安全生产许可证制度。强政策依赖是该市场化服务运行的重要特征，法律法规相关政策制定及执行是促使刚需服务运行的始发动力及保障力，这意味着市场化服务运行与政策执行密不可分，运行目标与政策执行目标高度一致。因我国极力推崇安全生产责任制，安全生产服务机构天生就扮演着分担责任的"挡箭牌"。随着我国小微企业安全生产市场化服务的发展，以安全评价为主的安全生产刚需服务运行出现了很多问题。

首先，我国现行的安全评价制度属于国家法律强制要求，小微企业为获得政府经营许可权，不得不接受被动评价。企业缺乏安全评价主动性，因此，在安全评价过程中，就有可能出现消极应对、隐患问题、贿赂安全评价人员等问题。其次，为推动安全评价市场化，在该市场化服务刚兴起时，安全生产服务机构入市门槛低，导致服务机构鱼龙混杂，主营业务不明，服务运行中存在采取不正当手段、盲目搞低价竞争、用商业贿赂的形式拓展业务等问题。部分机构存在重经济效益、轻社会责任现象，责任感和法律意识不强，存在转包评价项目、转租资质证书，擅自减少和简化程序等不规范行为。甚至一些安全评价服务机构还存在因接受企业贿赂，出具虚假或者严重失实的评价报告等违法行为。而地方安监部门，也部分存在重审批、轻管理，实行地方保护政策，采用行政手段干预市场竞争，甚至指定特定的机构开展安全评价、企业安全质量标准化等现象，这都不同程度影响了评价活动的独立性和评价报告的客观性。

由此可知，安全评价缺乏针对性，评价质量不高。多数安全评价工作仅停留在安全守法性检查层面。安全评价服务基本上就是对照法律法规，制定一个固定的"模板"，检查每个被评对象是否符合标准，缺少对具体企业的具体问题的系统风险分析和评价。安全评价只有"框架"，没有灵魂，原本技术性很强的安全评价工作变成了简单的重复劳动，技术含量低，很难得出科学、具体、有价值的结论。安全评价工作没有上升到预测性、风险评估阶段，不能满足安全生产工作需要，对企业生产经营的支撑作用没有得到充分发挥，即小微企业安全生产刚需服务运行问题导致其目标发生偏离，这就意味着政策目标落空，而这也成为安全生产刚需服务运行不畅的重要表象。

2）小微企业安全生产柔需服务运行存在的问题

虽然安全生产柔需服务是法律法规非强制性要求的服务内容，但是安全生产相关法律法规对该项服务对应的安全活动是有强制要求的，因此，对于安全生产资源实力弱的小微企业，要满足安全生产法律法规要求的安全生产条件，购买安全生产服务是其最佳选择。但是，由于不同小微企业的安全生产情况差异很大，同时与刚需服务相比，安全生产柔需服务缺乏运作规范与指导标准，因此，对服务机构的能力与业务要求更高。一旦柔需服务质量供给无法得到保障，不仅使小微企业难以通过购买柔需服务实现提高安全生产水平的目标，也会严重打击其购买柔需服务的积极性。所以，只有保证安全生产柔需服务质量，才能切实维护小微企业的切身利益，促进安全生产柔需服务业的健康发展。

目前安全生产服务机构规模普遍较小，专业技术实力较弱，人才储备不足，缺乏高精尖专业技术人才，服务机构的人才队伍跟不上安全生产柔需服务业务的需要。加之由于安全生产柔需服务专业性强，小微企业与服务机构之间就服务开展的情况存在信息不对称，小微企业难以辨别服务机构的服务能力及其服务成效。因此，政府安监部门加强对安全生产柔需服务质量的监管是非常有必要的。

然而，安全生产柔需服务不同于刚需服务，服务机构不需要资质审批，小微企业与服务机构之间的合作是市场行为，服务的开展按照合同的约定进行。因此，政府安监部门不能直接对安全生产柔需服务进行干预，那么，如何发挥政策的引导作用，通过合理的政策措施监管安全生产柔需服务质量，是一个需要深入研究的问题。

2.5.3 我国小微企业安全生产市场化服务需要研究的议题

要大力发展小微企业安全生产市场化服务，不但要促使安全生产服务市场达到一定的规模和效率，而且要引导和规范安全生产市场化服务运行，提高服务质量。因此，需要明晰小微企业安全生产服务市场的形成机理，进而明确如何对这一市场进行政策培育；并要研究小微企业安全生产市场化服务运行的规律，规范运行，提高服务质量。本节需要深入研究的议题包括三个方面：小微企业安全生产服务市场的形成机理与培育机制、小微企业安全生产市场化服务运行机制和小微企业安全生产市场化服务质量评价体系。

1. 明晰小微企业安全生产服务市场的形成机理与培育机制

小微企业安全生产服务市场的重要特征就是以市场化运营的安全生产服务机构作为安全生产服务的供给主体，小微企业通过市场交易的方式获得专业安全生产服务。小微企业作为自身安全生产的责任主体，安全生产服务（管理）职能在企业内部一直存在，并伴生于生产职能的每时每刻。那么，为什么又要推进安全生产服务的市场化进程？为什么说安全生产服务的市场化供给机制更有效率？安全生产服务市场是如何形成的？即小微企业内部的安全生产管理（服务）需求是如何外化至市场的？在此过程中，安全生产服务机构如何经由分工演进产生？需要哪些条件？背后有何客观规律？

任何一个市场的萌芽、产生都源自需求。我国的小微企业数量庞大，行业类目繁多，这些小微企业内部是否存在巨大的安全生产服务的需求？小微企业在相关法律法规条例及政策的强制作用下，安全生产水平必须达到一定水平。因此，内部存在安全生产服务需求。但从小微企业目前的安全生产服务购买情况来看，只有很少一部分需求被外化至市场，形成市场需求。小微企业本身资金水平、安全专业技术资源均有限，因此大部分小微企业无法依靠自身力量管好安全生产。从逻辑上讲，既然小微企业需要管好安全，但自身又无力去管，是否顺其自然就会到企业外部寻求服务？如果没有政府安监部门依照法律法规的监管，小微企业是否仍然能够自发地寻求服务？政府安监部门如何通过政策条例的制定促进小微企业购买安全生产服务，从而使其内部的安全生产服务需求外化至市场？

市场中现有安全生产服务机构和安全生产服务质量参差不齐，处于信息弱势的小微企业在购买服务时无从甄别，由此引发了逆向选择问题。那么作为需求方的小微企业如何区分安全生产服务机构的优劣？优质的安全生产服务机构如何使自身与劣质的安全生产服务机构区别开？政府安监部门如何通过相关法律法规的制定，运用行政杠杆维护安全生产服务市场的环境，遏制服务机构"浑水摸鱼"，避免逆向选择的发生，促进安全生产服务机构的优胜劣汰，保障供给、促进优化？

在接下来的研究中，针对以上三方面的问题，在第 3 章拟基于专业化分工理论，通过构建内生专业化分工水平的企业职能分工模型，剖析小微企业安全生产服务市场产生、演进的条件。在第 4 章拟基于演化博弈理论，通过构建地方政府与小微企业的博弈模型，刻画出小微企业安全生产服务购买决策与地方政府安监决策的演化规律，以此探寻从需求侧培育安全生产服务市场的途径。在第 5 章拟基于信息不对称理论，构建小微企业与安全生产服务机构之间的不完全信息动态博弈模型，分析逆向选择问题的发生机理，以此探寻从供给侧培育安全生产服务市场的途径。

2. 明确小微企业安全生产市场化服务运行机制

由两类市场的运行动力特点与两者间的联动关系可知，要解决小微企业安全生产服务市场整体运行问题，必须先解决安全生产刚需服务市场运行问题，只有安全生产刚需服务市场运行良好，才能激发安全生产柔需服务需求，从而激活安全生产柔需服务市场运行。纵观目前我国小微企业安全生产服务市场，安全生产刚需服务市场运行不畅，严重偏离预期目标，且始终存在合谋、低质服务等违规现象，未能良好运行直接导致安全生产柔需服务市场活力未被激发。因此，首先需解决安全生产刚需服务市场的运行问题，在保证安全生产刚需服务市场良好运行的基础上，进一步解决安全生产柔需服务市场存在的问题，促使安全生产柔需服务市场良好运行，最终实现小微企业安全生产服务市场运行的整体优化。

其中，在安全生产刚需服务市场中，强政策依赖是该市场运行的重要特征，法律法规相关政策制定及执行是促使安全生产刚需服务市场运行的始发动力及保障力。这意味着市场运行与政策执行密不可分，市场目标与政策执行目标高度一致。市场运行目标发生偏离即意味着政策目标落空，而这成为市场运行不畅的重要表象。由此，将首先针对安全生产刚需服务市场运行偏离目标这一预期问题进行研究，在考虑现实环境复杂性的基础上，拟采用扎根理论方法探究安全生产刚需服务市场运行目标偏离这一显性问题产生的原因，并找出解决该问题的关键点。在此基础上，采用计算实验方法模拟安全生产刚需服务市场运行，从解决安全生产刚需服务市场运行不畅、市场运行目标偏离问题的关键点出发，进一步解决安全生产刚需服务市场可能存在的企业与服务机构合谋、服务机构提供低质服务等市场隐性违规行为，实现安全生产刚需服务市场良好运行。

解决了安全生产刚需服务市场运行问题，则激发小微企业安全生产柔需服务需求产生，促使安全生产柔需服务市场形成并运行。但作为一个刚刚兴起的市场，一旦安全生产柔需服务质量供给无法得到保障，不仅使小微企业难以通过购买安全生产柔需服务实现提高安全生产水平的目标，也会严重打击其购买安全生产柔需服务的积极性，损害市场健康发展。因此，寻求市场治理对策、保障安全生产柔需服务质量成为保障该市场顺利运行的关键问题。

在接下来的研究中，第 6 章重点探究安全生产刚需服务市场运行目标偏离问题的关键所在，并以第 6 章的研究结论为出发点，第 7 章重点解决安全生产刚需服务市场违规问题。在解决安全生产刚需服务市场问题，保障其顺利运行的基础上，在第 8 章重点解决安全生产柔需服务市场低质服务问题，最终实现小微企业安全生产服务市场的整体运行优化。

3. 构建小微企业安全生产市场化服务质量评价体系

市场是配置资源的最有效手段，小微企业安全生产市场化服务是解决安全生产问题的有效途径。要想市场良性发展，需要良性的发展秩序，但是在市场中，由于主体的多元化以及各主体利益的不一致，会造成一定程度的秩序失范。小微企业安全生产服务市场不同于其他服务市场，当市场秩序失范时，企业安全生产难以保证，将会给整个国家、社会、企业、员工带来巨大的损失。因此，有必要探寻一条有效途径来规范并提高安全生产市场化服务质量。

安全生产刚需服务的开展是保证小微企业具备安全基本条件的刚性要求，安全生产刚需服务质量直接关乎企业安全生产水平。但是，很多小微企业购买安全生产刚需服务是出于获取安全生产许可证的需要，并不关心服务质量，这直接降低了对服务机构服务的要求。对于安全生产柔需服务，小微企业的出发点与购买安全生产刚需服务完全不同，其花钱买服务的目的在于提高企业的安全生产管理及其水平，进而满足法律法规对安全生产的要求，更关心服务的过程感受和服务质量。

但是，安全生产服务具有专业性强的特点，如何评价其质量？并且安全生产刚需服务和柔需服务迥异，必须根据两者特点分别构建评价体系。同时解决好"评什么""怎么评"的问题。因此，第9章和第10章将分别在分析安全生产刚需服务质量、安全生产柔需服务质量及其评价特点的基础上，构建各自的服务质量评价指标体系。

本 篇 小 结

　　本篇对小微企业安全生产市场化服务进行了细分,梳理了各类安全生产服务的发展历程,系统阐述了我国安全生产市场化服务的需求与供给状况,剖析了安全生产市场化服务的运行动力,概括了我国安全生产服务市场的特点、市场化服务运行存在的问题以及需要研究的科学议题。

　　安全生产市场化服务可以分为安全生产刚需服务和安全生产柔需服务两类,两类服务市场运行皆首先由外部动力引发,经由内部动力促使服务需求产生,进而带动服务供给的内部动力并在外部动力的保障下,促使市场良好运行。两类服务市场之间具有明显的联动关系,安全生产刚需服务市场良好运行是安全生产柔需服务市场良好运行的大前提和先决条件。

　　现阶段,我国安全生产市场化服务还不成熟,安全生产服务市场是一个 H 型政策引导型市场。不但安全生产服务需求与政府安全生产监管政策密切相关,而且政府政策极大影响着安全生产服务供给。要想大力开展安全生产市场化服务,需要政府政策对供需双侧进行引导,发挥桥梁作用,才能实现小微企业安全生产市场化服务需求与供给的供需耦合。

　　目前,我国小微企业安全生产服务市场有效需求低、服务供给能力有限。安全生产刚需服务运行过程中存在各类违规情况,偏离了制度预期设定的目标。安全生产柔需服务质量难以保证。因此,需要对小微企业安全生产服务市场的形成机理和培育机制、小微企业安全生产市场化服务运行机制、小微企业安全生产市场化服务质量评价体系等进行深入研究。

第 2 篇　小微企业安全生产服务市场的形成与培育研究

通过培育安全生产服务市场，以市场化独立运营的安全生产服务机构来为量大面广的小微企业提供市场化的安全生产服务，助力小微企业安全生产。但是安全生产市场化服务不同于一般意义上的市场化服务，需要政府发挥桥梁作用，对安全生产服务需求、供给进行双侧政策引导，既要加强安全生产监管来激发小微企业安全生产服务需求，又要对安全生产服务市场进行培育，进而创建起安全生产服务供需联动机制，避免安全生产市场化服务陷入"供需双低"的不良均衡状态。但如何培育小微企业安全生产市场化服务，可有理论依据？安全生产市场化服务是安全生产服务的市场化，要大力发展市场化服务，必须弄清安全生产服务市场的形成及其发展规律，由此，产生本篇的研究主题"小微企业安全生产服务市场的形成与培育研究"，该主题旨在通过小微企业安全生产服务市场形成的微观机理研究，获得培育市场的线索和切入点，进而有针对性地培育市场，最终实现安全生产市场化服务"供需两旺"。小微企业安全生产服务市场的形成与培育主要涉及以下三个问题。

（1）探索安全生产服务市场形成的微观机理。基于专业化分工理论，通过构建内生专业化分工水平的企业职能分工模型，从微观层面解释为什么企业安全生产管理职能与生产职能的分离以及安全生产服务的市场化能够产生更高的效用。分析生产与安全两项职能分离使小微企业安全生产服务需求外化和安全生产服务机构产生，进而形成安全生产服务市场需要哪些条件。

（2）探讨政府安监部门监管策略与小微企业安全生产服务购买决策的演化关系。小微企业内部的安全生产管理需求能否外化至市场、形成有效的市场需求规模是安全生产服务市场得以形成、存在的前提。那么，地方安监部门如何通过安全生产相关法律法规的制定和执行来强制小微企业进行必需的安全投入并激励其购买安全生产服务？国家安监部门对地方安监部门的监督对于"地方安监部门-小微企业"的监管子系统有何影响，对小微企业的安全生产服务购买行为又有何间接影响？

（3）分析及防范安全生产服务市场中的逆向选择问题。我国的安全生产服务市场处于初级阶段，市场中安全生产服务机构良莠不齐，以至于小微企业在寻求服务时无从分辨，这是一个典型的"逆向选择"问题。小微企业安全生产服务市场中的逆向选择问题是如何产生的，有何负面影响？逆向选择问题的存在是否会导致市场供给效率的降低，进而影响市场形成？如何有效地减弱甚至规避逆向选择问题给新兴的安全生产服务市场所带来的负面影响？

第3章 小微企业安全生产服务市场形成的微观机理

小微企业安全生产市场化服务的形成代表了安全生产服务由企业内部自供向由市场提供的转变，这一转变依托于安全生产服务市场，那么，小微企业安全生产服务市场的形成需要具备哪些条件？为什么由市场化运营的专业的安全生产服务机构作为安全生产服务的供给主体能产生更高的效用？这需要借助专业化分工理论，通过从微观层面揭示企业安全生产管理职能与生产职能的分离、服务需求的外化，揭示宏观层面安全生产服务市场的有效需求规模与交易效率。

3.1 专业化分工理论

作为古典经济学的代表人物，亚当·斯密于 1776 年出版了《国民财富的性质和原因的研究》。作为专业化分工理论的研究起点，其思想起源于更早的古希腊柏拉图时期，柏拉图曾在"理想国"中描述专业化分工对于人类社会的好处。至 17 世纪，威廉·配第也注意到专业化分工不但促进生产力的发展，而且还伴随着劳动力由农业向制造业、由制造业向服务业的转移。亚当·斯密的贡献在于首次对专业化分工做出系统的分析，其核心思想主要有以下几点：生产力提高和经济增长的本源是分工；不同的人群所拥有的资源类别和属性的差异使人们产生互通有无的倾向，分工受到市场范围的限制；分工能够提高生产者的生产效率、节省不同工作之间的切换时间，并对新机械的发明有间接的促进作用。分工理论是亚当·斯密对经济学的重要贡献，但其也有局限于企业内部的不足。

马克思在继承亚当·斯密专业化分工思想的基础上，将其与生产劳动的实践性结合，并指出社会分工和生产活动密不可分，生产活动对社会分工具有决定作用，研究社会分工，就是研究生产活动的规律并从中揭示出社会历史发展的奥秘。

以马歇尔为代表的新古典经济学家更关注资源配置问题中的价格理论。马歇尔虽然也继承了亚当·斯密对于专业化分工的论述，但他把亚当·斯密定理中的报酬递增现象看作外部规模经济的作用，并将两者等同。亚当·斯密认为："首先，专门工业集中于特定地方，通过促进行业形成和工人市场的形成等因素，实现代表性企业的外部经济，进而产生报酬递增。其次，企业的大规模生产通过'技术的经济、机器的经济和原料的经济'等内部经济产生报酬递增。此外，私人合伙公司、股份公司和合作社等组织对职能分工的发展有利于企业家形成，分散经营风险，从而实现报酬递增。"马歇尔虽也论述了分工对于报酬递增的正向作用，但并未指明外部规模经济的来源，且以静态均衡分析方法来进行动态的报酬递增的分析是不合适的。

杨格在其论文《递增报酬与经济进步》中进一步阐释了亚当·斯密关于分工及市场规模的思想，重新梳理了分工、交易费用和市场范围的关系，将其概括为，递增报酬实现的关键在于分工和专业化的程度；市场的大小决定分工的程度，分工程度也对市场的范围有影响，两者之间的正反馈作用促进了经济的增长；分工是一种网络效应，同行业中的其他企业及其他行业的规模均有关系。

自马歇尔将经济学的研究重心转移到资源最优化配置的问题上以来，分工问题便不再是主流经济学关注的焦点。直至20世纪，数学工具的进步使得人们重新关注专业化分工理论的研究。代表人物除了杨格，还有华人经济学家杨小凯。杨小凯是新兴古典经济学研究领域的代表人物，利用线性规划和非线性规划等数学方法为专业化分工理论的精髓赋予了数学形式，发展出新兴古典经济学，使经济学的研究对象由既定资源下的最优配置问题转向技术发展、组织互动及其相互演进，以微末之变化，演宏观之大势。新兴古典经济学的理论精髓仍然是亚当·斯密的分工问题，然而其分析工具却更先进。

新兴古典经济学的主要核心思想包括：分工水平的高低取决于制度变迁和组织创新，且与交易效率密切相关；人类掌握专业知识的速度和能力取决于专业化分工水平，并决定了报酬递增能否实现；分工的日益深化必然伴随着交易费用的降低和分工收益的增加。杨小凯的主要贡献在于，在亚当·斯密和杨格关于分工理论的研究基础上，将消费者和生产者的两重身份统一起来，以个人生产函数为基础，内生个人专业化水平，利用超边际分析方法，得出分工是一种制度性和经济组织结构性的安排，牵涉到个人之间和组织之间的关系协调，个人最重要的生产决策便是个人的专业化水平。

专业化是指单个个体或组织在生产活动中不同操作职能的日趋减少和单一化，分工是指原先由单个个体或组织承担的职能经过细分，分派给两个或两个以上的个体或组织去完成。专业化和分工是两者互为促进的过程，职能的不断细分带来了更精细的分工，并使得单个个体和组织能更精于单一的职能。同时，专业化的不断推进也要求分工的继续深化。因此，从专业化分工的视角来看，社会经济的发展就是在分工逐渐细化的进程中，在原始生产要素和最终消费品之间插入越来越多的中间产品，包括越来越多的实物型中间产品以及各种知识、技能、人力资本等非实物型中间产品，形成迂回生产。而分工的加深也带来了愈加迂回、间接的生产模式，不断引进先进的生产技术使得劳动生产率大幅度提高。

亚当·斯密和杨格的理论都认为，分工的内生动力源于生产过程中不断衍生出的各类中间产品的需求。据此考量安全生产服务可知，作为一种知识输出、技术支持型的中间投入而非最终消费品，小微企业的安全生产管理职能在企业内部一直都存在。然而，囿于小微企业自身薄弱的资源实力和严峻的安全生产形势，企业在追求核心竞争力建设的过程中，伴随着专业化分工的不断加深，将这种非核心竞争力的支持性职能由企业内部外化至市场，使其形成安全生产服务的市场需求。而当这种不断外化的需求逐渐积累至一定程度，提供安全生产服务的组织就会完全从企业中剥离出来，形成新的市场主体，即安全生产服务机构。

因此，小微企业安全生产服务市场的形成过程可以说是在其安全生产服务需求的日益积累中，在专业化分工不断加深的进程中，小微企业安全生产管理职能由企业内部走向外部的动态过程。

3.2　小微企业内部职能分工外化

专业化是指一个人或组织减少其生产活动中的不同职能的操作种类，而分工就是两个或两个以上的个人或组织将原来一个人或组织的生产活动中所包含的不同职能的操作分开进行（盛洪，1992）。因此，从根本上说，小微企业安全生产服务需求市场化的动因就是社会分工不断深化的结果。专业化分工的发展深化使得一个人或组织的活动能够越发地集中于更少的、不同的职能上。

从理论上说，安全生产管理职能在小微企业内部一直都存在，并伴生于生产的全过程。在形式上，安全生产服务管理职能的履行属于一种非物质形式的生产过程投入，不产生直接有形的最终产品。一部分小微企业囿于自身资源实力或出于自身核心竞争力建设、保障的考量，可能会选择将这部分职能从企业内部外化出去，通过向专业安全生产服务机构购买的方式来获得，由此便产生了小微企业安全生产服务的市场化需求。因此，小微企业内部生产职能和安全生产管理职能不断分工并且外化的过程，也是安全生产服务需求市场化的过程。

3.2.1　模型构建

1. 小微企业生产函数

小微企业内部存在包括生产职能和安全生产管理职能在内的多种不同职能，假设在小微企业内部只存在上述两项职能。假设该小微企业选择在企业内部自行组织安全生产管理职能，将此过程称为小微企业安全生产服务的"内部化"。假设该小微企业生产的产品为 x；安全生产的管理职能设为 m；以企业投入某项职能中的劳动份额表示其专业化水平，记为 l。那么基于新兴古典经济学的分析框架，该小微企业实现生产职能和安全生产管理职能的生产函数分别表示为式（3.1）和式（3.2）：

$$x^p = x + x^s = l_x^a \tag{3.1}$$

$$m^p = m + m^s = l_m^a \tag{3.2}$$

其中，x^p 和 m^p 分别表示产品产量和安全生产管理输出总量；x 和 m 分别为产品和安全生产管理的企业内部消耗量；x^s 和 m^s 分别表示两者面向市场的输出量；a 表示专业化经济程度参数，假设 $a>1$。假设总的劳动份额，即资源约束为 1。那么对于该小微企业而言有

$$l_x + l_m = 1 \tag{3.3}$$

2. 小微企业生产职能、安全生产管理职能分工模型

进一步假设有两个小微企业，两企业在决策前资源禀赋相同，每个企业都有如式（3.1）~式（3.3）所设定的生产函数及时间约束。在这里，分工是指一种至少有一个小微企业只从事一种活动（要么专业生产产品 x，要么专业从事安全生产管理活动 m）的生产结构且两企业的生产结构不相同。由此可以看出，分工与每个企业的专业化水平有关，也随着专业之间的差异度上升而增加。假定两企业的生产函数和资源约束分别如式（3.4）和式（3.5）所示

$$x_1^p = l_{1x}^a, \quad m_1^p = l_{1m}^a, \quad l_{1x} + l_{1m} = 1 \tag{3.4}$$

$$x_2^p = l_{2x}^a, \quad m_2^p = l_{2m}^a, \quad l_{2x} + l_{2m} = 1 \tag{3.5}$$

如果两个小微企业都选择在企业内部自行组织安全生产管理活动，那么这两个小微企业的生产结构完全相同。将生产函数带入资源约束，可以得到两企业的转换函数，如式（3.6）所示：

$$\left(x_i^p\right)^{\frac{1}{a}} + \left(m_i^p\right)^{\frac{1}{a}} = 1 (i=1,2) \tag{3.6}$$

在转换函数中不再有劳动投入份额 l 作为变量，从转换函数中可以看出，在生产函数和资源约束的情况下，小微企业的生产职能和安全生产管理职能的输出

呈现此消彼长的关系，生产职能多投入、多产出，就意味着安全管理资源的少投入、少输出。由式（3.6）解出 m_i^p，将这种关系表示为

$$m_i^p = \left[1 - \left(x_i^p\right)^{\frac{1}{a}}\right]^a, x_i^p \in (0,1); m_i^p \in (0,1) \tag{3.7}$$

3.2.2　模型分析

1. 生产职能投入产出比和安全生产管理职能投入输出比分析

分别对式（3.1）和式（3.2）求导得

$$\frac{\mathrm{d}x^p}{\mathrm{d}l_x} = al_x^{a-1} > 0 \;, \quad \frac{\mathrm{d}^2 x^p}{\mathrm{d}l_x^2} = a(a-1)l_x^{a-2} > 0 \tag{3.8}$$

$$\frac{\mathrm{d}m^p}{\mathrm{d}l_m} = al_m^{a-1} > 0 \;, \quad \frac{\mathrm{d}^2 m^p}{\mathrm{d}l_m^2} = a(a-1)l_m^{a-2} > 0 \tag{3.9}$$

其中，$\dfrac{\mathrm{d}x^p}{\mathrm{d}l_x}$ 和 $\dfrac{\mathrm{d}m^p}{\mathrm{d}l_m}$ 分别表示小微企业生产职能的投入产出比和安全生产管理职能的投入输出比，即两种不同职能的劳动生产率。式（3.8）和式（3.9）意味着边际产出与专业化水平呈同向变化，即劳动生产率的提高依赖于专业化程度的加深。

2. 生产职能与安全生产管理职能的转换函数分析

对转换函数，即式（3.7），分别求出 m_i^p 对 x_i^p 的一阶导数和二阶导数，则分别可得式（3.10）和式（3.11）：

$$\frac{\mathrm{d}m_i^p}{\mathrm{d}x_i^p} = -\left[1 - \left(x_i^p\right)^{\frac{1}{a}}\right]^{a-1}\left(x_i^p\right)^{\frac{1}{a}-1} = -\left[\left(x^p\right)^{-\frac{1}{a}} - 1\right]^{a-1} < 0 \tag{3.10}$$

$$\frac{\mathrm{d}\dfrac{\mathrm{d}m_i^p}{\mathrm{d}x_i^p}}{\mathrm{d}x_i^p} = \frac{a-1}{a}\left[\left(x_i^p\right)^{-\frac{1}{a}} - 1\right]^{a-1}\left(x_i^p\right)^{-\frac{1}{a}-1} > 0 \tag{3.11}$$

式（3.10）表示 m_i^p 与 x_i^p 之间的边际转换率，式（3.10）意味着 x_i^p 每增加一单位，m_i^p 必须减少的数量，即产品产出每多出一单位，就要以牺牲一定输出的安全生产管理职能为代价。这一点也不难理解，因为小微企业内部的资源总量是一定的，在生产职能和安全生产管理职能之间必然存在权衡取舍，难免会"顾此失彼"。

m_i^p 对 x_i^p 的二阶导数大于零，见式（3.11），表示此转换曲线是凸向原点的，其形状如图3.1中的弧线 AB 所示，可以看出边际转换率是递增的，这是递增

报酬的特点。这说明每多产出一单位产品，被牺牲的安全生产管理职能的份额会越来越少，劳动生产率的提高和专业化程度的不断加深使得小微企业产品产出的边际机会成本减少。

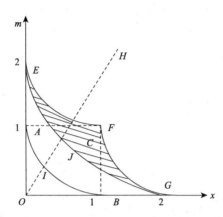

图 3.1　生产职能与安全生产管理职能的转换函数曲线

3. 生产职能与安全生产管理职能的转换函数曲线分析

假设这两个小微企业在决策前完全相同，当两个小微企业都选择将安全生产管理职能内部化时，两者具有相同的生产结构，其转换函数曲线与弧线 AB 完全相同。由原点出发做一条射线 OH，取 OI=IJ，以此类推，可以得到无穷多个与 J 相同的点，连成曲线 EG，此曲线为两个小微企业都选择安全生产服务内部化时的总和转换曲线，总和转换曲线表示两个小微企业的总产出水平的简单叠加，它与单个小微企业的转换曲线 AB 有着相同的形状，既不包含生产与安全管理的职能分工，也不存在专业化的生产。

进一步假设第一个小微企业选择将安全生产管理职能外部化，企业内部只组织产品生产，由生产函数式（3.4）可知，产品产出量最多为 1，对应于图 3.1 中的 B 点，B 点代表 $x^p=1$，$m^p=0$。做垂线 BF 交 x 轴于 B 点，做垂线 FA 交 m 轴于 A 点，AF 与 BF 交于 F 点。曲线 FG 表示其中一个小微企业只生产产品，另一个小微企业选择既组织生产又在企业内部组织安全管理。同理，曲线 EF 表示其中一个小微企业专业提供安全生产服务，另一个小微企业选择既组织生产又在企业内部组织安全管理。

由图 3.1 可以看出如下内容。

（1）曲线 EF（除去 E 点）和曲线 FG（除去 G 点）都表示生产职能和安全生产管理职能分工时的生产结构，此时两个小微企业的生产结构不完全相同。E 点代表两个小微企业都专职负责安全生产管理，此时这两个企业都演进成为安全生产服务机构。G 点代表两个小微企业都是纯制造企业，企业内部所有资源只用于实践生产职能，内部不组织安全管理。这两个点虽然都表示两个小微企业完全专业化的生产结构，但是企业之间并不存在分工，因为这样的生产结构不存在专业多样化。

（2）F 点代表完全专业化且完全分工的生产结构，即两个小微企业随着专业化分工进程的不断推进，其中一个演进成为制造企业，只组织产品生产，另一个演进成为安全生产服务机构，以为其他企业提供安全管理服务来获得利润，赢得生存、发展。

（3）曲线 EF 和曲线 FG 是分工时的转换曲线，该转换曲线高于两个小微企业的总和转换曲线 EG，阴影标示出的部分就是二者的差距，即分工经济。可以看出，分工经济可以产生一种一加一大于二的效果，即协同效应。也就是说，当小微企业内部的安全生产管理职能由内部走向外部时，成为一种安全生产服务需求，并由专业的安全生产服务机构负责供给，此时，这个小微企业和安全生产服务机构所构成的系统所产生的系统生产水平是最高的。

3.2.3　模型结论

（1）从小微企业的生产函数分析中可以看出，劳动生产率同专业化的水平呈同向变化，专业化的水平越高，劳动生产率也就越高。如果劳动生产率随专业化的加深而提高，说明该小微企业的生产活动中存在专业化经济，专业化经济的存在是小微企业内部安全生产服务需求走向外部市场的经济动因。

（2）根据以上模型的分析，从专业化分工的角度来看，小微企业内部的安全生产管理职能由内部走向外部，形成安全生产服务需求，并在此过程中使得安全生产服务机构得以演进产生。小微企业之间生产职能和安全生产管理职能的分工的这种专业化分工协作机制，有利于单个企业资源的集中利用，保障企业的核心竞争力。

综上所述，由小微企业内部安全生产管理职能同生产职能的分离所带来的系统生产水平的提高，说明了安全生产服务需求由小微企业内部分离并走向外部市场，以专业化分工的形式形成新的市场具有经济合理性。安全生产服务作为一种非最终消费服务产品，在生产过程中，以人力资本和知识资本作为具体注入形式，专业化分工程度的不断加深加速了这种知识技能的积累，最终物化融合于最终消费品或最终服务产品中。可以说，安全生产服务机构和安全生产服务市场的出现把日益专业化的安全生产相关人力资本和知识资本引进生产过程中，并推动着其迂回生产不断发展。

3.3　小微企业安全生产服务市场形成的
最低有效需求规模分析

　　在小微企业的安全生产服务供给和需求这一对对立统一的关系中，小微企业的安全生产服务需求始终占主导地位，即需求决定供给。安全生产服务的市场化供给涉及专业知识技能的交换，对于安全生产服务机构而言，这种专业知识技能的输出需要前期的投资和积累，并且这种知识技能一旦获取，进行市场化供给的边际成本就会随之大幅降低。因此，安全生产服务的市场化供给是基于规模经济的一种自我增强过程，安全生产服务的市场需求越大，供给数量越多，安全生产服务的平均成本就越低。如同物流市场和通信市场，其平均供给成本都是与需求数量成反比的（彭宇文和吴林海，2007）。

　　因此，只有当小微企业对安全生产服务的需求达到一定的规模时，专业化安全生产服务的供给才有可能出现。也就是说，安全生产服务专业化的供给需要企业达到一个市场需求的最低有效需求规模，即临界需求规模。只有小微企业对安全生产服务的需求达到临界需求规模，服务提供者的投入才具有经济合理性。小微企业安全生产服务的供给具有明显的需求遵从性，因此安全生产服务的最低有效需求，即临界需求规模对其供需关系的形成发展具有重要意义。下面将通过构建一个简单的微观模型来说明此最低有效需求规模及其对安全生产市场化服务供需形成的影响。

3.3.1　模型构建

　　安全生产服务临界需求规模分析模型的构建基于以下假设条件。

　　（1）小微企业对于安全生产服务的市场需求是安全生产服务市场存在和发展的内在动力，安全生产服务机构作为服务的主要提供方，在市场利润的驱动下向小微企业提供服务，具有理性人的特征。

　　（2）安全生产服务以专业知识技能的输出为特征，安全生产服务机构用于建设自身服务能力和水平所投入的资产专用性程度较高。因此，只有当安全生产服务的需求规模超过安全生产服务机构的供给能力时，供给方才会扩张服务规模，否则不会扩张服务规模，即安全生产服务供给规模保持不变。

　　（3）为了保证安全生产服务的充分供给，假设安全生产服务市场中存在数量充足但服务水平、质量参差不齐的安全生产服务机构，且允许安全生产服务机构自由地进出该市场。

（4）安全生产服务包含安全评价、安全培训、安全生产检测检验等多个类别，这里假设同类安全生产服务的服务同质且价格既定，这里的价格指按照行业标准量化的单位服务价格。

作为市场主体的安全生产服务机构，安全生产服务提供与否的决策依赖于其对服务收益与服务成本的比较。则有

$$TR = AR \cdot q \tag{3.12}$$

其中，TR 表示安全生产服务机构通过提供服务所获得的总收益；AR 表示安全生产服务平均收益；q 表示安全生产服务供给的数量。假设单位安全生产服务的供给价格不变，服务的总收益与服务的供给量成正向关系，即安全生产服务的总收益由市场规模的大小来决定，小微企业的安全生产服务需求越多，安全生产服务机构的潜在收益越大。则有

$$TC = AC \cdot q \tag{3.13}$$

其中，TC 表示安全生产服务供给的总成本；AC 表示安全生产服务供给的平均成本。小微企业安全生产服务的最低有效需求规模示意图如图 3.2 所示。

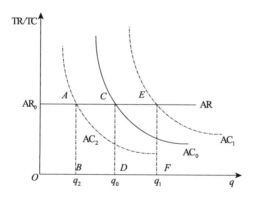

图 3.2　小微企业安全生产服务的最低有效需求规模示意图

如图 3.2 所示，横轴表示小微企业对于安全生产服务的市场需求量，纵轴表示安全生产服务机构的服务总收益和总成本。AR 表示安全生产服务平均收益曲线，AC_0，AC_1，AC_2 表示提供安全生产服务的平均成本。根据假设，安全生产服务的市场化供给呈现报酬递增的规模经济特征，因此安全生产平均成本曲线向右下方倾斜，随着小微企业安全生产服务需求量的不断扩大，安全生产服务机构提供服务的平均成本随之递减，即小微企业安全生产服务的市场需求越大，安全生产服务机构的平均服务成本越低。

3.3.2　模型分析

（1）作为市场主体的安全生产服务机构，安全生产服务提供与否的决策依赖于其对服务收益与服务成本的比较。如图 3.2 中的曲线 AC_0，当安全生产服务的平均收益 AR 超过平均成本 AC_0 时，服务的市场化供给才具有经济合理性，且随着小微企业安全生产服务需求量的增加，平均成本随之减少。

（2）当安全生产服务的平均收益 AR 低于安全生产服务平均成本 AC_0 时，安全生产服务市场不能产生足够有效的激励，安全生产服务机构不会违背经济规律，在亏损的情况下为小微企业提供安全生产服务，此时安全生产服务的市场供需就无法顺利形成。因此，当安全生产服务的成本和收益相等时，此时的服务需求量为小微企业安全生产服务市场形成的最低有效需求规模 q_0，与 D 点相对应。

（3）在安全生产服务平均收益一定的情况下，安全生产服务最低有效需求规模的大小与安全生产服务提供的成本密切相关。当安全生产服务提供的成本增加时，成本曲线由 AC_0 上移至 AC_1，平均成本曲线与平均收益曲线交于 E 点，对应最低有效需求规模 q_1，$q_1 > q_0$，即安全生产服务提供所需成本越高，供需形成所需的最低有效需求量就越大；反之，当安全生产服务提供所需成本减少时，成本曲线由 AC_0 下移至 AC_2，平均成本曲线与平均收益曲线交于 A 点，对应于最低有效需求规模 q_2，$q_2 < q_0$，即安全生产服务提供所需成本越低，供需形成所需的最低有效需求量就越小。

3.3.3　模型结论

（1）只有小微企业对安全生产服务的市场需求超过最低有效需求规模，使安全生产服务机构的平均收益不低于提供服务的平均成本，安全生产服务的市场化供需才有可能顺利实现。

（2）小微企业对于安全生产服务需求量的增加以及行业利润会促使更多的安全生产服务机构加入，竞争性的市场环境会促使服务供给者提供更高质量和结构更优化的服务。

（3）安全生产服务质量的提高反过来又刺激了小微企业群体对于安全生产服务的需求，进而形成安全生产服务供需不断加强的正向回馈循环。

综上所述，促进小微企业安全生产服务供需关系的形成，需要从两方面入手，一方面，刺激小微企业对于安全生产服务的市场需求，使其至少达到安全生产服务供需形成所需的最低有效需求规模，安全生产服务的市场需求越大，越容易刺激供给，供需关系越有可能形成。另一方面，培育、扶持一批高素质的安全生产服务机构，促进机构自身服务能力和专业知识技能的积累投入，以此降低提供安全生产服务的平均成本，成本越低，安全生产服务的最低有效需求规模越小，供需关系也越容易形成。

3.4 小微企业安全生产市场化服务供给的交易效率阈值分析

小微企业在生产经营的过程中，对于企业内部的种种职能是通过"内部化供给获得"，还是通过"专业化分工外化至市场，并经交易获得"，需要进行决策。影响该决策的因素包括外包动因（陈菲，2005）、外包职能之于核心竞争力构建的重要程度（毕小青和彭晓峰，2000；张建华等，2005）以及交易成本、交易效率（Coase，1937）等。

从小微企业内部各项职能的供给成本的角度来看，安全生产管理这种非核心职能的企业内部供给必然增加企业的专项投入成本和协调成本，一旦该成本超过某一数值，安全生产管理职能的企业内部化组织供给就不具有经济性。此时，安全生产管理职能通过小微企业主的选择和组织决策选择外化至市场。至此，小微企业内部的安全生产管理职能就有可能转变为由第三方专业供给的安全生产服务，通过市场交易的方式获取。可以说，小微企业安全生产服务是选择内部化组织供给还是外部市场供给，其实是小微企业对安全生产管理职能的内部自给成本与安全生产服务的外部市场交易成本的权衡取舍。其中，安全生产服务市场的交易效率越高，交易成本越低。

因此，安全生产服务的市场化供给在交易费用较低而小微企业安全生产管理职能内部化成本较高时被采用。下面通过交易费用与小微企业安全生产管理职能内部化成本的比较，来探讨小微企业将安全生产管理职能内部化的思想，将为小微企业选择安全生产服务供给模式的超边际决策研究提供重要的指导，首先将通过构建模型，定量分析小微企业安全生产市场化服务供给的交易效率阈值。

3.4.1 模型构建

小微企业安全生产服务的市场化供给作为小微企业安全生产管理职能的一种获取模式，是其权衡专业化水平和交易形式的选择结果，是小微企业在安全生产管理职能内部化和由服务机构专业化供给并通过市场交易获得两者之间超边际决策的均衡结果。其中，安全生产管理职能的内部化组织成本和市场交易效率（交易成本）在决策过程中起着决定性作用。小微企业安全生产服务供给模式的转换边界概念模型如图 3.3 所示。

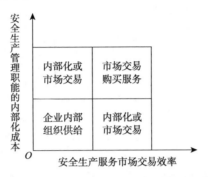

图 3.3　小微企业安全生产服务供给模式的转换边界概念模型

图 3.3 中的四个象限分别表示，当安全生产服务市场交易效率低下且安全生产管理职能内部化组织成本较低时，小微企业为了节约交易费用，会选择非专业化的供给模式，将安全生产管理职能内部化；当市场交易效率较高而安全生产管理职能内部化组织成本较低时，小微企业可能选择安全生产管理职能的内部化实现，也可能选择服务的市场化专业供给，这取决于不同供给模式下的总成本收益分析；当安全生产服务市场交易效率较高，安全生产管理职能内部化组织成本也较高时，小微企业为了控制投资成本（企业内部购买设备、学习管理的费用），会通过市场交易选择专业化的服务供给模式，即向安全生产服务机构购买服务；当安全生产管理职能内部化组织成本较高而市场交易效率较低时，小微企业同样需要权衡不同模式下总的成本收益。

上述分析表明，小微企业安全生产管理职能的实现，即选择内部化还是市场化供给，其决策在小微企业安全生产管理职能内部化组织成本和市场交易效率的共同作用下是可以相互转换的。下面通过构建一个内生专业化水平的超边际分析模型来量化分析各象限区域的边界条件，即安全生产服务实现市场化供给的交易效率阈值。当安全生产服务市场的交易效率高于该阈值时，小微企业才有可能将安全生产管理职能外部化，使其成为安全生产服务的市场需求，实现安全生产服务的市场化供需互动；当安全生产服务市场的交易效率低于该阈值时，小微企业会选择安全生产管理职能的内部化，安全生产服务的市场需求和安全生产服务市场都无法演进产生。

1. 生产函数

基于 3.1 节小微企业生产职能和安全生产管理职能的分工模型，进一步假设，有两个同质的小微企业，在决策前两个企业的资源禀赋完全相同，两个企业均有能力同时组织生产并在内部组织安全生产管理。同样，设生产的产品为 x，安全生产管理为 m。两个企业就生产 x 和输出 m 的专业化水平与生产组织模式进行决策，决策的均衡结果将为小微企业安全生产管理职能是否外部化，即安全生产服务是否进行市场化供给提供依据。需要注意的是，模型中的小微企业是生产者与消费者的统一体。内生专业化水平的小微企业生产函数表示见式（3.14）：

$$\begin{cases} x_i^p = x_i + x_i^s = a_{ix}\left(l_{ix} - c_x\right) \\ m_i^p = m_i + m_i^s = a_{im}\left(l_{im} - c_m\right) \\ l_{ix} + l_{im} = 1 \end{cases} \tag{3.14}$$

其中，x_i^p、m_i^p 为小微企业 i（i=1,2）的总产出（安全生产管理职能输出）水平；x_i、m_i 分别为小微企业 i 关于 x、m 内部所需消耗的数量；x_i^s、m_i^s 分别为小微企业 i 关于 x、m 用于市场流通的数量；l_{ix}、l_{im} 分别为小微企业 i 用于生产产品和安全生产管理职能实现所需的生产要素投入，它能够表示实现某职能时的专业化水平；$l_{ix} + l_{im} = 1$ 为资源约束；a_{ix}、a_{im} 分别为小微企业生产产品的生产效率系数及安全生产管理职能的输出效率系数，它可以用来表示两小微企业之间的比较优势，这对专业化生产组织模式的选择至关重要。

在这里，假设 $a_{1x} = a_{2x}$，$a_{1m} = a_{2m}$，说明两小微企业不存在比较优势。c_x 为产品生产过程中所需的固定投入，包括实物型投资和先期生产准备；c_m 为履行安全生产管理职能所需投资的人力资本、学习成本和内部管理费用；$l_{1x} - c_x$ 和 $l_{2x} - c_x$ 为两小微企业在产品 x 生产过程中实际投入的生产要素数量；$l_{1m} - c_m$ 和 $l_{2m} - c_m$ 为两小微企业在安全生产管理职能 m 的组织、实现过程中实际投入的生产要素数量。

对小微企业产品产出水平和安全生产管理职能输出水平，求关于其专业化水平的一阶导数和二阶导数，得

$$\frac{\mathrm{d}x_i^p}{\mathrm{d}l_{ix}} > 0 \ ; \quad \frac{\mathrm{d}m_i^p}{\mathrm{d}l_{im}} > 0 \ ; \quad \frac{\mathrm{d}^2 x_i^p}{\mathrm{d}l_{ix}^2} > 0 \ ; \quad \frac{\mathrm{d}^2 m_i^p}{\mathrm{d}l_{im}^2} > 0 \tag{3.15}$$

由式（3.15）可知，小微企业的产品产出水平和安全生产管理职能输出水平随着专业化水平的提升而提高，表明该小微企业的生产具有专业化经济的特征。

除了两小微企业的生产函数，关于产品的生产、售卖，以及安全生产管理职能的实现和安全生产服务的交易活动还存在着预算约束，如式（3.16）所示：

$$p_x x_i^s + p_m m_i^s = p_x x_i^d + p_m m_i^d \tag{3.16}$$

式（3.16）表示，不管是实物型产品 x 的交换，还是安全生产服务 m 的买卖，对于一个小微企业而言，其总售出收入与总买入收入必须相等。其中，p_x 为产品 x

的市场交易价格；p_m 为安全生产服务 m 的市场交易价格，此价格外生于小微企业，由瓦尔拉斯机制决定。

2. 交易效率

小微企业选择专业化的生产方式必然牵涉交易效率问题。假设交易效率系数为 k，那么购买 1 单位的产品，实际所得仅为 k 单位，而（$1-k$）单位将在交易的过程中以交易成本的形式被消耗掉。交易效率是一个离散的变量，交易环境和交易条件的变化使得交易效率的数值在不同的区间跃变。与交易效率密不可分的变量是交易费用总额，交易效率的提高将降低交易费用总额，进而降低每笔交易的交易费用。则有交易效率系数与小微企业产品生产及安全生产服务供给方式选择的关系：

$$k = \begin{cases} 0, & x_i^s, m_i^s = 0 \\ k, & x_i^s, m_i^s > 0 \end{cases} \tag{3.17}$$

其中，k 为交易效率系数，$k \in (0,1)$。式（3.17）表明，当小微企业在企业内部履行安全生产管理职能，即安全生产服务以企业内部自制的方式供给时，安全生产服务的获得不涉及市场交易，因此，交易效率系数 $k=0$；当小微企业选择外部专业化的市场交易途径来获得服务，即通过市场向安全生产服务机构购买该企业生产过程中所需的安全生产管理服务时，交易活动发生，意味着 $k \neq 0$，且 $k \in (0,1)$。

3. 效用函数

采用柯布–道格拉斯生产函数的形式来表示小微企业的效用，如式（3.18）所示：

$$\begin{cases} u_i = \left(x_i^c\right)^{\theta_x} \left(m_i^c\right)^{\theta_m} \\ x_i^c = x_i + k x_i^d \\ m_i^c = m_i + k m_i^d \end{cases} \tag{3.18}$$

其中，θ_x 为小微企业对产品 x 的偏好；θ_m 为小微企业对安全生产管理职能（安全生产服务 m）的偏好，即不同的需求程度。现假设小微企业对产品的需求与安全生产服务的需求程度相同，得到 $\theta_x = \theta_m = 1$。这样可以将上述效用函数写为

$$u_i = x_i^c m_i^c = \left(x_i + k x_i^d\right)\left(m_i + k m_i^d\right) \tag{3.19}$$

3.4.2　模型分析

假设存在约束，即 $x_i, x_i^s, x_i^d; m_i, m_i^s, m_i^d; l_{ix}, l_{im} \geqslant 0$。

基于上述模型的构建，交易效率系数 k 的定义和若干假设条件，小微企业内生专业化水平的生产模式决策表示为式（3.20），约束条件为式（3.21）。则有

$$\max u_i = \left(x_i + k x_i^d\right)\left(m_i + k m_i^d\right) \tag{3.20}$$

$$\text{s.t.} \begin{cases} x_i^p = x_i + x_i^s = a_{ix}\left(l_{ix} - c_x\right) \\ m_i^p = m_i + m_i^s = a_{im}\left(l_{im} - c_m\right) \\ l_{ix} + l_{im} = 1 \\ a_{1x} = a_{2x}, a_{1m} = a_{2m} \\ p_x x_i^s + p_m m_i^s = p_x x_i^d + p_m m_i^d \end{cases} \tag{3.21}$$

要求在式（3.21）的约束下，使得式（3.20）中效用最大化。根据决策变量的个数及取值可知，生产模式的可能组合共有 $2^6 = 64$ 个，结合库恩–塔克定理和文定理排除一些组合，并运用超边际分析方法求解（Cheng et al.，2000）。基于 3.4.1 对安全生产服务供给模式的分析，在求解的过程中需要考虑两个决策模式。

1. 单个小微企业内部进行产品生产并履行安全生产管理职能

此时，安全生产服务的供给属于非专业化生产，即安全生产管理职能在小微企业内部组织自给。对于产品 x 和安全生产服务 m，企业既没有买入也没有售出活动。上述条件量化表示为

$$\begin{cases} x_i, l_{ix}, m_i, l_{im} > 0 \\ x_i^s = x_i^d = m_i^s = m_i^d = 0 \\ k = 0 \end{cases} \tag{3.22}$$

两个小微企业的决策问题相同，简化为式（3.23），同时存在条件约束：

$$\max u_i = x_i m_i \tag{3.23}$$

$$\text{s.t.} \begin{cases} x_i = a_{ix}\left(l_{ix} - c_x\right) \\ m_i = a_{im}\left(l_{im} - c_m\right) \\ l_{ix} + l_{im} = 1 \end{cases} \tag{3.24}$$

解得

$$\begin{cases} x_i^d = m_i^d = 0, x_i^s = m_i^s = 0 \\ x_i = \dfrac{a_{ix}(1 - c_x - c_m)}{2}, m_i = \dfrac{a_{im}(1 - c_x - c_m)}{2} \\ u_i = \dfrac{a_{ix}a_{im}(1 - c_x - c_m)^2}{4} \end{cases} \qquad (3.25)$$

2. 两个小微企业之间出现专业化分工

两个小微企业之间出现专业化分工，一个专业从事生产，另一个专业提供安全生产服务。在这种生产组织模式情况下，小微企业需要根据自身的专业化倾向和资源禀赋持有在生产产品和提供安全生产服务之间做出选择。那么小微企业究竟如何选择，需要考虑参变量 c_j 的大小，即需要考虑专业化从事某种职能时的专用资产的投入。为了方便分析问题，不妨假设小微企业 1 专业生产产品 x ，小微企业 2 专业提供安全生产服务 m ，即假设小微企业 1 为制造型企业，小微企业 2 为专业的安全生产服务机构。根据文定理，前者应当通过市场出售产品 x 给后者，并从后者处购买安全生产服务；后者向前者提供安全生产服务，并从前者处购买产品 x 。上述条件和假设用式（3.26）和式（3.27）表示：

$$\begin{cases} x_1, x_1^s, m_1^d, l_{1x} > 0 \\ x_1^d = m_1 = m_1^s = l_{1m} = 0 \\ k > 0 \end{cases} \qquad (3.26)$$

$$\begin{cases} x_2^d, m_2, m_2^s, l_{2m} > 0 \\ x_2 = x_2^s = m_2^d = l_{2x} = 0 \\ k > 0 \end{cases} \qquad (3.27)$$

小微企业和安全生产服务机构的专业化生产决策问题分别见式（3.28）和式（3.29）：

$$\begin{cases} \max u_1 = x_1\left(km_1^d\right) \\ \text{s.t.} x_1 + x_1^s = a_{1x}(1 - c_x), p_x x_1^s = p_m m_1^d \end{cases} \qquad (3.28)$$

$$\begin{cases} \max u_2 = \left(kx_2^d\right)m_2 \\ \text{s.t.} m_2 + m_2^s = a_{2m}(1 - c_m), p_m x_2^d = p_x m_1^s \end{cases} \qquad (3.29)$$

令 $\dfrac{p_x}{p_m} = p$ ，获得模型中相关变量的解析解，如式（3.30）所示：

$$
\begin{cases}
m_1^d = \dfrac{pa_{1x}\left(1-c_x\right)}{2}, \quad x_2^d = \dfrac{a_{2m}\left(1-c_m\right)}{2p} \\[3mm]
x_1^s = \dfrac{a_{1x}\left(1-c_x\right)}{2}, \quad m_2^s = \dfrac{a_{2m}\left(1-c_m\right)}{2} \\[3mm]
x_1 = \dfrac{a_{1x}\left(1-c_x\right)}{2}, \quad m_2 = \dfrac{a_{2m}\left(1-c_m\right)}{2} \\[3mm]
u_1 = \dfrac{kpa_{1x}^2\left(1-c_x\right)^2}{4}, \quad u_2 = \dfrac{ka_{2m}^2\left(1-c_m\right)^2}{4p}
\end{cases}
\tag{3.30}
$$

将产品生产组织模式与安全生产服务（安全生产管理职能）的供给模式决策结果表述于表 3.1 中。安全生产服务既可以由小微企业自行内部组织，即安全生产管理职能的内部化实现；也可以通过向专业安全生产服务机构购买的方式实现，即安全生产服务的市场化供给。市场交易效率系数在不同区间的跃变将对应于安全生产服务供给模式的转换，根据表 3.1 中的结果继续分析，从而得出与安全生产服务供给模式转换条件相对应的交易效率阈值。

表 3.1　两种不同生产模式下的角点解

模式	内部化生产，无交易活动	专业化生产，并通过市场进行交易	
		小微企业 1 专业生产产品 x	小微企业 2 专业提供安全生产服务 m
角点需求	0	$m_1^d = \dfrac{pa_{1x}\left(1-c_x\right)}{2}$	$x_2^d = \dfrac{a_{2m}\left(1-c_m\right)}{2p}$
角点供给	0	$x_1^s = \dfrac{a_{1x}\left(1-c_x\right)}{2}$	$m_2^s = \dfrac{a_{2m}\left(1-c_m\right)}{2}$
自给数量	$x_i = \dfrac{a_{ix}\left(1-c_x-c_m\right)}{2}$ $m_i = \dfrac{a_{im}\left(1-c_x-c_m\right)}{2}$	$x_1 = \dfrac{a_{1x}\left(1-c_x\right)}{2}$	$m_2 = \dfrac{a_{2m}\left(1-c_m\right)}{2}$
效用	$u_i = \dfrac{a_{ix}a_{im}\left(1-c_x-c_m\right)^2}{4}$	$u_1 = \dfrac{kpa_{1x}^2\left(1-c_x\right)^2}{4}$	$u_2 = \dfrac{ka_{2m}^2\left(1-c_m\right)^2}{4p}$
专业化水平	$l_{ix} = l_{im} = \dfrac{1}{2}$	$l_{1x} = 1, l_{1m} = 0$	$l_{1x} = 0, l_{1m} = 1$

3.4.3　模型结论

小微企业最终是选择将安全生产管理职能内部化还是选择向安全生产服务机构购买服务，安全生产服务的市场化供给模式能否成为安全生产服务供给方式的最终均衡决策，需要考量、比较安全生产服务在非专业化组织模式（安全生产管理职能内部化）和专业化供给模式（通过市场交易）两种情况下的效用水平的高低。

由表 3.1 可知,小微企业进行专业化分工以后,其中一个小微企业演进为制造型企业,另一个小微企业演进为安全生产服务机构。由于专业化分工的存在,小微企业与安全生产服务机构之间存在产品和安全生产服务的交换,各取所需。这种交换过程伴随着两者之间的互通有无,其效用与交换物质的价格比有关,即与 $p = \dfrac{p_x}{p_m}$ 有关。可见在专业化分工演进的过程中,企业选择专业从事生产制造还是专业提供安全生产服务是与两者的市场售价相关联的。

根据前文的假设,该价格比是一个通过瓦尔拉斯机制确定的外生价格,每个市场主体都是该价格的接受者。假设有一个包含无限个市场主体的经济系统,系统内存在充分竞争和自由的市场进入、退出。为了获得小微企业安全生产市场化服务供给决策的交易效率阈值,根据价格制度的负反馈调节机制,小微企业选择专业从事生产、制造与选择专业从事安全生产服务,两者的最终效用必然相等。否则,企业就会调节自身的资源投入量和专业化水平使之相等,即

$$\frac{kpa_{1x}^2\left(1-c_x\right)^2}{4} = \frac{ka_{2m}^2\left(1-c_m\right)^2}{4p} \tag{3.31}$$

整理式(3.31)可得

$$\frac{p_x}{p_m} = p = \frac{a_{2m}\left(1-c_m\right)}{a_{1x}\left(1-c_x\right)} \tag{3.32}$$

由式(3.32)可知,在瓦尔拉斯机制下,产品与安全生产服务的相对价格由两者的劳动生产率和投入成本共同决定。要想实现安全生产服务机构的演进产生和安全生产服务的市场化供给,需要对产品生产和安全生产管理职能实现的组织模式进行超边际比较静态分析,比较两种组织模式下的小微企业和安全生产服务机构的效用,求出市场交易效率的阈值,即令 $u_i = u_1 = u_2$,求出该条件下的市场交易效率值,即安全生产服务实现市场化专业供给的交易效率临界值。求解过程如式(3.33)所示:

$$u_i = u_1 = u_2 \Rightarrow \frac{a_{ix}a_{im}\left(1-c_x-c_m\right)^2}{4} = \frac{kpa_{1x}^2\left(1-c_x\right)^2}{4} \tag{3.33}$$

解得

$$k = \frac{a_{2m}\left(1-c_x-c_m\right)^2}{pa_{1x}\left(1-c_x\right)^2} \tag{3.34}$$

令 $k_0 = k$,由式(3.34)可知,$k_0 = k = \dfrac{a_{2m}\left(1-c_x-c_m\right)^2}{pa_{1x}\left(1-c_x\right)^2}$,$k_0$ 为安全生产市场化服务供给的交易效率阈值。

当 $k>k_0$ 时，$u>u_i$，$u_2>u_i$，即小微企业与安全生产服务机构进行专业化分工的效用大于不存在专业化分工而将安全生产管理职能内部化的生产组织模式。此时，安全生产服务的市场化供给方式会成为超边际分析决策的均衡解；反之，当 $k<k_0$ 时，$u_1<u_i$，$u_2<u_i$，以专业化分工的方式供给安全生产服务就不具有经济性。此时小微企业会选择将安全生产管理职能内部化，通过在企业内部进行与安全生产相关、必要的投资和学习，在内部组织实现安全生产管理职能。

上述分析表明，只有当安全生产服务市场的交易效率足够高，超过上述效率阈值，且小微企业选择安全生产管理职能内部化的经济性不显著时，安全生产服务的市场化专业供给才有可能成为小微企业的选择决策；安全生产服务机构才有可能演进产生；安全生产服务市场才有可能演进形成。

第4章 小微企业安全生产服务市场需求的激励演化研究

小微企业安全生产服务市场形成的微观机理研究表明，企业内部的安全生产管理需求能够外化至市场，并形成一定规模的有效市场需求是安全生产服务市场得以形成的前提和基础，也是安全生产服务市场培育工作的首要环节，即利用市场化运营的安全生产服务机构和安全生产服务市场为小微企业提供安全生产服务的思路，首先激发小微企业对于安全生产服务的购买欲。而小微企业由于资源实力有限，往往难以兼顾生产和安全。那么，地方安监部门相关部门如何通过安全生产相关法律法规的制定和执行来强制小微企业进行必需的安全投入并激励其购买安全生产服务？国家安监部门对地方安监部门的监督对于"地方安监部门-小微企业"的监管子系统有何影响？对小微企业的安全生产服务购买行为又有何间接影响？本章拟针对上述问题进行研究，旨在厘清小微企业在地方安监部门和国家安监部门的事前、事后两级政府混合监管策略下，其安全生产服务购买行为的演化规律，由此得到激励小微企业购买安全生产服务的理论依据，增强其安全生产服务购买动力，从需求侧通过激励需求来培育安全生产服务市场。

4.1 两级政府混合监管下小微企业安全生产服务需求激励模型构建

演化博弈是一种基于主体学习和主体有限理性，通过复制动态分析和演化稳定性分析来研究主体在博弈行为中策略演化的系统研究方法（Levine and Pesendorfer，2007）。为研究重复博弈策略的演化稳定性质，将重复博弈当成总体中随机选择的配对博弈。在单次博弈过程中，有限理性的主体往往无法确定其策略是否为最优策略，通过与其他主体决策的比较、学习和优化，最终使得各方主体的决策都达到均衡状态（Schmidt，2004）。演化博弈强调的是主体间交互学习及策略调整的结果。尽管单个企业和单个地方安监部门的具体决策难以准确预估，但两主体各自学习、适应性行为的演化集聚表现为地方安监部门群体和小微企业群体的自适应过程。

4.1.1 模型假设

假设 4.1：地方安监部门群体和小微企业群体无法掌握对方确切的收益支付和策略决策，都是有限理性的，只有通过不断学习、优化自身策略，才达到均衡状态。

假设 4.2：假设地方安监部门群体的策略空间为{严格监管,宽松监管}，记为{ A_1, A_2 }。严格监管，是指地方安监部门不仅进行事后监管（如事故原因调查、应急救援、处理归责和处罚等），而且进行事前监管（如常规抽检、巡检），严格监管的监管成本包括事前监管成本 C_1 和事后监管成本 C_2。宽松监管，是指地方安监部门仅在企业发生事故后，才调查企业安全生产状况并做出相应处理，此时监管成本仅包含事后监管成本 C_2。

假设 4.3：考虑国家安监部门对地方安监部门监管行为的监督作用和影响，假设某地方安监部门采取严格监管策略，那么该地方的小微企业安全生产总体水平理论上会有所提高，因此该地方安监部门可能获得国家安监部门奖励。当地方安监部门严格监管，且小微企业选择购买安全生产服务时，国家安监部门给予地方安监部门的各项奖励收益量化为 R_1；当地方安监部门严格监管，但小微企业选择不购买安全生产服务时，国家安监部门给予地方安监部门的奖励收益量化为 R_2。

这里需要说明的包括：①尽管地方安监部门鼓励、支持小微企业，尤其是高危行业小微企业购买安全生产服务，但大多数情况下，安全生产服务的购买不具强制性。②同样是在地方安监部门严格监管的前提之下，当区域内绝大多数小微企业选择购买安全生产服务，此时区域内整体安全生产水平理论上高于小微企业不购买安全生产服务的情况，基于此，国家安监部门对于地方安监部门的奖励也是有差别的，存在 $R_1 > R_2$。

假设 4.4：小微企业购买安全生产服务所带来的收益可以分为两部分，一部分为减损收益，即借助服务机构的专业安全生产知识、技能，通过排查小微企业内部存在的隐患、风险，降低职业病、安全生产事故所带来的损耗；另一部分为增益收益，即通过改善工作环境，提高劳动效率所带来的产值增值。无论是减损收益，还是增益收益，都难以直接物化为产品，其价值难以准确估量。正是由于购买安全生产服务所带来的安全收益难以及时、直接地被观察和体现，因此小微企业的购买动力和意愿不足（汤凌霄和郭熙保，2006）。

小微企业群体的策略空间为{购买,不购买}，记为 $\{B_1, B_2\}$。小微企业选择购买安全生产服务时，可能获得地方安监部门的部分经济补贴、税收优惠和融资扶持等政策优待，这些收益量化为 A，安全生产服务的购买成本为 C_0，假设此时的事故率为 θ_1，同时伴随着地方安监部门的事后经济惩罚、停业整顿等措施而产生的损失量化为 F，同时小微企业自身的人员、设备损失量化为 L。当小微企业选择不购买安全生产服务时，地方安监部门如果严格监管，有可能事前就发现企业的违规之处，那么在事前监管的过程中，企业将面临休业整顿、整改等惩罚，产生的损失量化为 u，假设此时企业的事故率为 θ_2，存在 $\theta_2 > \theta_1 > 0$。

假设 4.5：当小微企业发生重特大安全生产事故，产生较严重、恶劣的社会影响时，国家安监部门会追究地方安监部门监管不力之责，并对其进行惩罚，以此部分转移政治、社会压力（高恩新，2015），如对地方安监部门相关负责人员的法律诉责甚至撤职查办，相关惩罚量化为地方安监部门的损失 G。地方安监部门由于监管不力所承担的惩罚还与小微企业的决策及事故率相关，当小微企业选择购买安全生产服务时，地方安监部门需承担的惩罚量化为 $\theta_1 G$；当小微企业选择不购买安全生产服务时，地方安监部门需承担的惩罚量化为 $\theta_2 G$，存在 $\theta_2 G > \theta_1 G > 0$。

4.1.2　模型构建

根据上述假设，构建地方安监部门与小微企业的支付矩阵，如表 4.1 所示。地方安监部门和小微企业在做出各自的监管决策与安全生产服务购买决策的过程中，由于主体的有限理性，两者的策略演化表现为一个不断调整的生态学动态过程。反复在这两类企业中各随机抽取一个，与地方安监部门配对。各主体在单次的协商过程中，仅允许做一次安全生产决策的策略选择，并允许在下次协商的过程中做出策略调整。假设在初始阶段，地方安监部门群体中选择对企业严格监管的初始比例为 x；企业群体中选择购买安全生产服务的初始比例为 y。

表 4.1　地方安监部门与小微企业的支付矩阵

地方安监部门	小微企业	
	(B_1) 购买服务 (y)	(B_2) 不购买服务 $(1-y)$
(A_1) 严格监管 (x)	$R_1 - C_1 - A - C_2 + \theta_1 F$, $A - C_0 - \theta_1(F+L)$	$R_2 - C_1 - C_2 + \theta_2 F + u$, $-\theta_2(F+L) - u$
(A_2) 宽松监管 $(1-x)$	$-C_2 - \theta_1 G + \theta_1 F$, $-C_0 - \theta_1(F+L)$	$-C_2 - \theta_2 G + \theta_2 F$, $-\theta_2(F+L)$

4.2　小微企业安全生产服务需求激励的系统演化分析

　　根据表 4.1 的支付矩阵计算演化过程中可能存在的均衡点，再根据各参数的所有可能范围讨论各均衡点的稳定性。

4.2.1　演化过程中的均衡点

　　根据上述假设，区域 $[0, 1] \times [0, 1]$ 中的一点（x,y）可以用来表示状态 $S = \{(x, 1-x), (y, 1-y)\}$，即地方安监部门监管决策与小微企业购买决策的演化动态。基于复制动态分析和演化博弈的方法（威布尔，2006），求解地方安监部门群体和小微企业群体各自不同策略的适应度。

　　（1）令地方安监部门群体"严格监管（A_1）"策略、"宽松监管（A_2）"策略的期望效用为 $f_1^{A_1}$、$f_1^{A_2}$，平均适应度为 $\overline{f_1}$。

$$f_1^{A_1} = y(R_1 - C_1 - A - C_2 + \theta_1 F) + (1-y)(R_2 - C_1 - C_2 + \theta_2 F + u) \quad (4.1)$$

$$f_1^{A_2} = y(-C_2 - \theta_1 G + \theta_1 F) + (1-y)(-\theta_2 G + \theta_2 F - C_2) \quad (4.2)$$

$$\overline{f_1} = x f_1^{A_1} + (1-x) f_1^{A_2} \quad (4.3)$$

$$\begin{aligned}
F(x) &= x\left(f_1^{A_1} - \overline{f_1}\right) \\
&= x(1-x)\left\{\left[(\theta_1 - \theta_2)G + R_1 - R_2 - A - u\right]y + \theta_2 G + R_2 - C_1 + u\right\}
\end{aligned} \quad (4.4)$$

令 $F(x) = 0$，求得 $x=0$，$x=1$，并得

$$y^* = \frac{\theta_2 G + R_2 - C_1 + u}{(\theta_2 - \theta_1)G + R_2 - R_1 + A + u} \quad (4.5)$$

　　（2）令企业群体"购买服务（B_1）"策略、"不购买服务（B_2）"策略的期望收益为 $f_2^{B_1}$、$f_2^{B_2}$，平均适应度为 $\overline{f_2}$。

$$f_2^{B_1} = x\left[A - C_0 - \theta_1(F+L)\right] + (1-x)\left[-C_0 - \theta_1(F+L)\right] \quad (4.6)$$

$$f_2^{B_2} = x\left[-\theta_2(F+L) - u\right] + (1-x)\left[-\theta_2(F+L)\right] \quad (4.7)$$

$$\overline{f_2} = y f_2^{B_1} + (1-y) f_2^{B_2} \quad (4.8)$$

$$F(y) = y\left(f_2^{B_1} - \overline{f_2}\right) = y(1-y)\left[(A+u)x - (\theta_1 - \theta_2)(F+L) - C_0\right] \quad (4.9)$$

令 $F(y)=0$ ，求得

$$y=0 ; \quad y=1 ; \quad x^* = \frac{-(\theta_2-\theta_1)(F+L)+C_0}{A+u} \qquad (4.10)$$

根据式（4.5）和式（4.10）的求解结果得到此动态系统的 5 个均衡点，分别为 $O(0,0)$、$U(1,0)$、$V(1,1)$、$W(0,1)$ 和 $E(x^*,y^*)$。其中前 4 个角点为无条件均衡点，当且仅当 $E(x^*,y^*)\in[0,1]\times[0,1]$ 时，$E(x^*,y^*)$ 也是该系统的均衡点。

4.2.2 均衡点的稳定性分析

复制动态分析是一种动态微分分析法，用来研究演化博弈中某一策略在种群内的适应程度。如果某一策略的收益高于群体中其他策略的平均收益，则认为该策略具有抵抗变异策略入侵的稳定性，即该策略可以在群体中获得演化发展（Friedman，1991）。根据该方法，可以判断系统雅可比矩阵的局部稳定性，进而判断各均衡点是否为系统的演化稳定策略（evolutionary stable strategy，ESS）。根据式（4.5）和式（4.10），得到此系统的雅可比矩阵，记为 $\boldsymbol{J}$。其行列式记为 $\mathrm{Det}(\boldsymbol{J})$，简记为 D，其迹记为 $\mathrm{Tr}(\boldsymbol{J})$，简记为 T。

$$\boldsymbol{J} = \begin{bmatrix} \dfrac{\partial F(x)}{\partial x} & \dfrac{\partial F(x)}{\partial y} \\[2mm] \dfrac{\partial F(y)}{\partial x} & \dfrac{\partial F(y)}{\partial y} \end{bmatrix}$$

$$= \begin{bmatrix} (1-2x)\{[(\theta_1-\theta_2)G+R_1-R_2-A-u]y+\theta_2G+R_2-C_1+u\} & x(1-x)[(\theta_1-\theta_2)G+R_1-R_2-A-u] \\ y(1-y)(A+u) & (1-2y)[(A+u)x-(\theta_1-\theta_2)(F+L)-C_0] \end{bmatrix}$$

$$\begin{aligned} D = \mathrm{Det}(\boldsymbol{J}) &= (1-2x)(1-2y)[(A+u)x-(\theta_1-\theta_2)(F+L)-C_0] \\ &\quad \cdot\{[(\theta_1-\theta_2)G+R_1-R_2-A-u]y+\theta_2G+R_2-C_1+u\} \\ &\quad -xy(1-x)(1-y)(A+u)[(\theta_1-\theta_2)G+R_1-R_2-A-u] \\ T = \mathrm{Tr}(\boldsymbol{J}) &= (1-2x)\{[(\theta_1-\theta_2)G+R_1-R_2-A-u]y+\theta_2G+R_2-C_1+u\} \\ &\quad -(1-2y)[(A+u)x-(\theta_1-\theta_2)(F+L)-C_0] \end{aligned}$$

由于支付矩阵中各参数之间大小关系不确定，因此需要进一步分类讨论，再通过雅可比矩阵的行列式和迹的值来确定均衡点的稳定性。其中，均衡点成为演化稳定点的充要条件为，$\mathrm{Det}(\boldsymbol{J})>0$，$\mathrm{Tr}(\boldsymbol{J})<0$，即 $D>0$，$T<0$，根据前述假设和模型中相关参数设置，以及小微企业在"购买安全生产服务"和"不购买安全生产服务"两种策略下的净收益比较，分 3 种情况共

12 种情形讨论各均衡点的稳定性。

1. 小微企业购买安全生产服务的净收益严格占优的情况

当小微企业购买安全生产服务的净收益严格高于其不购买服务的净收益时，即 $(\theta_2-\theta_1)(F+L)+A+u-C_0 > (\theta_2-\theta_1)(F+L)-C_0 > 0$，各均衡点的局部稳定性如表 4.2 所示。

表 4.2　购买安全生产服务的净收益严格占优时的均衡点稳定性分析

情形	均衡点					
	参数范围	$O(0,0)$	$W(0,1)$	$U(1,0)$	$V(1,1)$	$E(x^\bullet,y^\bullet)$
4.1（a）	$\theta_2 G+R_2+u-C_1<0$; $\theta_1 G+R_1-A-C_1<0$; $(\theta_2-\theta_1)(F+L)-C_0$ $+\theta_1 G+R_1-A-C_1<0$; $\theta_2 G+R_2+u-C_1$ $+(\theta_2-\theta_1)(F+L)$ $+A+u-C_0<0$	$D<0$ 鞍点	$D>0$, $T<0$ ESS	$D>0$, $T>0$ 不稳定点	$D<0$ 鞍点	—
4.1（b）	$\theta_2 G+R_2+u-C_1>0$; $\theta_1 G+R_1-A-C_1>0$; $\theta_2 G+R_2+u-C_1$ $-(\theta_2-\theta_1)(F+L)+C_0>0$; $-(\theta_1 G+R_1-A-C_1)$ $+(\theta_2-\theta_1)(F+L)$ $+A+u-C_0<0$	$D>0$, $T>0$ 不稳定点	$D<0$ 鞍点	$D<0$ 鞍点	$D>0$, $T>0$ ESS	—
4.1（c）	$\theta_2 G+R_2+u-C_1>0$; $\theta_1 G+R_1-A-C_1<0$; $\theta_2 G+R_2+u-C_1$ $-(\theta_2-\theta_1)(F+L)+C_0>0$; $(\theta_2-\theta_1)(F+L)-C_0$ $+\theta_1 G+R_1-A-C_1<0$	$D>0$, $T>0$ 不稳定点	$D>0$, $T<0$ ESS	$D<0$ 鞍点	$D<0$ 鞍点	—
4.1（d）	$\theta_2 G+R_2+u-C_1<0$; $\theta_1 G+R_1-A-C_1>0$; $\theta_2 G+R_2+u-C_1$ $+(\theta_2-\theta_1)(F+L)-C_0<0$; $-(\theta_1 G+R_1-A-C_1)$ $+(\theta_2-\theta_1)(F+L)$ $+A+u-C_0<0$	$D<0$ 鞍点	$D<0$ 鞍点	$D>0$, $T>0$ 不稳定点	$D>0$, $T>0$ ESS	—

根据表 4.2 的分析结果做出相应的系统演化相位图，如图 4.1 所示。

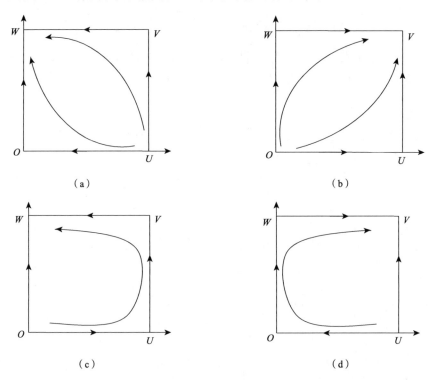

（a）　　　　　　　　　　　　　（b）

（c）　　　　　　　　　　　　　（d）

图 4.1　当 $(\theta_2-\theta_1)(F+L)+A+u-C_0>(\theta_2-\theta_1)(F+L)-C_0>0$ 时的系统演化相位图

　　系统相位分析如下，当小微企业购买安全生产服务的净收益严格高于不购买安全生产服务的净收益时，即 $(\theta_2-\theta_1)(F+L)+A+u-C_0>(\theta_2-\theta_1)(F+L)-C_0>0$，意味着无论政府的监管策略如何，小微企业购买安全生产服务的收益严格高于不购买安全生产服务的收益。因此，对于小微企业而言，其最终演化策略都是购买服务，即 $y \to 1$。从图 4.1 中可以看出，图 4.1（a）和图 4.1（c）都演化至同一个稳定点 $W(0,1)$，这是因为两主体的效用、收益各参数处于这两种情形下，满足 $\theta_1 G+R_1-A-C_1<0$，意味着当小微企业选择购买服务时，地方安监部门选择宽松监管的效用更大，即 $x \to 0$；反之，当满足条件 $\theta_1 G+R_1-A-C_1>0$ 时，地方安监部门选择严格监管的效用占优，即 $x \to 1$，如图 4.1（b）和图 4.1（d）所示。需要注意的是，在第一种情况的四小类情形中，点 $E(x^*,y^*) \notin [0,1] \times [1,0]$，因此不做讨论。

2. 小微企业不购买安全生产服务的净收益严格占优的情况

当小微企业不购买安全生产服务时的净收益严格高于购买安全生产服务时的净收益，即 $(\theta_2-\theta_1)(F+L)-C_0 < (\theta_2-\theta_1)(F+L)+A+u-C_0 < 0$，各均衡点的局部稳定性如表 4.3 所示。

表 4.3　不购买安全生产服务的净收益严格占优时的均衡点稳定性分析

情形	均衡点					
	参数范围	$O(0,0)$	$W(0,1)$	$U(1,0)$	$V(1,1)$	$E(x^*,y^*)$
4.2（a）	$\theta_2G+R_2+u-C_1>0$; $\theta_1G+R_1-A-C_1>0$; $(\theta_2-\theta_1)(F+L)-C_0$ $+\theta_1G+R_1-A-C_1>0$; $\theta_2G+R_2+u-C_1$ $+(\theta_2-\theta_1)(F+L)$ $+A+u-C_0>0$	$D<0$ 鞍点	$D>0,\ T>0$ 不稳定点	$D>0,\ T<0$ ESS	$D<0$ 鞍点	——
4.2（b）	$\theta_2G+R_2+u-C_1<0$; $\theta_1G+R_1-A-C_1<0$; $\theta_2G+R_2+u-C_1$ $-(\theta_2-\theta_1)(F+L)+C_0<0$; $-(\theta_1G+R_1-A-C_1)$ $+(\theta_2-\theta_1)(F+L)$ $+A+u-C_0>0$	$D>0,\ T<0$ ESS	$D<0$ 鞍点	$D<0$ 鞍点	$D>0,\ T>0$ 不稳定点	——
4.2（c）	$\theta_2G+R_2+u-C_1<0$; $\theta_1G+R_1-A-C_1>0$; $\theta_2G+R_2+u-C_1$ $-(\theta_2-\theta_1)(F+L)+C_0<0$; $(\theta_2-\theta_1)(F+L)-C_0$ $+\theta_1G+R_1-A-C_1>0$	$D>0,\ T<0$ ESS	$D>0,\ T>0$ 不稳定点	$D<0$ 鞍点	$D<0$ 鞍点	——
4.2（d）	$\theta_2G+R_2+u-C_1>0$; $\theta_1G+R_1-A-C_1<0$; $\theta_2G+R_2+u-C_1$ $+(\theta_2-\theta_1)(F+L)$ $+A+u-C_0>0$; $-(\theta_1G+R_1-A-C_1)$ $+(\theta_2-\theta_1)(F+L)$ $+A+u-C_0>0$	$D<0$ 鞍点	$D<0$ 鞍点	$D>0,\ T<0$ ESS	$D>0,\ T>0$ 不稳定点	——

根据表 4.3 的分析结果做出相应的系统演化相位图，如图 4.2 所示。

系统相位分析如下，当小微企业不购买安全生产服务时的净收益严格高于购买安全生产服务时的净收益，即 $(\theta_2-\theta_1)(F+L)-C_0 < (\theta_2-\theta_1)(F+L)+A+u-C_0 < 0$

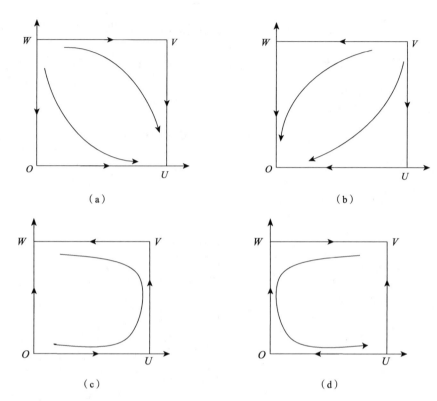

（a）　　　　　　　　　　（b）

（c）　　　　　　　　　　（d）

图 4.2　当 $(\theta_2 - \theta_1)(F + L) - C_0 < (\theta_2 - \theta_1)(F + L) + A + u - C_0 < 0$ 时的系统演化相位图

时，意味着无论政府采取何种监管策略，小微企业选择不购买安全生产服务的收益严格高于购买安全生产服务的收益。因此对于小微企业而言，不购买服务是其最终的 ESS，即 $y \to 0$。进一步分析图 4.2 发现，图 4.2（a）和图 4.2（d）都演化至同一个稳定点 $U(1,0)$，这是因为当两主体收益各参数处于这两种情形下时，有 $\theta_2 G + R_2 + u - C_1 > 0$，即在小微企业选择不购买服务的策略下，地方安监部门选择严格监管的效用大于宽松监管的效用，因此地方安监部门稳定决策演化至严格监管，即 $x \to 1$；反之，当 $\theta_2 G + R_2 + u - C_1 < 0$ 时，地方安监部门选择宽松监管的效用占优，即 $x \to 0$，如图 4.2（b）和图 4.2（c）所示。需要注意的是，在第二种情况下，点 $E(x^*, y^*) \notin [0, 1] \times [1, 0]$，因此也不做讨论。

3. 小微企业两种策略下的净收益大小关系不确定的情况

当小微企业购买安全生产服务和不购买安全生产服务两种策略下的净收益大小关系不确定时，即存在 $(\theta_2 - \theta_1)(F + L) - C_0 < 0 < (\theta_2 - \theta_1)(F + L) + A + u - C_0$，各均衡点的局部稳定性如表 4.4 所示。

表 4.4　两种策略净收益大小关系不确定时的均衡点稳定性分析

情形	参数范围	均衡点				
		$O(0,0)$	$W(0,1)$	$U(1,0)$	$V(1,1)$	$E(x^*,y^*)$
4.3（a）	$\theta_2 G + R_2 + u - C_1 > 0$; $\theta_1 G + R_1 - A - C_1 > 0$; $(\theta_2 - \theta_1)(F+L) - C_0$ $+\theta_1 G + R_1 - A - C_1 > 0$; $-(\theta_2 G + R_2 + u - C_1)$ $+(\theta_2 - \theta_1)(F+L) + A + u - C_0 < 0$	$D<0$ 鞍点	$D>0, T>0$ 不稳定点	$D<0$ 鞍点	$D>0, T<0$ ESS	—
4.3（b）	$\theta_2 G + R_2 + u - C_1 < 0$; $\theta_1 G + R_1 - A - C_1 < 0$; $\theta_2 G + R_2 + u - C_1$ $-(\theta_2 - \theta_1)(F+L) + C_0 < 0$; $\theta_2 G + R_2 + u - C_1 + (\theta_2 - \theta_1)(F+L)$ $+A + u - C_0 < 0$	$D>0, T<0$ ESS	$D<0$ 鞍点	$D>0, T>0$ 不稳定点	$D<0$ 鞍点	—
4.3（c）	$\theta_2 G + R_2 + u - C_1 > 0$; $\theta_1 G + R_1 - A - C_1 < 0$	$D<0$ 鞍点	$D<0$ 鞍点	$D<0$ 鞍点	$D<0$ 鞍点	$D>0, T=0$ 不稳定点
4.3（d）	$\theta_2 G + R_2 + u - C_1 < 0$; $\theta_1 G + R_1 - A - C_1 > 0$	$D>0, T<0$ ESS	$D>0, T>0$ 不稳定点	$D>0, T>0$ 不稳定点	$D>0, T<0$ ESS	$D<0, T=0$ 鞍点

根据表 4.4 的分析结果做出相应的系统演化相位图，如图 4.3 所示。

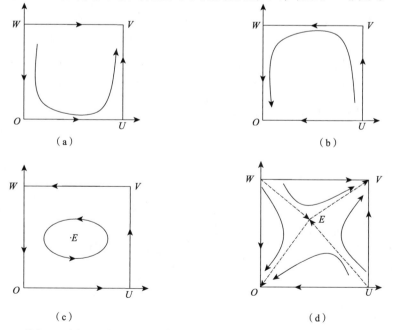

（a）　　　　　　　　　　　　　　　（b）

（c）　　　　　　　　　　　　　　　（d）

图 4.3　当 $(\theta_2 - \theta_1)(F+L) - C_0 < 0 < (\theta_2 - \theta_1)(F+L) + A + u - C_0$ 时的系统演化相位图

　　系统相位分析如下，当 $\theta_2 G + R_2 + u - C_1 > 0$ ，$\theta_1 G + R_1 - A - C_1 > 0$ 时，即无论小微企业如何决策，地方安监部门选择严格监管的效用严格高于宽松监管的效用，因此总有 $x \to 1$ ；当地方安监部门选择严格监管时，有 $(\theta_2 - \theta_1)(F+L) + A + u - C_0 > 0$ ，即小微企业的购买服务收益严格高于不购买服务收益，即 $y \to 1$ ，演化趋势如图 4.3（a）所示。

　　当 $\theta_2 G + R_2 + u - C_1 < 0$ ，$\theta_1 G + R_1 - A - C_1 < 0$ 时，此时无论小微企业如何决策，地方安监部门选择宽松监管的效用严格高于"严格监管"的效用，因此总有 $x \to 0$ ；而当地方安监部门选择宽松监管时，$(\theta_2 - \theta_1)(F+L) - C_0 < 0$ ，此时小微企业只有选择"不购买服务"，才会获得更高收益，即 $y \to 0$ ，演化趋势如图 4.3（b）所示。

　　当 $(\theta_2 - \theta_1)(F+L) + A + u - C_0 > 0$ 时，即地方安监部门选择严格监管，小微企业的最优策略为购买服务；当 $(\theta_2 - \theta_1)(F+L) - C_0 < 0$ 时，即地方安监部门选择宽松监管，小微企业的最优策略为不购买服务；而当 $\theta_1 G + R_1 - A - C_1 < 0$ 时，即小微企业选择购买服务，地方安监部门的最优策略为宽松监管；当 $\theta_2 G + R_2 + u - C_1 > 0$ 时，小微企业若选择不购买服务，地方安监部门的最优决策是严格监管。可以看出，小微企业和地方安监部门两主体策略一直处于不断变化调整的动态之中，系统无法到达稳定状态，演化趋势如图 4.3（c）所示。

　　当 $(\theta_2 - \theta_1)(F+L) + A + u - C_0 > 0$ ，$\theta_1 G + R_1 - A - C_1 > 0$ 时，意味着地方安监部门的严格监管与小微企业的购买服务互为彼此的最优反应策略；当 $(\theta_2 - \theta_1)(F+L) - C_0 < 0$ ，$\theta_2 G + R_2 + u - C_1 < 0$ 时，地方安监部门的宽松监管与小微企业的不购买服务互为彼此的最优反应策略，这种情形下的系统演化趋势如图 4.3（d）所示。系统可能收敛于（严格监管，购买服务）和（宽松监管，不购买服务）这两种模式，前者正是期望出现的收敛模式，而后者属于"不良"锁定的状态。

　　综上，当系统不存在演化稳定点时［图 4.3（c）］，系统状态是不稳定的，任何扰动可能都会打破系统的平衡状态，使其演化趋势发生改变；当系统仅存在一个演化稳定点［图 4.1、图 4.2、图 4.3（a）、图 4.3（b）］时，在这种情况下，是无法通过调节主体的收益参数的大小使其演化结果发生改变的，即在这 10 种情形下，系统只能朝着固定的方向演化，参数的改变不能改变演化趋势，具体情形下的稳定点与系统相位图的具体分析相吻合；当系统存在两个演化稳定点时，如图 4.3（d）所示，两个均衡稳定点分别为（严格监管，购买服务）O （0,0）和（宽松监管，不购买服务）V（1,1）。此时，双方收益函数中的不同参数在满足情形 4.3（d）的前提下的不同变化可能导致系统朝不同的稳定点演化，但具体演化至哪个稳定点，需要进一步讨论。同时，参数大小的变化对系统收敛速度也会产生影响。

4.3　数值实验和结果分析

在图 4.3（d）中，鞍点 $E(x^*, y^*)$ 的坐标值分别为 $x^* = \dfrac{-(\theta_2 - \theta_1)(F+L) + C_0}{A+u}$，

$y^* = \dfrac{\theta_2 G + R_2 - C_1 + u}{(\theta_2 - \theta_1)G + R_2 - R_1 + A + u}$。令四边形 $EUVW$ 的面积为 S_1，四边形 $EWOU$ 的

面积为 S_2。当 $S_1 > S_2$ 时，系统收敛于 $V(1,1)$ 的概率大于其收敛于 $O(0,0)$ 的
概率，这是期望的收敛路径；反之，系统则以更大的概率收敛于 $O(0,0)$，这是
"不良"锁定的状态。

$$S_1 = 1 - \frac{1}{2}(x^* + y^*) \tag{4.11}$$

$$
\begin{aligned}
S_2 &= \frac{1}{2}(x^* + y^*) \\
&= \frac{1}{2}\left[\frac{-(\theta_2 - \theta_1)(F+L) + C_0}{A+u} + \frac{\theta_2 G + R_2 - C_1 + u}{(\theta_2 - \theta_1)G + R_2 - R_1 + A + u}\right]
\end{aligned}
\tag{4.12}
$$

该模型共涉及 12 个参数，主要考量地方安监部门的事前、事后监管，以及
国家安监部门对地方安监部门的监察对演化结果的影响，因此选取并考量参数
G、R_1、R_2、F、A、u、C_1 对系统演化结果的影响。

4.3.1　数值实验分析

通过对系统均衡点稳定性的分析可知，根据演化稳定点的个数，系统可以分
为三种类型：系统没有演化稳定点，对应于系统相位图 4.3（c）的情形；系统有
且只有一个演化稳定点，对应于图 4.1、图 4.2、图 4.3（a）和图 4.3（b）的 10
种具体情形；系统有两个演化稳定点，对应如图 4.3（d）所示的情形。

当系统有两个演化稳定点时，系统的演化稳定趋势可能由于扰动发生改变，对
这种情形，利用 Matlab 软件进行数值仿真，并对仿真结果做出讨论。当系统有且
仅有一个演化稳定点时，系统是稳定的，参数的改变并不能对系统演化趋势产生影
响，其演化稳定结果与系统相位分析是一一对应的，因此不做数值仿真分析。

当系统存在两个演化稳定点时，系统相位对应于情形 4.3（d），系统具体演
化至哪一个稳定点，需要进一步仿真分析。仿真分析其中 8 个参数对于地方安监
部门主体、小微企业主体收益，以及对系统演化结果的影响。根据模型假设，相关

参数选取需满足的条件有 $(\theta_2 - \theta_1)(F+L) - C_0 < 0 < (\theta_2 - \theta_1)(F+L) + A + u - C_0$，
$\theta_2 G + R_2 + u - C_1 < 0$， $\theta_1 G + R_1 - A - C_1 > 0$。

1. 选择某种策略的群体概率和初始比例变化对于演化结果的影响

取 $G=1.0$，$F=4.0$，$R_1 = 4.9$，$R_2 = 1.0$，$A=1.0$，$u=1.0$，$C_1 = 4.0$，$L=5.0$，$C_0 = 8.3$，$\theta_1 = 0.1$，$\theta_2 = 0.9$，考量系统在地方安监部门严格监管初始比例 $x_0 = 0.1$、0.4、0.6、0.9时的演化趋势，结果如图4.4所示。结果表明，随着地方安监部门群体严格监管初始比例的增加，小微企业群体的决策也逐渐收敛于购买服务，且越接近稳态，系统收敛速度越快。当几乎所有的地方安监部门都采取严格监管的策略时，小微企业无论初始策略如何，最终都会演化至购买服务的稳定策略。可见，地方安监部门的监管策略对于小微企业是否购买服务的决策起到至关重要的作用。

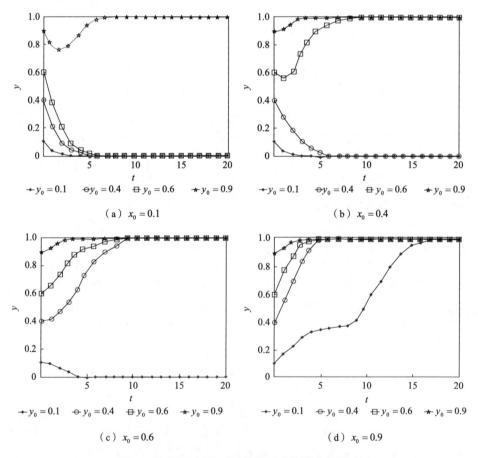

图4.4　初始比例的不同取值对系统演化的影响

2. 地方安监部门为鼓励小微企业购买服务所给予的经济补贴（或政策优待）对于演化结果的影响

取 $x_0 = 0.4$，$G=1.0$，$R_1 = 4.9$，$R_2 = 1.0$，$F=4.0$，$u=1.0$，$C_1 = 4.0$，$L=5.0$，$C_0 = 8.3$，$\theta_1 = 0.1$，$\theta_2 = 0.9$，根据背景参数设定，取 $A=0.1$、0.3、0.7、1.0，结果如图 4.5 所示。

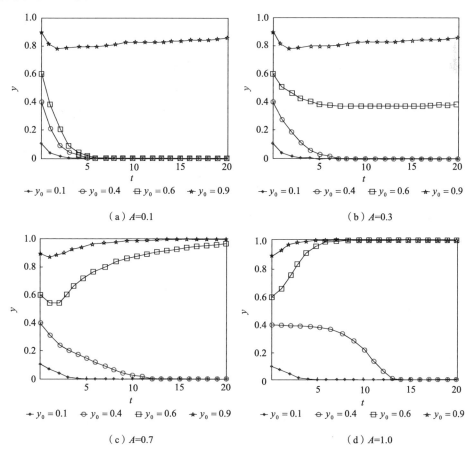

图 4.5　地方安监部门对企业购买行为的补贴扶持力度对系统演化的影响

在地方安监部门补贴、扶持力度可浮动的范围内，补贴幅度增加对演化趋势并无太大影响，具体表现如下：在地方政府补贴、扶持力度可浮动的范围内，补贴变动幅度的大小对系统演化趋势的影响不显著。根据现实情况，可能的解释如下：尽管地方安监部门尽最大可能补贴小微企业，试图鼓励企业购买安全生产服务，但补贴扶持的力度相较于小微企业的安全投入，仍然较小（$A_{max} = 1.0$，$C_0 = 8.3$），不足以激励小微企业做出购买服务的决策。因此企业内部的安全生产管理职能常被置于从属的位置，地方安监部门的各种形式的政策优待甚至在经济上的补贴对其购买安全生产服务积极性的提高都收效甚微。

3. 地方安监部门在事后监管的过程中对事故企业的惩罚力度对于演化结果的影响

取 $x_0 = 0.4$ ，$G = 1.0$ ，$R_1 = 4.9$ ，$R_2 = 1.0$ ，$A = 1.0$ ，$u = 1.0$ ，$C_1 = 4.0$ ，$L = 5.0$ ，$C_0 = 8.3$ ，$\theta_1 = 0.1$ ，$\theta_2 = 0.9$ ，根据背景参数设定，分别取 F=2.9、3.5、4.0、5.4，演化结果如图 4.6 所示。在事后惩罚力度可浮动的范围内，随着地方安监部门对事故企业惩罚力度的加大，系统逐渐演化至期望方向。

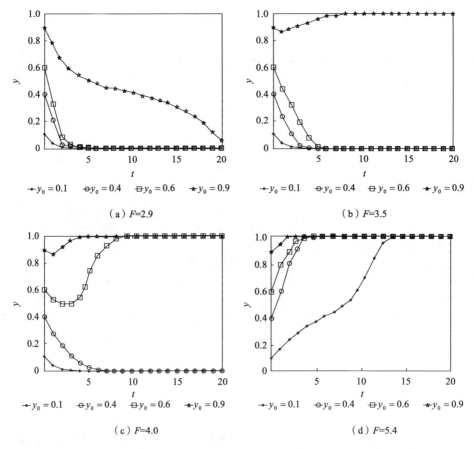

图 4.6　地方安监部门对小微企业的事后惩罚力度对系统演化的影响（一）

取 $x_0 = 0.4$ ，$G = 1.0$ ，$R_1 = 4.9$ ，$R_2 = 1.0$ ，$u = 1.0$ ，$C_1 = 4.0$ ，$L = 5.0$ ，$C_0 = 8.3$ ，$\theta_1 = 0.1$ ，$\theta_2 = 0.9$ ，根据背景参数设定条件，此时 F 的可变化范围为

（2.9,5.5），A 的可变化范围为（0.1,1.1）。令地方安监部门对购买服务的小微企业的经济补贴范围分别取 A=1.0、0.2，F=4.0、5.0，演化结果如图 4.7 所示，表明即使地方安监部门对小微企业安全生产服务的购买补贴幅度有所下降，但随着地方安监部门对事故小微企业的事后惩罚力度的上升，系统仍然朝期望方向演化。由此可以看出，地方安监部门对小微企业的管制是促使小微企业进行安全投入、购买安全生产服务的根本制约因素，撇开管制，仅依靠补贴根本不足以促使小微企业购买安全生产服务。而有了地方安监部门的严格规范和管制，再辅以一定的经济补贴，才能对促进小微企业购买安全生产服务起到双管齐下的作用。

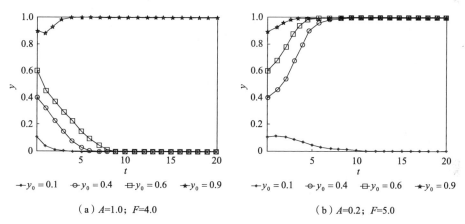

（a）A=1.0；F=4.0　　　　　　（b）A=0.2；F=5.0

图 4.7　地方安监部门对小微企业的事后惩罚力度对系统演化的影响（二）

4. 地方安监部门在事前监管过程中对违规企业的处罚对于演化结果的影响

取 $x_0 = 0.4$，G=1.0，$R_1 = 4.9$，$R_2 = 1.0$，A=1.0，F=4.0，$C_1 = 4.0$，L=5.0，$C_0 = 8.3$，$\theta_1 = 0.1$，$\theta_2 = 0.9$，根据背景参数设定，分别取 $u = 0.1$、0.8、1.4、2.0，结果如图 4.8 所示。

在事前违规惩罚力度可浮动的范围内，随着惩罚力度的加大，系统逐渐演化至期望方向，且系统收敛速度比在事后惩处的作用下快，表明相较于事后监管，地方安监部门的事前监管对于企业增加安全投入、购买安全生产服务具有更明显的激励作用，可见，防患于未然的确胜过"亡羊补牢"。

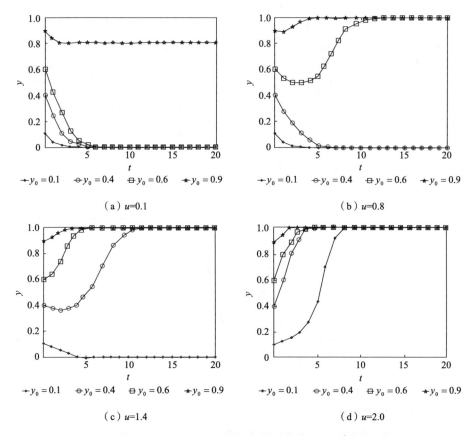

图 4.8　地方安监部门对违规企业的事前惩罚力度对系统演化的影响

5. 地方安监部门的事前监管成本对于演化结果的影响

取 $x_0 = 0.4$ ， $G = 1.0$ ， $R_1 = 4.9$ ， $R_2 = 1.0$ ， $A = 1.0$ ， $F = 4.0$ ， $u = 1.0$ ， $L = 5.0$ ， $C_0 = 8.3$ ， $\theta_1 = 0.1$ ， $\theta_2 = 0.9$ ，根据背景参数设定，分别取 $C_1 = 2.9$ 、3.2、3.6、4.0，结果如图 4.9 所示。在地方安监部门事前监管成本的浮动范围内，随着事前监管成本的增加，系统逐渐演化至"不良"锁定的状态，表明地方安监部门可能由于事前监管的执行成本过高而降低了对企业日常巡检、抽检的频率，放松了事前监管，而小微企业对此做出的相关决策则是不购买安全生产服务。因此，国家安监部门有必要对地方安监部门进行激励和监督，以提高地方安监部门事前监管的动力和积极性。

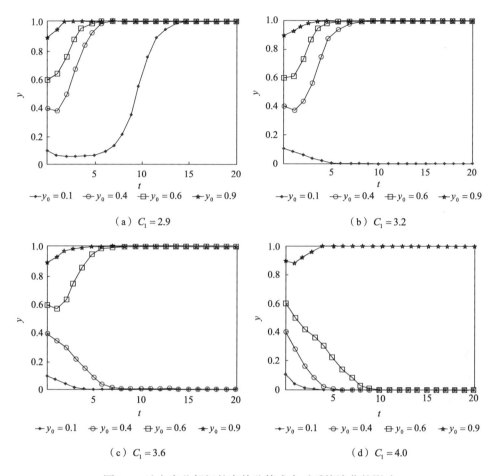

图 4.9 地方安监部门的事前监管成本对系统演化的影响

6. 国家安监部门对地方安监部门宽松监管的处罚对于演化结果的影响

取 $x_0 = 0.4$, $u = 1.0$, $R_1 = 4.9$, $R_2 = 1.0$, $A = 1.0$, $F = 4.0$, $C_1 = 4.0$, $L = 5.0$, $C_0 = 8.3$, $\theta_1 = 0.1$, $\theta_2 = 0.9$, 根据背景参数设定，分别取 $G = 1.0$、1.2、1.5、2.2，结果如图 4.10 所示。

地方安监部门的双向代理性和政绩考核体系的导向等原因使得地方安监部门对于当地企业的监管可能偏离国家安监部门的目标，因此国家安监部门有必要对地方安监部门的监管行为进行监督。随着国家安监部门对地方安监部门宽松监管的惩罚力度加大，系统逐渐演化至期望方向，表明国家安监部门对于地方安监部门的监督在一定程度上能够有效地促使地方安监部门执行严格监管的策略，并能够间接地激励企业购买安全生产服务。

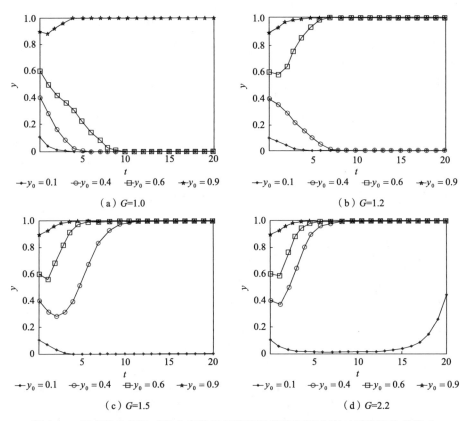

（a）G=1.0　　　　　　　　　　（b）G=1.2

（c）G=1.5　　　　　　　　　　（d）G=2.2

图 4.10　国家安监部门对地方安监部门宽松监管的惩罚力度对系统演化的影响

7. 国家安监部门对地方安监部门严格监管的奖励对于演化结果的影响

取 $x_0 = 0.4$，$u=1.0$，$G=1.0$，$A=1.0$，$F=4.0$，$C_1 = 4.0$，$L=5.0$，$C_0 = 8.3$，$\theta_1 = 0.1$，$\theta_2 = 0.9$，根据背景参数设定，分别取 $R_1 = 4.9$、6.0、9.0、22.0，$R_2 = 0.1$、1.0、1.5、2.0，结果如图 4.11 和图 4.12 所示。

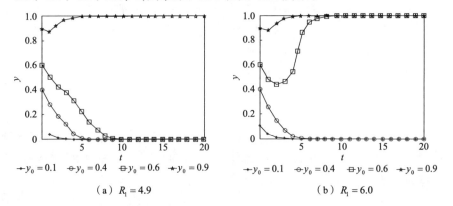

（a）$R_1 = 4.9$　　　　　　　　　　（b）$R_1 = 6.0$

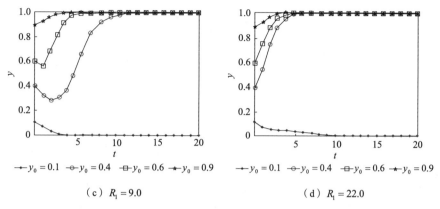

（c）$R_1 = 9.0$　　　　　　　　（d）$R_1 = 22.0$

图 4.11　国家安监部门对地方安监部门的奖励 R_1 对系统演化的影响

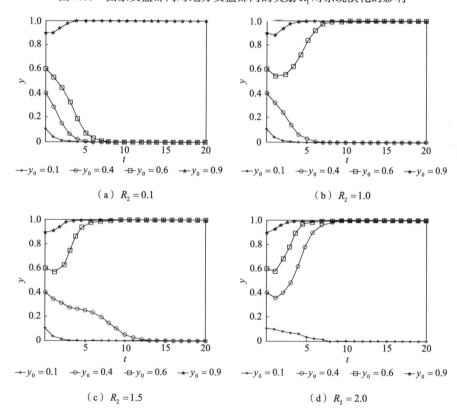

（a）$R_2 = 0.1$　　　　　　　　（b）$R_2 = 1.0$

（c）$R_2 = 1.5$　　　　　　　　（d）$R_2 = 2.0$

图 4.12　国家安监部门对地方安监部门的奖励 R_2 对系统演化的影响

从图 4.11 和图 4.12 中可以看出，无论小微企业是否购买安全生产服务，只要地方安监部门对小微企业严格监管，国家安监部门对其就会有一定的奖励措施。但在不同的情境下，小微企业的安全生产状况有差别，因此上述奖励幅度也有差别。不难看出，随着奖励幅度的增加，两种情境下，系统均朝期望的方向演化。但小微企业决策的不同，使国家安监部门对于小微企业的间接影响力不同。当小微企业愿意购买服务时，随着国家安监部门经济奖励激励的增加，系统收敛于期望方向的速度加快；当小微企业不愿意购买服务时，随着国家安监部门经济奖励激励的增加，系统收敛于期望方向的速度变慢。

4.3.2　结果分析

小微企业安全生产服务市场的形成和发展具有明显的需求遵从性。政府安监部门制定并落实安全生产相关政策，激励小微企业将内部的安全生产管理职能外化至市场，形成有效的安全生产服务需求，进而促使小微企业购买安全生产服务是安全生产服务市场得以形成和发展的前提基础。因此，国家安监部门对地方安监部门监管行为的监督影响，地方安监部门监管行为与企业安全生产服务购买行为策略的交互，小微企业购买行为在两级政府混合监管下的演化规律及路径都能够为政府安监部门的政策制定、落实及安全生产服务市场的培育提供理论依据。

当地方安监部门选择严格监管的策略时，意味着地方安监部门更注重安全生产过程监管，会定期对小微企业进行巡检、抽检，若发现小微企业存在安全违规现象，则会对企业进行相应的处罚。如果小微企业主动购买安全生产服务，寻求专业技术支持，那么可以向地方安监部门申请一定金额的补贴。此时，当小微企业购买安全生产服务所获得的安全收益超过购买安全生产服务的实际成本时，小微企业的策略是唯一的，即购买安全生产服务。当地方安监部门囿于人力、技术资源的不足而选择宽松监管的策略时，小微企业一般只有在发生了安全生产事故后，才会受到地方安监部门的行政处罚。此时，当购买安全生产服务的实际成本超过了小微企业购买安全生产服务所获得的安全收益时，小微企业的策略也是唯一不变的，即不购买安全生产服务。

当小微企业购买安全生产服务所获得的安全收益与购买安全生产服务的实际成本的关系不确定时，小微企业是否购买安全生产服务的决策与地方、国家安监部门的监管策略的选择密切相关。具体而言，地方安监部门选择严格监管的初始比例越大，小微企业的决策越有可能收敛于购买安全生产服务；国家安监部门对地方安监部门的激励越大，地方安监部门越有可能选择严格监管，而小微企业也越有可能选择购买安全生产服务；地方安监部门对小微企业的事前监管力度越大、事后惩处越严，小微企业越有可能选择购买安全生产服务；地方安监部门的事前监管成本越高，地方安监部门越有可能选择宽松监管，小微企业越有可能选择不购买服务。

综上所述，小微企业购买安全生产服务的动机强弱与地方安监部门的监管力度直接相关，地方安监部门监管力度的强弱与国家安监部门的奖励力度密切相关。

第5章 小微企业安全生产服务市场供给保障的信号博弈研究

目前我国仍处于安全生产服务市场的建设初期，运用市场机制配置安全生产服务资源的制度尚不完善，安全生产服务市场中存在的大量信息不对称与逆向选择问题①使得安全生产服务的交易成本上升，市场交易效率降低（潘勇，2009；2010）。小微企业和安全生产服务机构，两者在达成服务契约之前存在信息不对称，可能引发逆向选择问题，阻碍交易的帕累托改进，进而有可能导致安全生产服务市场在均衡的情况下不复存在。那么，小微企业安全生产服务市场中的逆向选择问题是如何产生的，有何负面影响？如何有效地减弱甚至规避逆向选择问题给新兴的安全生产服务市场所带来的负面影响？本章拟针对上述两个问题进行研究，在厘清逆向选择问题产生机理的基础上，设计一个有效的信号传递机制，使得安全生产服务市场中优质的服务机构与劣质的服务机构能够分离，令小微企业获得真正有效的安全生产服务，增强其购买意愿，以此从供给侧培育安全生产服务市场。

5.1 信息不对称理论

信息不对称理论于 20 世纪六七十年代分别由剑桥大学教授 James Mirlees 和哥伦比亚大学教授 William Vickery 提出，是信息经济学领域的重要理论（钱颖一，1996）。这一理论基于"交易双方拥有不对称信息"的假设，对市场失

---

① 逆向选择问题，即柠檬问题，由诺贝尔经济学奖获得者 Akerlof 在研究二手车市场的过程中提出，主要研究二手车质量信息不对称对市场交易效率的影响。他所构建的逆向选择模型（"柠檬市场"模型）表明，信息不对称所带来的逆向选择行为降低了市场交易效率。

灵现象做出了更贴近现实的解释。信息经济学中的商品有两类，即搜寻商品（search goods）和经验商品（experience goods）。前者是指使用者能够直接感知其属性和优劣的商品，后者是指一般需要使用者经过一段时间的使用和体验才能了解其特性的商品。由于经验商品的特殊性，因此几乎其所有的交易都存在一定程度的信息不对称。处于信息优势的销售方往往利用自身拥有的关于商品的信息优势侵害处于信息劣势的消费方的利益；而消费方由于担心交易出现这种情况，故对销售方不信任。这样就增加了交易的难度，降低了交易效率。而造成这种信息不对称的首要原因是社会分工所造成的专业知识的差异化，其次是信息优势方对于信息的有意操纵。信息不对称理论能够很好地解释市场中的道德风险及逆向选择的问题。

安全生产服务作为一种特殊的服务类商品，属于典型的经验商品，其优劣不但需要小微企业通过一段时间的持续改进来感受，而且难以度量，因此安全生产服务市场中存在严重的信息不对称问题。加之，我国正处于经济体制和政府社会性管制方式的转变过程中，安全生产服务市场作为安全生产社会性管制的重要手段，仍处于发展初期，在政府安监部门的鼓励政策下，各类安全生产服务机构在市场利益的驱动下如雨后春笋般冒出，机构良莠不齐，亟须安全生产服务的小微企业对其更是难以辨别。正是由于安全生产服务的交易双方存在信息不对称，而小微企业又无力识别出优质的安全生产服务机构，只愿意以低于优质服务价格的成交价去寻求服务，使优质服务机构入不敷出，如此形成了"劣币不断驱逐良币"的恶性循环，安全生产服务市场中逆向选择的问题也由之产生。信息不对称理论能够很好地解释安全生产服务市场中逆向选择问题的产生机理。

因此，接下来，基于信息不对称理论，厘清安全生产服务市场中逆向选择问题的产生机理，并构建一个信号模型，使得不同类型的安全生产服务机构能够准确地被小微企业识别，从而优化安全生产服务市场环境，提高市场交易效率。

5.2　信息不对称及逆向选择问题的产生

5.2.1　信息对称时的博弈均衡

假设在信息完全对称的安全生产服务市场中，小微企业与安全生产服务机构之间不存在信息差异。此时，安全生产服务机构的类型（假设软硬件设施完备，资质合法、健全的机构为优质服务机构，与之相比，软硬件设备不足，靠租赁、个人资质运营的服务机构为劣质服务机构）通过其服务的市场出售价格得以显示，即优质的服务一律以高价售出，劣质的服务一律以低价售出。

假设优质的安全生产服务机构提供的服务价格为 P_H，机构耗费服务成本为 C_H，劣质服务机构的服务价格为 P_L，服务成本为 C_L。小微企业获得优质的服务后，其安全生产状况的改善可量化为 V_H。假设地方安监部门相关部门为鼓励小微企业主动寻求安全生产服务，设有经济补贴 R。由于获得优质可靠的专业安全生产服务，小微企业的安全生产事故率降为 a_1，若发生安全生产事故，地方安监部门对其进行惩罚的经济数额为 F。

由于小微企业的资源实力及小微企业主的安全生产态度差异，部分小微企业为节省成本，可能一味向劣质服务机构寻求低价服务，通常劣质服务机构的服务仅能帮助企业达到政府安监部门要求的最低门槛，其服务所带来的企业安全生产状况的改进相较于优质服务机构显得较微弱，将其量化为 V_L，此时安全生产事故率降为 a_2。当小微企业不向专业服务机构寻求服务时，会将安全生产投入资金转化为机会成本，用作他途，假设此时安全生产事故发生率为 a_0。

构建信息对称时的小微企业与安全生产服务机构的合作，双方收益如表 5.1 所示。其中，$P_H > C_L$，$C_H > C_L$，$a_1 < a_2 < a_0$。

表 5.1 信息对称时小微企业与安全生产服务机构的支付矩阵

服务机构	小微企业	
	购买	不购买
优质服务机构	$P_H - C_H$，$V_H - P_H + R - a_1F$	$-C_H$，$P_H - a_0F$
劣质服务机构	$P_L - C_L$，$V_L - P_L + R - a_2F$	$-C_L$，$P_L - a_0F$

在信息完全对称的安全生产服务市场中，小微企业对于安全生产服务机构的类型（包括安全生产服务领域相关资质持有情况、机构软硬件设施完备程度以及机构安全生产服务能力）完全了解，双方合作属于完全信息合作，采用逆向归纳法可以得到合作的斯塔克尔伯格均衡解（奥斯本，2010）。

当 $V_H - P_H + R - a_1F > P_H - a_0F$ 且 $V_L - P_L + R - a_2F > P_L - a_0F$ 时，即小微企业不管向何种类型的服务机构购买服务，所获得的安全生产水平的提高值均大于不购买服务，小微企业的决策为购买服务；当 $P_H - C_H > P_L - C_L$ 时，安全生产服务机构的高投入产出的净收益大于低投入产出的净收益，会选择安全生产服务行业相关的高投入并出售"优质服务"，即合作均衡于（优质服务，购买）。

反之，当 $V_H - P_H + R - a_1F < P_H - a_0F$ 且 $V_L - P_L + R - a_2F < P_L - a_0F$ 时，即小微企业无论向何种类型的安全生产服务机构购买服务，其净收益都低于不购买安全生产服务时的净收益，此时，小微企业的决策始终为不购买服务；当 $P_H - C_H < P_L - C_L$ 时，安全生产服务机构选择高投入产出的净收益小于低投入产出的净收益，策略为出售劣质服务，此时合作均衡于（劣质服务，不购买）。

5.2.2　逆向选择问题的产生

当安全生产服务市场中出现信息不对称时，由于 $P_H-C_L>P_L-C_L$，劣质安全生产服务机构有动机隐瞒或谎报自身类型，提高自身的服务售价 $P_L\to P_H$，以此获得更多利润。因此，此时的安全生产服务的售价已经无法准确指示其类型，小微企业仅通过服务售价，是无法判断安全生产服务市场中存在的两类安全生产服务机构的类型的，只知道两种类型服务机构存在的先验概率为 $p(q=H)=\theta$，$p(q=L)=1-\theta$，$\theta\in(0,1)$。当安全生产服务的市场价格对于服务机构的类型显示没有参考价值时，处于信息弱势方的小微企业出于理性考虑，在最大化自身利益的前提下，只愿意支付平均服务水平的价格，设该价格为 $\bar{p}$，$\bar{p}=\theta P_H+(1-\theta)P_L$，$P_L<\bar{P}<P_H$。

在信息不对称的市场环境中，基于小微企业的期望支付价格，优质的安全生产服务机构的收益为 $\bar{P}-C_H$（$\bar{P}-C_H<P_H-C_H$）；劣质安全生产服务机构的收益为 $\bar{P}-C_L$（$\bar{P}-C_L>P_L-C_L$）。小微企业通过购买安全生产服务来提高其安全生产水平，并通过其安全生产状况的改善程度形成对安全生产服务机构及其安全生产服务水平的印象。

当安全生产服务市场中劣质安全生产服务机构的比例远高于优质安全生产服务机构时，小微企业在市场中有很大概率得到的都是品质一般的服务，这些服务对其安全生产状况的改善作用有限。那么，小微企业愿意支付的、用以购买安全生产服务的资金会进一步减少，使优质安全生产服务机构的收益也随之减少，而收益的减少最终导致优质的安全生产服务机构退出市场，加之劣质的安全生产服务机构所提供的安全生产服务很难满足小微企业的真正需求，这使安全生产服务市场逐渐萎缩。

正如 Akerlof（1970）所言，信息不对称导致逆向选择问题的产生，如同"劣币驱逐良币"，小微企业对于安全生产服务市场中存在优质服务或机构的信念不断降低，最终使得市场中不存在优质可靠的安全生产服务或机构。

综上所述，在安全生产服务市场的建设初期，安全生产服务机构与小微企业之间存在着信息不对称，前者拥有后者所不知道的、关于安全生产管理知识和技能及其输出成本等信息，且后者想要获取这种信息所花费的成本相当大，导致安全生产服务市场交易成本的上升和交易效率的下降。这种信息不对称现象从本质上来说，是生产职能和安全生产管理职能进行专业化分工的必然结果，其一方面是使专业化分工更具效率的源泉，另一方面也是机会主义行为得以滋生以及逆向选择问题产生的根本原因。

5.3　信号传递模型

由事前信息不对称所造成的逆向选择问题的研究始于 Akerlof 的"柠檬市场"模型，随后诸多学者通过委托-代理理论（principal-agent theory）对其进行研究。在委托-代理分析框架下，代理人拥有委托人所无法获悉的信息，致使双方产生信息不对称，进而影响交易效率（Jensen and Meckling，1976；Fama，1980；Grossman and Hart，1983），解决这种问题的根本思路就是降低信息的不对称程度。

国内外诸多学者在逆向选择的治理问题上做出了不少有益的尝试。Keiichi（2015）提出，具有信息优势的供给方可以通过建立自身良好声誉来传递质量信号，从而降低自身与需求方的信息不对称程度，以此影响潜在需求者的决策；Jan（2015）研究了医疗保险市场中的逆向选择问题，认为可以通过政府来提供基础医疗保险，以代替那些容易发生逆向选择风险的医疗措施，弥补市场失灵；李莉等（2004）在研究电子商务市场的过程中发现，相较于传统市场，电子商务市场中的产品质量的信息不对称加剧了逆向选择的产生，并对此提出了利用第三方信息中介或虚拟社区实现卖方的信誉转移，提高信息搜索效率，以此降低交易双方的信息不对称程度；方世建和郑南磊（2001）、方世建和史春茂（2003）研究了技术交易市场中的逆向选择问题，认为技术交易的双方难以逾越信息障碍，提出两者之间的信息鸿沟可以通过第三方的信息鉴定及其发布的具有公信力的市场信号来弥补；金永红等（2002）针对风险投资中的逆向选择问题，通过信息甄别模型设计出分离均衡（separating equilibrium）式契约，实现了不同能力创业者的分离；郭焱等（2004）针对战略联盟盟友选择中存在的逆向选择问题，利用显示原理，通过不同的报酬合同实现对不同能力盟友的分离；张宗明等（2013）提出，设计激励契约，诱使服务方如实报告自己真实信息的方法可以有效降低双方信息不对称程度，从而解决合作服务中存在的逆向选择问题；黄梅萍等（2013）提出，引入虚拟第三方，通过设计合理契约，激励具有信息优势的供给方"说真话"，从而达到解决因供给方隐藏成本信息而产生的逆向选择问题的目的。

由此可见，设计有效的信号传递机制，进行信息甄别，是解决逆向选择问题的有效途径。安全生产服务市场中存在的信息不对称引发了逆向选择问题，降低了市场配置安全生产服务资源的效率，偏离了帕累托最优，可以考虑采用信号传递（signaling）的方式来弥补相关主体的信息差异（张国兴等，2013；朱立龙和尤建新，2011；陈森森和范英，2012）。

信号传递，是指具有完善的检测检验设备、健全的人力资源配备以及完备资

质的安全生产服务机构通过某种途径，将自身的实际服务水平以某种附加信号或
声明传递给广大亟须优质安全生产服务的小微企业，提高小微企业对安全生产服
务机构的识别能力，降低逆向选择给服务机构群体以及小微企业群体带来的损失
（Spence，1973）。

5.3.1　模型假设

基于本章的假设，构建不完全信息条件下安全生产服务机构与小微企业之间
的动态博弈模型安全生产并增加以下假设条件。

（1）假设自然为 N，两主体——安全生产服务机构和小微企业都是理性
的，以自身利益的最大化为目标。

（2）假设安全生产服务机构的类型集为 $T=\left(T_g,T_b\right)$。其中，T_g 代表优质的
服务机构；T_b 代表劣质的安全生产服务机构。假设安全生产服务机构的类型与
其提供服务的类型一致，即优质的安全生产服务机构能够提供优质的服务，而劣
质的安全生产服务机构只能提供劣质的服务。

（3）安全生产服务机构的行动集为 $S=\left(S_1,S_0\right)$。S_1 为传递信号，主要表现
为，安全生产服务机构主动积极地参与政府安监部门组织的、深入小微企业的各
项安全生产宣传及培训活动，无偿为小微企业提供专业的安全生产管理、咨询意
见，提高安全生产服务机构在小微企业群体中的知名度和影响力，由此产生的人
力成本、技术耗费等构成了信号传递的显性成本，记为 C_s。

这里需要注意的是，优质的安全生产服务机构与劣质的安全生产服务机构都
有可能选择传递信号的策略。劣质的安全生产服务机构之所以选择传递信号，一
般认为是出于其逐利的本性，企图在新兴的安全生产服务市场中"浑水摸鱼"，
获取利益。

S_0 为不传递信号或是传递空信号，当安全生产服务机构选择不传递信号的
策略时，则无须承担任何信号成本，也没有有效的途径对自身的类型加以说明。
这里需要注意的是，优质的安全生产服务机构和劣质的安全生产服务机构都有可
能选择不传递信号或是传递空信号。

不考虑市场外部制度环境，单从安全生产服务市场的角度来说，当优质的安
全生产服务机构不揭穿劣质安全生产服务机构企图"浑水摸鱼"的骗局时，那么
从节约成本的角度考虑，优质的安全生产服务机构会选择不传递信号，这也是劣
质安全生产服务机构骗局行得通的原因之一。那么小微企业就无法依靠信号来分
辨服务机构的类型，此时容易发生混同均衡（pooling equilibrium）。如果优质的

安全生产服务机构会揭穿劣质安全生产服务机构的骗局，那么它会选择传递信号的策略，此时，小微企业就能够通过信号甄别区分出服务机构的类型，安全生产服务市场中就有可能产生分离均衡。

安全生产服务机构选择不传递信号策略的原因可能有以下几种：①客观上信号传递通道的闭塞：如某些地区的地方安监部门行政资源有限或监管手段、策略的选择，使得小微企业与安全生产服务机构之间缺少面对面沟通交流的机会，生产服务机构不能对小微企业做出有效宣传，因此小微企业无从得知安全生产服务机构的真实类型。②主观上信号传递的扭曲：如某些地方安监部门利用职权干涉安全生产服务市场，甚至以行政审批为"诱饵"，为亟须安全生产服务的小微企业指定安全生产服务机构，以此牟取私利、扰乱市场秩序。

总而言之，地方安监部门的监管、公共服务不到位或监管越位都会影响安全生产服务机构信号传递决策的选择，使小微企业与安全生产服务机构之间的信息沟通不畅。正是由于安全生产服务市场处于初级建设阶段，政府安监部门监管职能与安全生产服务市场服务职能之间的权职让渡尚未捋顺，从而加剧了安全生产服务市场供给侧的乱象。

（4）小微企业的行动集 $A=(A_1,A_2)$。其中，A_1 为购买安全生产服务的行为；A_2 为不购买安全生产服务的行为。

在假设条件（3）中，对于不同类型的安全生产服务机构，信号传递的显性成本均为 C_s。根据斯宾塞-莫里斯条件（Spence-Mirrlees condition），不同类型的信号发送者用于显示自身类型而发送的不同信号的成本差异是信号分离均衡得以存在的前提（朱立龙和尤建新，2011）。当信号成本无差异时，不同的信号发送者并不能通过发送信号的方式显示其真实类型（陈森森和范英，2012）。因此，为使不同类型的安全生产服务机构的信号发送成本差异化，设置信号传递的隐性成本为 a^*Q_0。其中，$a^*=(a_1,a_2)$，a_1、a_2 分别对应于小微企业购买不同类型的安全生产服务后的安全生产事故发生率，Q_0 为小微企业发生安全生产事故后，经过责任鉴定和归属，因安全生产服务机构服务不到位、需要承担责任而产生的成本，可以看作安全生产服务机构的一种事前服务承诺，也可以看作企业购买安全生产服务时安全生产服务机构附送的一种附加险。

小微企业经由不同类型安全生产服务机构服务之后，其安全生产状况的改善程度不同，理论上可以表现为 $0<a_1<a_2$，因此对于优质的安全生产服务机构而言，其信号传递的总成本 $C_s+a^*Q_0$ 是低于劣质安全生产服务机构的。

在安全生产服务市场的萌芽及形成时期，为了缓解由信息不对称所造成的逆向选择，安全生产服务机构的信号传递成本是不可避免的，它能够帮助小微企业准确识别出服务机构的类型，最终实现安全生产服务市场的分离均衡，加速安全生产服务机构的"优胜劣汰"，提高安全生产服务市场的服务水平，优化安全生产服务市场的环境，提高安全生产服务市场服务效率。

5.3.2　模型构建

安全生产服务机构传递信号及小微企业基于信号做出决策的过程用博弈树来表示，如图 5.1 所示。

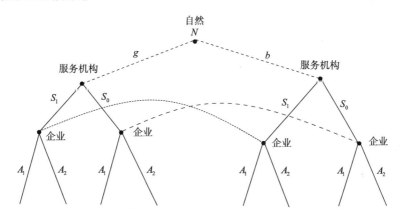

图 5.1　信息不对称时小微企业与安全生产服务机构之间的动态博弈过程

博弈过程如下。

（1）安全生产服务机构的类型由自然决定，优质安全生产服务机构 g 的概率为 $p(g)=\theta$，劣质安全生产服务机构 b 的概率为 $p(b)=(1-\theta)$。

（2）安全生产服务机构根据自身资源实力、不同的运营理念及区域内政府安监部门的安全生产服务推进力度，选择传递信号（S_1）或不传递信号（S_0）。

（3）小微企业在接收到安全生产服务机构所传递的不同信号后，做出购买服务（A_1）或不购买服务（A_2）的决策。

假定小微企业认为传递信号的安全生产服务机构是优质的机构的概率为 $\tilde{p}(g|S_1)$，不传递信号的安全生产服务机构是优质的机构概率为 $\tilde{p}(g|S_0)$；认为传递信号的安全生产服务机构是劣质的机构的概率为 $\tilde{p}(b|S_1)$，不传递信号的安全生产服务机构是劣质的机构的概率为 $\tilde{p}(b|S_0)$，其中，$\tilde{p}(\bullet)$ 为小微企业基于信号对服务机构类型进行判断的后验概率。小微企业与不同类型的安全生产服务机构的博弈收益分别如表 5.2 和表 5.3 所示。

表 5.2 信息不对称时小微企业与优质安全生产服务机构的博弈收益

优质机构	小微企业	
	购买 (A_1)	不购买 (A_2)
传递信号 (S_1)	$P_H - C_s - C_H - a_1 Q_0$, $V_H - P_H + R - a_1 F$	$-C_H - C_s$, $P_H - a_0 F$
不传递信号 (S_0)	$P_L - C_H$, $V_H - P_L + R - a_1 F$	$-C_H$, $P_L - a_0 F$

表 5.3 信息不对称时小微企业与劣质安全生产服务机构的博弈收益

劣质机构	小微企业	
	购买 (A_1)	不购买 (A_2)
传递信号 (S_1)	$P_H - C_s - C_L - a_2 Q_0$, $V_L - P_H + R - a_2 F$	$-C_L - C_s$, $P_H - a_0 F$
不传递信号 (S_0)	$P_L - C_L$, $V_H - P_L + R - a_2 F$	$-C_L$, $P_L - a_0 F$

在不完全信息动态博弈的过程中，安全生产服务机构要想通过传递信号准确显示其类型，并形成博弈的纯策略——精炼贝叶斯均衡，需要满足以下几个条件：①给定小微企业决策，两类安全生产服务机构关于传递信号与否的决策必须使其自身收益最大化；②小微企业关于安全生产服务机构类型的信念满足贝叶斯法则；③在一致性判定条件下，基于安全生产服务机构的信号传递决策，小微企业购买服务与否的决策必须使其自身收益最大化。

5.4 均衡分析

当安全生产服务市场存在信息不对称时，安全生产服务机构清楚知道自己的类型，而小微企业不知道。小微企业只能根据服务机构所传递的信号，在既有信息下，根据贝叶斯法则对服务机构类型进行判断。

求解上述不完全信息动态博弈模型均衡解的目的就是获得分离均衡条件，使得安全生产服务市场实现有效分离，其所传递的信号能够被小微企业准确有效地识别。求解过程如下。

（1）首先，小微企业在观察到安全生产服务机构传递信号的策略 $S_j (j=1,0)$ 后，必须做出关于机构类型 $T_i (i=g,b)$ 概率分布 $\tilde{p}(T_i | S_j)$ 的判断，其中，$\sum T_i \tilde{p}(T_i | S_j) = 1$。

（2）其次，根据安全生产服务机构的信号策略 S_j，小微企业在接收信号后

形成后验概率 $\tilde{p}(T_i \mid S_j)$，并采取策略 $A^*(S_j)$ 使其期望收益最大。

（3）最后，给定小微企业策略 $A^*(S_j)$ 和安全生产服务机构的策略 $S^*(T_i)$，必须使两者自身收益最大。

5.4.1　混同均衡

混同均衡，是指两种类型的安全生产服务机构都选择了同一种信号策略 S_j。此时，小微企业已经不能根据 S_j 判断出服务机构的类型。根据信号种类，混同均衡分为两类。

（1）第 I 类混同均衡：两种类型的安全生产服务机构均选择策略 S_1。安全生产服务机构在传递信号时除了承担显性成本 C_s，还为自己的服务做出附加承诺，并承担信号传递的隐性成本 a^*Q_0。其中，$a^* = a_1$、a_2。信号传递的总成本为 $C_s + a^*Q_0$。对于不同类型的安全生产服务机构，传递信号的成本不同，优质的安全生产服务机构承担的信号成本小于劣质的安全生产服务机构。

当 $N \to T_g \to S_1$ 且 $N \to T_b \to S_1$ 时，安全生产服务市场中的所有服务机构均选择信号策略 S_1。小微企业接收到信号后，不修正关于安全生产服务机构类型的先验概率，两种不同类型服务机构的后验概率如式（5.1）所示：

$$\begin{cases} \tilde{p}(T_g \mid S_1) = p(T_g) = \theta \\ \tilde{p}(T_b \mid S_1) = p(T_b) = 1 - \theta \end{cases} \tag{5.1}$$

命题 5.1：小微企业在接收到安全生产服务机构所传递的信号 S_1 后的最优决策为 A_1，即购买安全生产服务。

证明：

$$\begin{aligned} A^*(S_1) &= \arg\max \left[p(T_g) u_2(S_1, A, T_g) + p(T_b) u_2(S_1, A, T_b) \right] \\ &= \max_A \left\{ \left[\theta(V_H - P_H + R - a_1 F) + (1-\theta)(V_L - P_H + R - a_2 F) \right]_{A_1}, \right. \\ &\quad \left. \left[\theta(P_H - a_0 F) + (1-\theta)(P_H - a_0 F) \right]_{A_2} \right\} \\ &= A_1 \end{aligned} \tag{5.2}$$

其中，$u_2(\bullet)$ 表示小微企业的收益。

命题 5.1 说明，地方安监部门以资金补贴的形式鼓励小微企业向专业的安全生产服务机构寻求服务，能够在一定程度上促使企业做出购买安全生产服务的决策。通过对小微企业安全生产服务需求的激励，拉动安全生产服务的供给，维持安全生产服务需求的有效市场规模。地方安监部门对小微企业的补贴 R 传递了政府政策倾向，是培育、维护安全生产服务市场的重要手段。同理可以证明，小微企业接收到安全生产服务机构的信号 S_0 时，其最优决策仍是 A_1，即购买安全生产服务。

命题 5.2：当两种不同类型的安全生产服务机构传递信号的总成本均小于某一数值时（通过求解可知该值为服务售价差 ΔP，$\Delta P = P_H - P_L$），即 $C_s + a_1 Q_0 < C_s + a_2 Q_0 < \Delta P$，安全生产服务市场产生第 I 类混同均衡，两类安全生产服务机构均选择传递信号策略 S_1。

证明：

$$
\begin{cases}
u_1(S_1, A_1, T_g) = P_H - C_s - C_H - a_1 Q_0 \\
u_1(S_0, A_1, T_g) = P_L - C_H \\
u_1(S_1, A_1, T_b) = P_H - C_s - C_L - a_2 Q_0 \\
u_1(S_0, A_1, T_b) = P_L - C_L
\end{cases}
\tag{5.3}
$$

其中，$u_1(\cdot)$ 表示安全生产服务机构的收益。当 $C_s + a_1 Q_0 < C_s + a_2 Q_0 < \Delta P$ 时，有

$$
\begin{cases}
u_1(S_1, A_1, T_g) > u_1(S_0, A_1, T_g) \\
u_1(S_1, A_1, T_b) > u_1(S_0, A_1, T_b)
\end{cases}
\tag{5.4}
$$

命题 5.2 说明，当安全生产服务机构选择传递信号的总成本小于一定数额时，两种不同类型的安全生产服务机构均倾向向小微企业传递信号。此时，除去信号传递总成本，两种类型的安全生产服务机构均可保有一定的利润空间，但优质安全生产服务机构所获得的利润要高于劣质安全生产服务机构所获得利润。当安全生产服务市场出现第 I 类混同均衡时，小微企业并不能根据服务机构传递的信号对机构类型做出准确判断，信号的传递对于服务机构类型的识别并无意义，因此对于安全生产服务市场而言，第 I 类混同均衡是无效的均衡。

（2）第 II 类混同均衡："不传递信号"本身也是一种信号形式，当 $N \to T_g \to S_0$ 且 $N \to T_b \to S_0$ 时，意味着安全生产服务市场中的所有服务机构均选择策略 S_0，即两种类型的安全生产服务机构均选择传递空信号。小微企业接收到信号后，同样也不修正关于机构类型的先验概率，两种不同类型的服务机构的后验概率如式（5.5）所示：

$$
\begin{cases}
\tilde{p}(T_g \mid S_0) = p(T_g) = \theta \\
\tilde{p}(T_b \mid S_0) = p(T_b) = 1 - \theta
\end{cases}
\tag{5.5}
$$

命题 5.3：当两种不同类型的安全生产服务机构传递信号的总成本均大于某一数值时，通过求解可得，当 $C_s + a_1 Q_0 > C_s + a_2 Q_0 > \Delta P$（$\Delta P = P_H - P_L$）时，安全生产服务市场产生第 II 类混同均衡，两类安全生产服务机构均选择策略 S_0，不传递任何信号。

证明：基于命题 5.2 的证明过程，当 $C_s + a_1 Q_0 > C_s + a_2 Q_0 > \Delta P$ 时，有

$$\begin{cases} u_1\left(S_0, A_1, T_g\right) > u_1\left(S_1, A_1, T_g\right) \\ u_1\left(S_0, A_1, T_b\right) > u_1\left(S_1, A_1, T_b\right) \end{cases} \tag{5.6}$$

证毕。

命题 5.3 说明，当安全生产服务机构选择传递信号的总成本大于一定数额时，两种不同类型的安全生产服务机构均倾向不传递信号。由于传递信号所需要的总成本过高 $\left(C_s + a^* Q_0 > \Delta P = P_H - P_L\right)$，两类安全生产服务机构所剩余的利润空间均大幅缩小，对安全生产服务机构而言，传递信号不具有经济性，最终导致安全生产服务市场产生第Ⅱ类混同均衡，即两种类型的服务机构均选择不传递信号。此时，小微企业也无依据对机构类型做出准确判断，因此对于安全生产服务市场而言，第Ⅱ类混同均衡也是无效的均衡。同第Ⅰ类混同均衡相比较，第Ⅱ类混同均衡属于无信号的无效均衡。

5.4.2　分离均衡

分离均衡，是指不同类型的安全生产服务机构以概率 1[①]选择不同的信号策略 $S_j\left(j = 1, 0\right)$。此时，企业可以根据 $S_j\left(j = 1, 0\right)$ 准确判断出服务机构的类型。根据信号种类，分离均衡也分为两类。

（1）第Ⅰ类分离均衡：优质的安全生产服务机构选择传递信号策略 S_1，劣质的安全生产服务机构选择不传递信号策略 S_0。当安全生产服务市场出现第Ⅰ类分离均衡时，即 $N \to T_g \to S_1$ 且 $N \to T_b \to S_2$，小微企业根据贝叶斯法则对于安全生产服务机构类型的先验概率做出修正，得到后验概率，如式（5.7）所示：

$$\begin{cases} \tilde{p}\left(T_g \mid S_1\right) = 1, \tilde{p}\left(T_g \mid S_0\right) = 0 \\ \tilde{p}\left(T_b \mid S_0\right) = 1, \tilde{p}\left(T_b \mid S_1\right) = 0 \end{cases} \tag{5.7}$$

命题 5.4：当优质安全生产服务机构的信号总成本小于某一数值 ΔP，而劣质安全生产服务机构的信号总成本大于该值 ΔP 时，即 $C_s + a_1 Q_0 < \Delta P < C_s + a_2 Q_0$，（$\Delta P = P_H - P_L$），安全生产服务市场出现第Ⅰ类分离均衡。

证明：小微企业接收到安全生产服务机构的信号后做出的最优决策如式（5.8）所示：

---

① 概率 1 表示以 1 的概率选择 S_1 或 S_0。

$$\begin{cases} A^*(S_1) = \arg\max u_2(S_1, A, T_g) = \max_A\left[\left(V_H - P_H + R - a_1F\right)_{A_1}, \left(P_H - a_0F\right)_{A_2}\right] = A_1 \\ A^*(S_0) = \arg\max u_2(S_0, A, T_b) = \max_A\left[\left(V_L - P_L + R - a_2F\right)_{A_1}, \left(P_L - a_0F\right)_{A_2}\right] = A_1 \end{cases}$$

$$(5.8)$$

$$\begin{cases} u_1(S_1, A_1, T_g) = P_H - C_M - C_H - a_1Q_0; u_1(S_0, A_1, T_g) = P_L - C_H \\ u_1(S_1, A_1, T_b) = P_H - C_M - C_L - a_2Q_0; u_1(S_0, A_1, T_b) = P_L - C_L \end{cases} \quad (5.9)$$

根据条件 $C_s + a_1Q_0 < \Delta P < C_s + a_2Q_0$（$\Delta P = P_H - P_L$），可以判断得

$$\begin{cases} u_1(S_1, A_1, T_g) > u_1(S_0, A_1, T_g) \\ u_1(S_0, A_1, T_b) > u_1(S_1, A_1, T_b) \end{cases} \quad (5.10)$$

证毕。

命题 5.4 说明，当不同类型的安全生产服务机构信号传递总成本控制在不同的区间内时，即满足 $C_s + a_1Q_0 < \Delta P < C_s + a_2Q_0$，优质的安全生产服务机构总是选择传递信号策略 S_1，而劣质安全生产服务机构总是选择不传递信号策略 S_0。如此，通过控制信号传递的总成本就能够实现市场的第 I 类分离均衡。在此均衡路径下，小微企业根据安全生产服务机构所发出的不同信号能够推断其类型，且与安全生产服务机构的实际类型一致。

（2）第 II 类分离均衡：优质的安全生产服务机构选择不传递信号策略 S_0，劣质的安全生产服务机构选择传递信号策略 S_1。当安全生产服务市场出现第 II 类分离均衡时，即当 $N \to T_g \to S_0$ 且 $N \to T_b \to S_1$，小微企业对于安全生产服务机构类型的先验概率做出修正，得到后验概率，如式（5.11）所示：

$$\begin{cases} \tilde{p}(T_g \mid S_1) = 0, \tilde{p}(T_g \mid S_0) = 1 \\ \tilde{p}(T_b \mid S_0) = 0, \tilde{p}(T_b \mid S_1) = 1 \end{cases} \quad (5.11)$$

命题 5.5：第 II 类分离均衡不可能实现，即优质的安全生产服务机构选择不传递信号策略 S_0；同时劣质的安全生产服务机构选择传递信号策略 S_1，这种均衡不可能达到。

证明：利用反证法来证明。假设这种均衡能够达到，那么小微企业在接收到两种不同的信号后，其最优决策如式（5.12）所示：

$$\begin{cases} A^*(S_0) = \arg\max u_2(S_0, A, T_g) = \max_A\left[\left(V_H - P_L + R - a_1F\right)_{A_1}, \left(P_L - a_0F\right)_{A_2}\right] = A_1 \\ A^*(S_1) = \arg\max u_2(S_1, A, T_b) = \max_A\left[\left(V_L - P_H + R - a_2F\right)_{A_1}, \left(P_H - a_0F\right)_{A_2}\right] = A_1 \end{cases}$$

$$(5.12)$$

根据式（5.12），小微企业的最优决策为购买服务。给定小微企业策略后，比较安全生产服务机构在不同信号策略下的收益，考量其是否有偏离均衡路径的

倾向，安全生产服务机构的收益如式（5.13）所示：

$$\begin{cases} u_1\left(S_1, A_1, T_g\right) = P_H - C_M - C_H - a_1 Q_0 \\ u_1\left(S_0, A_1, T_g\right) = P_L - C_H \\ u_1\left(S_1, A_1, T_b\right) = P_H - C_M - C_L - a_2 Q_0 \\ u_1\left(S_0, A_1, T_b\right) = P_L - C_L \end{cases} \quad (5.13)$$

假设博弈能够到达第 II 类分离均衡，那么有条件式（5.14）成立：

$$\begin{cases} u_1\left(S_0, A_1, T_g\right) > u_1\left(S_1, A_1, T_g\right) \\ u_1\left(S_1, A_1, T_b\right) > u_1\left(S_0, A_1, T_b\right) \end{cases} \quad (5.14)$$

根据式（5.13）和式（5.14）可以得

$$C_s + a_1 Q_0 > \Delta P > C_s + a_2 Q_0 \quad (5.15)$$

式（5.15）的结论与假设 $a_1 Q_0 < a_2 Q_0 \Leftrightarrow C_s + a_1 Q_0 < C_s + a_2 Q_0$ 相悖，假设不成立。因此，第 II 类分离均衡无法达到。

证毕。

命题5.5说明，由于劣质安全生产服务机构的信号传递总成本总是高于优质安全生产服务机构，故基于理性人的假设，不可能出现"优质安全生产服务机构选择不传递信号策略 S_0 而劣质安全生产服务机构选择传递信号策略 S_1"的均衡。

综上所述，安全生产服务市场可能出现三种均衡状态，如图 5.2 所示。第一种是两类安全生产服务机构均选择传递信号的混同均衡状态，对应图 5.2 中的信号失灵区；第二种是优质安全生产服务机构选择传递信号而劣质安全生产服务机构选择不传递信号的分离均衡状态，对应图 5.2 中的分离均衡区；第三种是两类安全生产服务机构均选择不传递信号的混同均衡状态，对应图 5.2 中的无信号区。

图 5.2　安全生产服务市场的均衡区域示意图

$$\Delta P = P_H - P_L$$

5.5　结 果 分 析

安全生产服务市场能否出现有效的分离均衡，小微企业能否通过市场中的信号准确判断安全生产服务机构的类型，首先取决于优质的安全生产服务机构有无动机选择策略 S_1 传递信号，其次取决于劣质的安全生产服务机构有无动机和能力冒充优质安全生产服务机构。

（1）当 $C_s + a_1Q_0 < C_s + a_2Q_0 < \Delta P$ 时，即 $C_s < \Delta P - a_2Q_0 < \Delta P - a_1Q_0$ ，此时传递信号的显性成本和总成本都相对较低，两类安全生产服务机构都有可能选择传递信号，因为此时两种类型的安全生产服务机构在此策略下都保有一定的利润空间。安全生产服务市场中可能出现劣质安全生产服务机构冒充优质安全生产服务机构为小微企业提供安全生产服务，市场处于有信号的无效均衡状态（即第Ⅰ类混同均衡），信号传递总成本关系分布如图 5.3 所示，均衡结果对应图 5.2 中的信号失灵区。

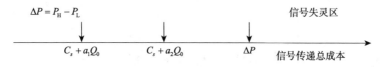

图 5.3　第Ⅰ类混同均衡示意图

（2）当 $\Delta P < C_s + a_1Q_0 < C_s + a_2Q_0$ ，即 $C_s > \Delta P - a_1Q_0 > \Delta P - a_2Q_0$ 时，此时传递信号的显性成本和总成本均过高，两类安全生产服务机构均无动机传递信号，安全生产服务市场处于无信号的无效均衡状态（即第Ⅱ类混同均衡），信号传递总成本关系分布如图 5.4 所示，均衡结果对应图 5.2 中的无信号区。

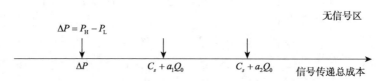

图 5.4　第Ⅱ类混同均衡示意图

（3）当 $C_s + a_1Q_0 < \Delta P < C_s + a_2Q_0$ ，即 $\Delta P - a_2Q_0 < C_s < \Delta P - a_1Q_0$ 时，优质安全生产服务机构才有动机传递信号，而劣质安全生产服务机构由于信号总成本过高，传递信号将不具有经济性，因此选择不传递信号。那么此时小微企业可以根据服务机构传递信号与否来准确识别其类型，安全生产服务市场将处于有效的分离均衡状态（即第Ⅰ类分离均衡），信号传递总成本关系分布如图 5.5 所示，均衡结果对应图 5.2 中的分离均衡区。

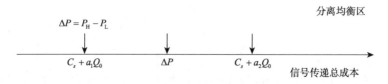

图 5.5　第Ⅰ类分离均衡示意图

通过以上分析有如下发现。

（1）合理的信号设计能够有效地缓解安全生产服务机构与小微企业之间的信息不对称，实现安全生产服务市场的分离均衡，但对于不同类型的安全生产服务机构，信息传递的成本必须存在差异。

信号传递的总成本为 $C_s + a^* Q_0$，其中，C_s 为显性成本，表示安全生产服务机构为提高自身知名度、竞争市场份额而配合政府安监部门，与小微企业进行与安全生产相关的宣传互动、义务咨询等活动而产生的成本；$a^* Q_0$ 为隐性成本，表示安全生产服务机构在小微企业发生安全生产事故后可能需要承担的连带责任，也可以看作安全生产服务机构在事前所做出的一种服务承诺。隐性成本的存在使得信号传递成本在不同类型的机构之间产生了差异。

（2）信号传递成本在不同的范围内，博弈对应出现不同的精炼贝叶斯均衡。当且仅当信号传递成本控制在特定的范围内，才能使安全生产服务市场出现唯一有效的分离均衡。

当信号传递成本小于某一数值时，即 $C_s + a^* Q_0 < \Delta P$，两种类型的安全生产服务机构均有动机也有能力传递信号，此时市场处于有信号、无效的混同均衡状态；当信号传递成本大于某一数值时，即 $C_s + a^* Q_0 > \Delta P$，两种类型的安全生产服务机构出于经济理性，均选择不传递信号，此时市场处于无信号、无效的混同均衡状态；当不同类型的安全生产服务机构的信号传递成本控制在不同的特定范围内时，即 $C_s + a_1 Q_0 < \Delta P < C_s + a_2 Q_0$，优质的安全生产服务机构有动机也有能力传递信号以显示自身类型，而劣质的安全生产服务机构却因为信号传递成本相对过高而选择不传递信号。由此，不同类型的安全生产服务机构能够经由不同的信号策略准确地被小微企业识别，安全生产服务市场有可能出现唯一有效的分离均衡。

本 篇 小 结

本篇基于分工理论、演化博弈理论与信息不对称理论，采用数理模型、演化博弈、信号博弈等方法，围绕"小微企业安全生产服务市场的形成及培育"这一主题，对小微企业安全生产服务市场的微观形成机理和培育策略进行了研究。

通过构建内生专业化水平的企业内部职能分工外化模型，得出小微企业内部生产职能与安全生产管理职能的分离能够使专业化水平和劳动生产率提高，产生不同职能分工后的协同效应，因此安全生产服务机构和安全生产服务市场的演进产生具有经济合理性；小微企业内部安全生产管理职能外化并形成安全生产服务市场需求是安全生产服务机构得以应需而生、安全生产服务市场得以形成的前提和基础；小微企业安全生产服务的市场化供给是其对安全生产服务供给专业化水平与安全生产服务市场交易成本的权衡选择，是其在安全生产服务内部自行组织供给和服务机构专业化供给之间超边际决策的均衡结果。市场交易效率越高，小微企业安全生产服务越有可能实现市场化供给，安全生产服务市场越有可能形成和维持。

由于安全生产服务市场的形成具有明显的需求遵从性，因此政府安监部门如何通过政策杠杆和有效的监管手段增强小微企业的安全生产服务购买意愿，并通过各类形式的补贴措施增强其购买力，成为安全生产服务市场培育过程中首要解决的问题。地方安监部门事前监管越严格、事后惩处越严厉，中央安监部门对地方安监部门的综合监督力度越大，小微企业越有可能购买安全生产服务；若地方安监部门对小微企业安全生产投入的相关补贴在其可浮动的范围内，对后者的安全生产服务购买决策的影响并不大，需要加大补贴力度，真正增强其购买力。

针对安全生产服务市场建设初期存在的、由信息不对称所引致的逆向选择问题，设计一个有成本的信号，使得不同类别的安全生产服务机构（优质服务机构/劣质服务机构）通过不同信号得以区分，以此加速市场对其"优胜劣汰"，使小微企业得到对其安全生产水平有实质帮助的服务。政府安监部门在此过程中主要通过架设安全生产服务机构与小微企业之间的信息平台等举措，有效降低两者之间的信息不对称程度，保障市场的交易效率，以此培育市场。

　　本篇研究进一步明晰了政府安监部门在安全生产市场化服务过程中的不可或缺的联结作用，主要表现为，如果没有政府安监部门的立法、执法，小微企业内部大量的安全生产管理需求就无法外化至市场、形成市场需求；如果没有政府安监部门对小微企业及其安全生产投入的各项政策性补贴，小微企业的购买意愿就无法转化为有效购买力；如果没有政府安监部门对安全生产服务机构市场行为的规制、对安全生产服务市场的监管，其供给效率就得不到保障，市场就无法持续存在、发展。因此，本篇研究也论证了现阶段小微企业安全生产服务市场是一个H型的政策引导型市场。

第3篇　小微企业安全生产市场化服务运行机制研究

推动小微企业安全生产市场化服务的目的，是借助有资质的专业服务机构查找、分析小微企业安全生产中存在的隐患，帮助其提出有效可行的预防对策，并建立规范的安全生产管理体系，从而有效防止和减少生产事故，保障企业员工生命财产安全，促进经济社会持续健康发展。然而，我国小微企业安全生产市场化服务起步较晚，在运行上还存在较多问题，如安全评价、检验检测等合规性安全生产服务目标偏离，服务过程中违规现象较多，安全生产服务市场需求不足，服务机构所提供服务不规范，等等。这些问题致使小微企业安全生产市场化服务，达不到预期要求。

本篇以小微企业安全生产市场化服务运行问题治理为主要研究内容。但在多主体交互作用下的安全生产市场化服务，运行呈现系统性和复杂性特征，为市场治理增加了难度。由于服务内容和消费者需求驱动的多样性，市场运行过程中不同类型的服务产生的问题不同。针对刚需服务市场运行目标偏离问题，通过深度访谈及扎根理论推演，分析问题症结所在，找出解决对策；针对刚需服务市场违规行为、柔需服务市场运行不畅及低质服务现象，利用计算实验方法模拟构建小微企业安全生产服务市场多主体交互模型框架，通过对不同问题的仿真实验研究，寻求最优策略，引导主体行为，以规避安全生产市场化服务运行中的相关问题，促进安全生产服务市场健康发展。

第6章 小微企业安全生产刚需服务运行目标偏离形成机理研究

安全生产刚需服务运行呈现强政策依赖特点，即法律法规相关政策制定及执行是促使其运行的始发动力及保障力，市场化运行与政策执行密不可分，只有运行目标与政策执行目标高度一致，才能达到预期效果。市场化运行目标发生偏离即意味着政策目标落空，这是安全评价服务、安全生产检测检验服务运行不畅的重要表象。因为安全评价服务和安全生产检测检验服务在具体的运行过程中所呈现的问题和运行特征是一致的，所以探索安全评价服务运行问题即探索安全生产刚需服务运行问题。因此，本章以安全评价服务为例，运用扎根理论研究方法，在对安全评价服务运行参与主体深入访谈的基础上，概括提炼出反映安全评价服务运行目标偏离这一现象的概念，再经过一系列的程序，建立影响安全评价服务运行目标偏离的各范畴间的关系，最终归纳推导出理论，揭示安全评价服务这一市场化服务运行过程中导致其目标偏离的影响因素及形成机理，并以此阐明安全生产刚需服务运行目标偏离问题。

6.1 市场化安全评价服务运行目标及其偏离表现

6.1.1 市场化安全评价服务运行目标

安全评价包含安全预评价、验收评价、现状评价和专项评价四种类型，覆盖了工程、生产系统全过程。从系统安全的角度出发，分析、论证和评估工程、生产系统可能产生的损失和伤害及其影响程度，提出对策措施等。因此，安全评价服务目标就是借助有资质的专业服务机构，查找、分析和预测工程、生产系统存在的危险、有害因素及其可能导致的危险、危害及程度，提出合理可行的安全生产管理对策措施，做好监控危险源和预防事故的指导，以达到最低事故率、最少损失和最优的安全投资效益，即通过对设备、设施或系统在生产过程中的安全性是否符合有关技术标准、规范相关规定的评价，对照技术标准、规范，找出被评价企业安全生产中存在的问题和不足，提出相应措施，进而实现安全技术和安全管理的标准化、科学化。

6.1.2　安全评价服务目标偏离

目标偏离，有的文献中又称为目标置换、目标异化等，主要指组织目标在社会运行过程中，因制度环境作用，受制度化因素对组织行动的潜在约束影响而发生了改变，常用于描述担负社会责任的组织对社会目标的偏离。安全评价服务运行目标偏离，指的是小微企业虽然有偿借助有资质的安全评价服务机构进行了安全评价，取得了安全评价合格报告，但安全评价的预期目标并未实现，主要表现在，安全评价报告质量低，不但针对性差，而且安全评价方法简单、机械，缺乏灵活性、有效性。小微企业未能从安全评价中获得正确的安全风险提示，未能查出安全隐患，未能提升安全生产管理水平。政府安监部门也未能从安全评价报告中获取企业的基本安全生产状态。安全评价流于形式，未尽到监督企业安全生产管理的基本职责。

6.2　支　撑　理　论

6.2.1　资源依赖理论

资源依赖理论（resource dependence theory，RDT）是组织理论的一个分支，该理论扎根于开放系统框架。资源依赖理论认为，各组织（含政府、企业、社会组织等）间的资源具有极大的差异性，且无法完全自由流动。而有些资源相对于组织不断提升的发展目标来说必不可少，但又无法被组织完全拥有。为此，组织就会同它所处环境中拥有这些资源的其他组织进行互动，从而产生对资源的依赖。因此，该理论认为，要理解组织行为，必须先理解组织外在环境，理解组织如何将自己与环境中的其他相关者联系起来。资源依赖理论的学者认为，组织为了生存，并得到更多的权利，必须与其资源依赖对象进行互动，主动做出减少对其他行为者的依赖或增加其他行为者对自己依赖的行为。同时，组织也会考虑其内部因素，特别看重拥有资源的组织成员。后来又有学者对资源依赖理论进行了大量经验研究，从而形成了一个系统理论。该理论研究充分表明，组织的行为与其所处环境的资源依赖关系密不可分，会因资源依赖关系而产生行为变化。

6.2.2 委托-代理理论

委托-代理理论是在契约理论的基础上发展起来的。该理论认为，委托人和代理人都是经济人，行为目标都是追求自身利益最大化。但两者利益并不一致，甚至相互冲突，且两者间存在着信息不对称，委托人无法知道代理人的努力水平，代理人在行使由委托人授予的资源决策权时可能会做出损害委托人利益的行为，导致代理问题产生。该理论着力研究在此情况下，委托人如何设计一套有效的制衡机制（契约）来规范、约束并激励代理人的行为，减少代理问题，降低代理成本，提高代理效率，以更好地满足自身利益。经过 30 多年的发展，该理论由传统的双边委托-代理理论发展到多代理人理论、共同代理理论及多任务代理理论。

安全评价服务运行作为一个复杂系统，在运行中涉及众多主体，其运行结果并非受某个单一主体的行为影响，而是受到众多主体的共同作用。主体之间也存在明显的资源依赖关系和多重委托-代理关系，如小微企业对服务机构安全评价服务业务委托，地方安监部门对服务机构的安全监管责任委托，服务机构既承接来自企业具有契约关系的安全评价业务委托，即承担经济责任，同时又承接来自地方安监部门的安全评价权利委托，即承担法律责任和社会责任。采用资源依赖理论和多重委托-代理理论来分析因资源依赖而委托、产生的行为变化，有助于明晰组织的行为演化及其对系统整体的演化影响。

6.3 研究方案设计

6.3.1 扎根理论研究程序

扎根理论方法的系统性和规范性使得本章研究能够扎根现实，得出较有说服力的研究结论，因而选择其作为探究安全评价服务运行目标偏离形成机理的实证研究工具。下面主要针对安全评价服务目标运行偏离现象建立合适的理论框架，通过对安全评价服务运行的三个主体的深入访谈来收集资料，运用扎根理论方法对目标偏离现象进行本土化的分析研究，并构建理论，可以嵌入资源依赖理论打开目标偏离原因的"黑箱"。研究程序如下。

（1）研究问题的自然涌现。带着对某方面问题的模糊兴趣进入研究情境，通过与情境中不同主体的互动及观察，研究问题会自然而然地涌现出来。

（2）数据采集。选择具有代表性的样本进行初步研究，再根据第一步的研究发现，决定下一步的抽样对象。通常采用访谈方法收集数据。在访谈中，用开放性或半开放性问题，以谈心聊天的方式解除访谈对象的戒备，诱导其说出自己真正的想法，这时需要注意避免任何先入为主的引导与提示。访谈结束后，及时整理资料，做好记录。分析过程中不仅要深入理解数据，还要由数据激发理论思考。

（3）数据编码分析。数据采集后，研究者及时对数据进行逐级编码分析，该项工作分为三类：①开放性编码，要求研究者以一种开放的心态，将所有的资料按其原有的状态进行登记。这是一个将所有资料打散，赋予概念，然后重新组合起来的操作化过程。②主轴编码，是指对开放性编码中得到的离散的原初概念，运用"原因条件→现象→情景→中介条件→行动/互动策略→结果"这一编码范式，从事件产生的环境、脉络、策略和结果等属性或类别概念来分析研究它们之间内在的关联逻辑，将属于同一主题的各个概念联结在一起，使其形成主轴范畴。③选择性编码，通过对已发现的概念类属进行系统的分析比较后，选择一个反复出现、表象稳定且具有统领性和中心地位的概念类属，将其作为核心范畴。这个核心范畴能把其他范畴串成一体统领起来，起到"提纲挈领"的作用。

（4）建构理论模型。在提炼出核心范畴的基础上，再对有关资料进行仔细审查，不断地在维度、属性、条件、后果和策略等方面对核心类属进行登记，使其下属范畴变得十分丰富和复杂，范畴间的联系越来越清晰，理论便自然而然地往前发展，理论模型顺理成章地得以构建。

6.3.2　样本选取

选取某东部沿海发达省份部分服务机构、小微企业、安监部门相关人员作为访谈对象。按照理论饱和度，研究样本以不再提供新信息时的新抽样本为准。样本数以 20~30 个为宜。据此，在保证样本理论饱和度的前提下选取 20 个样本。样本涵盖5家服务机构，5家化工行业小微企业，5个县、市安监部门，其中服务机构 6 人，具体为技术副总 3 人、资深安全评价员 3 人，小微企业 8 人，具体为总经理 2 人、生产主管 3 人、车间主任 3 人，安监部门 6 人，具体为副处 1 人、办事员 5 人。

6.3.3　资料收集方式

通过一对一深度访谈方式收集数据。对于服务机构人员，围绕以下问题访谈：①服务机构背景及运营情况；②对安全生产政策理解及政府执行情况的评价与认知；③对市场竞争及合作现状的介绍与评价；④小微企业对安全生产政策的态度、对安全生产服务的需求及安全生产管理现状。对于小微企业人员，访谈主要围绕以下方面：①对安全生产许可证制度的认知、执行及期盼；②对服务机构安全生产服务质量评价；③小微企业自身安全生产管理现状和对政府监管状况的评价。对于安监人员，访谈主要围绕以下方面：①所辖区域安全评价政策执行情况；②小微企业安全评价执行现状；③辖区服务机构安全生产服务质量现状；④安监部门运行机制及安全评价制度监督检查现状。

征得被访者同意，对访谈过程录音。整理得到 2 810 分钟的音频资料和58 612 字的文字资料。又通过网络及其他途径收集了与被访单位相关的二手资料和该省安全生产管理方面相关文件等，最终形成了约 23 份资料用于扎根分析。其中20 份资料用于编码分析，3 份资料用于理论饱和度检验。遵循保密约定，隐去被访单位名称。

6.4　资料的编码分析

6.4.1　开放性编码

按照开放性编码要求，通过贴标签、概念化处理、归纳范畴并重新组合的操作过程，进行开放性编码。为保证信效度，邀请了三位编码人员逐句对相关资料进行编码，对于编码分歧处，根据相关文献回顾进行讨论、达成统一。最后从三个主体分别提炼出市场不规范、实力有限、安监部门肩负安全督查责任等 119 个概念和市场竞争、资源缺乏、法律责任等 30 个范畴。开放性编码示例如下。

先将收集的资料贴标签，"我们以前也是政府下属机构（政府背景）。2002 年《安全生产法》出台，要求高危行业企业拿安全生产许可证才能生产经营（拿证生产），催生了安全服务行业（《安全生产法》催生行业），我们改制成民营企业（民营企业）。一直以安全评价为主（安评为主），其他服务都是衍生的。刚开始，全省有两三百家机构，行业乱象丛生（乱象丛生），2006年底第一批整治，剩一百三十多家（整治撤并），但人还是那些人（从业人员未变）。现在机构资质很难弄（机构资质难申请）。这个行业还是属于政策性行业（政策性行业），依赖于行政许可（依赖行政许可）。我们的竞争主要靠服务态度（态度取胜）和价格（价格取胜），安全评价报告符合政府要求（报告合格），达到安检要求（安检过关）……"然后将标签内容接近的归为同类概念，如将"报告不过关收不到钱""企业只关心能否拿证""企业关注通过率"归纳得到"拿证需求强"等，以此类推，形成相关概念，最终形成范畴，开放性编码形成范畴见表 6.1。

表 6.1　开放性编码形成范畴

主体	范畴	概念
服务机构	市场竞争	市场不规范、拎包公司、恶性竞争、竞争激烈
	客户意愿	拿证需求强、看重低价、看重服务态度、看重机构背景、不愿投钱整改
	客户实力	安全基础弱、缺乏安全意识
	政策背景	法律催生市场、政府扶持、政府背景
	合法地位	遵从法律规范、应对政府要求、接受安监部门检查、虚假报告受罚、取得安全评价资质、强制安全评价、法律要求、服从整改、无证生产违法、拿安全生产许可证、获得合法经营资格
	生存逐利	机构靠盈利生存、利润低
	风险成本	用工成本高、不增加安全评价人员、违法惩罚成本高、规避风险
	报告通过	确保拿证、放松软指标、注重材料过关、不出具不合格报告
	合谋过关	与政府搞好关系、拉拢监管人员、共同作假、帮企业做材料、适当隐瞒
	报告审查	报告获安监部门认可、政府通过、定期抽查
	报告质低	应对政策要求、只能让企业知道安全短板、未提出有效措施、实际作用不大
小微企业	资源缺乏	实力有限、缺乏技术人员、缺乏安全资金
	合法生产	保证正常生产、停业整改损失大、怕出事受罚、怕安检不过关影响生产
	维护安全	怕出事故、想要好的安全质量
	安全成本	控制安全投入、降低违法成本
	机构取证	选有背景的服务机构、看性价比、追求效益最大化、依靠机构拿安全生产许可证、关注通过率、能顺利拿证
	应付检查	走过场、应付安全检查、有制度未严格执行、象征性管理、管得严投入就多
	形式达标	书面材料齐全、形式过关
	贿赂过关	讨好业务人员、配合做材料、给服务机构好处
安监部门	法律责任	安监部门肩负安全督查责任、国家法律严、安全责任重大
	受制上级	上级查得严、高危企业不敢放松、连带责任
	受制地方	地方发展需保证小微企业生存、基层安监左右为难、人事任命受制于地方政府
	技术依赖	企业多分布广、传统监管难度大、监管资源紧缺、借助服务机构
	专家依赖	安全评价报告由专家审定、依靠专家鉴定、借助机构把好安全关
	市场治理	治理恶意压价、市场干预、维护市场秩序、严查机构资质、严格控制市场准入
	规范监管	打击安全评价造假、安检有"三同时"、预评与验评分开做、江苏实施网上实时监管

续表

主体	范畴	概念
安监部门	维护经济	排查隐患、保障企业安全、不随意让企业停产、整改后确保企业拿证
	形式监管	政策执行力度不够、常态化监管缺乏、事后执法、未监管好企业主体责任、安全要求人为降低、专家资质审核不严、培训不规范、安全报告审查流于形式、现场评审不多、安检报告不公布、评价效果无查证
	处罚不严	作假报告处罚不严、对企业监管不力、服务机构连带责任、执行不力
	缺乏激励	对企业激励不够、对服务机构无激励

注：表中合谋过关范畴及其包含的所有概念、安全成本范畴中的降低违法成本以及贿赂过关范畴及其包含的所有概念涉及的行为均属于安全生产非法行为

6.4.2　主轴编码

主轴编码在开放性编码的基础上，连接主范畴及其副范畴，以发现不同范畴之间的深层联系，再根据它们之间的关系，归纳出 11 个主范畴。主范畴对应的开放性编码范畴如表 6.2 所示。

表 6.2　主范畴对应的开放性编码范畴

主体	主范畴	对应范畴	不同范畴间关系的内涵
服务机构	主导逻辑-趋利避害	政策背景 市场竞争 生存逐利 风险成本	服务机构对政策背景、市场激烈竞争的认知及对自身生存发展、风险与运营成本的考虑会影响其趋利避害的主导逻辑
	资源依赖-权力依赖	合法地位 报告审查	服务机构、企业为获取合法地位及安全评价报告审查过关，其行为受到安监部门权力制约
	资源依赖-客户依赖	客户意愿 客户实力	服务机构处理安全评价报告的行为受企业意愿、实力制约
	行为策略-自保性逐利	报告通过 报告质低 合谋过关	服务机构在趋利避害逻辑主导下，因客户和权力双重依赖制约，会选择在软指标上合谋造假、材料形式合格、报告符合要求但针对性不强、确保过关、降低风险这类自保性逐利行为策略
小微企业	主导逻辑-快速取证	合法生产 维护安全 安全成本	企业对获得合法安全生产资格、维护安全及降低成本的考虑会影响其快速取证的主导逻辑
	资源依赖-服务依赖	资源缺乏 机构取证	企业因资金、人员、技术等资源缺乏及快速取证，其行为受到服务机构制约
	行为策略-象征性遵从	应付检查 形式达标 贿赂过关	企业在快速取证逻辑主导下，因受权力与服务依赖，选择应付检查、拉拢监管、形式达标、与服务机构合谋做书面材料这类象征性遵从行为策略
安监部门	主导逻辑-依法执法	法律责任 市场治理 规范监管	安监部门对其所承担法律责任、规范市场治理及监管的考虑会影响其依法执法的主导逻辑
	资源依赖-技术依赖	技术依赖 专家依赖	安监部门因监管量大面广、安全评价技术含量高，其监管行为受到服务机构技术制约影响；而安全评价报告审查受到安全评价专家制约影响

续表

主体	主范畴	对应范畴	不同范畴间关系的内涵
安监部门	资源依赖-双重权力依赖	受制上级 受制地方 维护经济	安监部门安全检查执法行为受到上级安监部门制约影响；其人事财政划权属及维护地方经济的职责使其审查行为受到地方政府制约
	行为策略-仪式性监管	形式监管 处罚不严 缺乏激励	安监部门在依法执法逻辑主导下，因受上级安监部门与地方政府权力制约及专家与服务机构技术依赖制约，会选择形式监管、处罚不严、对企业和服务机构少激励等仪式性监管策略

注：表中提到的合谋过关、合谋造假、贿赂过关以及拉拢监管、形式达标、与服务机构合谋做书面材料等行为均属于安全生产非法行为

6.4.3　选择性编码

按照选择性编码要求与步骤，通过对 11 个主范畴及对应范畴的深入挖掘和原始资料的不断比较，以典型关系结构形式将三个主体的行为交互影响表现出来，构建出一个新理论框架。其典型关系结构如表 6.3 所示。

表 6.3　选择性编码形成的典型关系结构

典型关系结构	关系结构的内涵
主导逻辑 ⎫ 偏离 ⎬→ 行为策略-自保性逐利 资源依赖 ⎭　行为策略-象征性遵从 → 安全评价市场运行目标 　　　　　　行为策略-仪式性监管	在安全评价市场运行中，三个主体受主导逻辑和资源依赖影响，分别形成自保性逐利、象征性遵从、仪式性监管行为策略，这些消极行为的交互作用，导致安全评价市场运行目标偏离
主导逻辑-趋利避害 资源依赖-权力依赖 → 安监部门消极行为 ⎫ 资源依赖-客户依赖 → 企业消极行为 ⎭ → 行为策略——自保性逐利	服务机构在趋利避害的主导逻辑与资源依赖的双重作用下，受安监部门与企业消极行为影响，在安全评价市场运行中采取自保性逐利策略
主导逻辑-快速取证 资源依赖-权力依赖 → 安监部门消极行为 ⎫ 资源依赖-服务依赖 → 服务机构消极行为 ⎭ → 行为策略——象征性遵从	企业在快速取证主导逻辑与资源依赖双重作用下，受安监部门与服务机构消极行为影响，在安全评价市场运行中采取象征性遵从策略
主导逻辑-依法执法 资源依赖-双重权力依赖 ⎫ 资源依赖-技术依赖 → 服务机构消极行为 ⎭ → 行为策略——仪式性监管	安监部门在依法执法主导逻辑与资源依赖的双重作用下，受服务机构消极行为影响，在安全评价市场运行中采取仪式性监管策略

通过对 11 个主范畴及对应范畴的深入挖掘和原始资料的不断比较，提炼出市场化安全评价服务运行目标偏离形成机理这一核心范畴。围绕这一核心范畴，下面形成了一个"故事线"，安监部门在依法执法的主导逻辑与技术依赖、双重

权力依赖的共同作用下，受服务机构消极行为影响，选择采取仪式性监管策略；服务机构在趋利避害的主导逻辑与权力依赖、客户依赖的共同作用下，受安监部门与企业消极行为影响，选择采取自保性逐利策略；企业在快速取证的主导逻辑与权力依赖、服务依赖的共同作用下，受安监部门与服务机构消极行为影响，选择采取象征性遵从策略。三个参与主体的行为策略皆属消极策略，在安全评价服务运行过程中会产生负向交互影响，导致安全评价服务运行目标发生偏离，未能实现为小微企业安全生产保驾护航（图 6.1）。

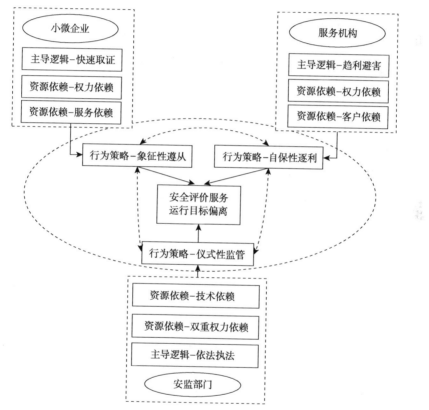

图 6.1　参与主体交互作用下安全评价服务市场运行目标偏离形成机理

6.4.4　资料的信效度分析

1）编码信度检验

利用内容分析技术检验编码信度，针对选择性编码阶段取得的 11 个主范畴，对三位编码人员的编码一致性进行检验。根据集合论原理，用三位编码人员在各个范畴内编码的概念的"交集"除以"并集"来衡量一致性程度。分别用 D_1、D_2、D_3 表示三位编码人员在各个范畴中编码的概念，$D_1 \cap D_2 \cap D_3$ 表示三位编码人员概念归类的相同个数，即各个范畴下概念的交集，$D_1 \cup D_2 \cup D_3$ 表示三位编码人员概念归类的总和，即各个范畴下概念的并集。则有

$$一致性系数 = D_1 \cap D_2 \cap D_3 / D_1 \cup D_2 \cup D_3 \qquad (6.1)$$

编码一致性程度在0.8以上可认为编码结果是基本一致的，在0.9以上为较高水平。

三位编码人员的编码一致性程度如表 6.4 所示，从表中可看出，三位编码人员的编码一致性程度都在 0.80 以上，表示编码结果达到可接受的信度水平。

表 6.4　编码信度检验结果

主范畴	一致性系数
服务机构主导逻辑-趋利避害	0.87
服务机构资源依赖-权力依赖	0.90
服务机构资源依赖-客户依赖	0.85
小微企业主导逻辑-快速取证	0.89
小微企业资源依赖-权力依赖	0.81
小微企业资源依赖-服务依赖	0.92
安监部门主导逻辑-依法执法	0.83
安监部门资源依赖-双重权力依赖	0.86
安监部门资源依赖-技术依赖	0.82

2）编码效度检验

利用内容分析技术编码效度的检验方法，用内容效度率（content validity ratio，CVR）来评价编码效度。CVR 的计算公式如下：

$$CVR = (ne - N/2) \cdot 2/N \qquad (6.2)$$

其中，ne 表示评判中认为某个概念能够恰当地体现所测范畴的编码人数；N 表示总人数。如果所有编码者认为某个概念能较好地反映所在范畴的人数不到一半，则 CVR 的取值为负数；如果所有编码者认为某个概念不合适，则 CVR=-1；如果所有编码者认为某个概念能很好地表征所在范畴，则 CVR=1；如果认为某个概念合适和不合适的编码者人数相等，则 CVR=0。因此，本章分别计算了开放性编码中119个概念和30个范畴的 CVR 值。其中，87 个概念和 23 个范畴的 CVR 值为 1，其余概念和范畴的 CVR 值为 0.33，表明编码结果具有较好的内容效度。

3）理论饱和度检验

采用 23 份资料中的 3 份资料检验理论饱和度。对这三份资料进行译码和分

析，并没有发现其形成的新的范畴和关系，得到的结果符合"主体交互作用下安全评价服务运行目标偏离形成机理"的理论模型的脉络和关系。因此，本章得到的理论模型是饱和的。

6.5　安全评价服务运行目标偏离的机理分析

6.5.1　安监部门对安全评价服务运行目标偏离的影响

安监部门作为国家基层安全监管工作的代言人和执行者，其主要职能是监督和保障人民生命财产安全，保证地方经济健康发展，其主导逻辑为依法执法。但在执法过程中，安监部门既受到资源依赖的制约，也受到小微企业安全现状及服务机构安全评价行为的影响，最终形成具有消极倾向的仪式性监管行为策略。

首先，安监部门对上级安监和地方政府具有双重权力依赖。按照资源依赖理论，组织为了生存发展必须与环境进行交换，并利用自身优势控制环境。组织的行为会受到多种驱动力作用，而权力依赖是其中的重要动力。因此，安监部门在企业安全生产监管上，必须严格执行上级安监的指令，但其人事任命权和财政划拨权归属地方政府，其行为决策又必须受制于地方政府。正如访谈中某基层安监人员所言，"小微企业人员数量、素质与经济实力都有限，要严格执行安全评价标准，十有八九通不过，逼它也不行，除非停业。但这会影响地方经济发展和人员就业，我们对此也有所顾忌"。地方政府出于地方经济发展和就业考虑，对辖区企业存有地方保护，对企业真实安全状况不愿深入追究，使得安监部门处于两难境地。安全评价监管表面严格，但报告审查只严查书面材料，不查企业实际安全状况，难以发现安全评价报告造假，即使发现，也只是责令整改，最终仍给予通过，缺乏处罚或处罚不严，未做到严格执法。

其次，安监部门对服务机构存在技术依赖。目前我国小微企业数量庞大且分散，安监部门难以对辖区内所有企业进行实时安全监管，且不具备安全评价技术，只能通过市场化方式，借助服务机构对企业安全生产进行评价和指导，间接监管企业安全生产动态。当服务机构采取自保性逐利安全评价策略时，其出具的安全评价报告一旦存在钻法律漏洞、打擦边球、技术性修饰以及表面合格的现象，安监部门因资源依赖，很难发现低质、虚假的安全评价报告，安全评价监管就会流于形式。

6.5.2　服务机构对安全评价服务运行目标偏离的影响

目前多数服务机构是自负盈亏的民营企业，安全评价是其主要业务。为合法生存及发展盈利，它既要保证自身合法性，避免违规受罚，又要在激烈竞争中利用各种手段满足企业需求、争得更多业务，以获利生存。故其主导逻辑为趋利避害。

同时，服务机构还受其他参与主体的制约。一是安监部门管理权的制约。首先，服务机构只有获取安监部门授予的行业资质证书，才能合法开展安全评价业务；其次，其出具的安全评价报告须通过安监部门安排的专家审查，只有审查合格，服务机构才算完成业务。这种权力依赖使得其开展安全评价业务时必然顾忌安监部门的行为，当安监部门监管严格时，报告造假被查风险较高，服务机构将执行严格安全评价策略；当安监部门监管宽松时，服务机构将配合企业采取形式化安全评价策略。正如访谈中，某服务机构负责人所说，"安全生产法规定很严，但未严格执行，企业只要接受安全评价，一般都能通过，安监部门只组织专家看书面材料，不进行现场审查，即便存在虚假，从报告中也看不出来"。安监部门的仪式性监管，为服务机构在趋利避害的主导逻辑下降低安全评价质量提供了可行的环境，致使安全评价达不到提升企业安全生产水平的目的。二是客户需求的制约。访谈中，几家服务机构都说安全评价是其主营业务，为盈利生存，在激烈的市场竞争中争抢客户不可避免。在尚未完全规范的市场环境下，服务机构通过服务态度、质量、价格、关系等争取到业务后，在规避风险的前提下，必然满足客户取证的需求，与企业合力做好安全评价书面材料，出具合格报告并力争过关。这种行为致使安全评价报告质量过低，无法有效帮助和督促小微企业提高安全生产水平，影响安全评价服务运行目标的实现。

6.5.3　企业对安全评价服务运行目标偏离的影响

小微企业面临巨大的生存发展压力和严格的法律要求，在面对安全评价服务时，期望能以较低成本维持合法生产，因此形成了快速取证的主导逻辑。

同时，企业行为还受资源依赖制约。一是对服务机构的依赖。安全生产法律法规要求安全评价报告必须由有资质的服务机构出具。企业要想获得合法生产资格，必须购买服务机构的安全评价服务，配合其做好书面材料，达到相关安全标准，才能保证安全评价报告合格。服务机构为争取业务，会采取各种手段赢得竞争。当监管环境宽松时，在自保的前提下，倾向尽量满足客户需求以获得更多业务。为此，有可能在安全评价时迎合企业要求，双方配合造假书面材料，帮助企业快速低成本拿到证书。这使得企业更加不愿意对安全生产进行实质投入，只关注安全评价报告能否快速过关。二是对安监部门的依赖。企业的安全评价报告须接受安监部门审查，且安全生产许可证也由其颁发。安监部门的安全评价报告审查多数依靠专家在书面材料上把关，难以发现报告虚假与否。这就为企业和服务机构合谋通过安全评价报告审查创造了条件。企业为应付安全评价，只求形式达标，快速取证，缺乏提高安全生产水平的动力和压力，影响安全评价服务运行目标的实现。

6.5.4　三个参与主体交互作用下的安全评价服务运行目标偏离

安全评价服务市场运行是一个系统工程，预期目标能否达成，并不只是某个单一主体行为作用的结果，而是各参与主体行为策略共同交互作用的结果。

制度逻辑理论研究者认为，现代社会中的每个组织面对重要的制度均有其主导逻辑，指引其如何解读特定社会情境以确保自身的合理运行。当组织面临复杂制度环境约束时，其行为必然会受到制度环境通过各层次制度逻辑引导的方式的影响，组织也会根据制度环境做出相应行为策略反应。制度不仅会影响各主体组织行为选择，也会在其组织行为交互过程中逐渐被改变。安监部门作为政府职能部门，依法执法是其执行安全评价制度的主导逻辑，所处的制度环境又使其对地方政府和上级安监存在双重权力依赖，对服务机构和专家存在技术依赖。在交互中受到服务机构和企业的行为影响，面对复杂的制度环境和交互对象的消极行为策略，必须选择仪式性监管策略。同理，服务机构在趋利避害的主导逻辑下，受权力与客户依赖制约，在市场中受安监部门仪式性监管策略与小微企业的象征性遵从策略影响，采取自保性逐利策略。小微企业在快速取证的主导逻辑下，受权力与服务依赖制约，受服务机构自保性逐利策略及安监部门仪式性监管策略影响，对安全评价制度只是象征性遵从。其结果是安监部门对安全评价报告的审查只看书面材料是否合格，不进行现场核查，无法查出安全评价报告是否真实，致使服务机构执行安全评价只求书面报告合格，未对企业安全生产实施严格检查与评价，无法真实反映企业安全生产现状，不能有效帮助和督促小微企业提高安全生产水平；小微企业落实安全评价制度只注重形式过关，未增加安全生产投入，未实质提升安全生产水平。这种交互影响机制导致安全评价服务运行目标偏离预期目标。

第7章 小微企业安全生产刚需服务运行违规防治研究

在安全生产刚需服务开展过程中，存在小微企业与服务机构合谋、服务机构不认真开展业务等情况，成为引发安全生产刚需服务运行低效的重要原因，对其加强监管防范是提高安全评价服务质量和安全评价服务运行效果，真正促进企业安全生产水平提升的必要举措。为此，本章以安全评价服务违规防范监管作为研究对象，通过分析安全评价服务运行过程中存在的违规行为，搭建安全评价服务违规防治监管实验平台，设置不同的监管方式、监管力度和惩罚力度，进行监管效果实验，为政府安监部门有效监管安全评价服务，促进安全评价服务运行提供监管启示。

7.1 安全评价服务违规行为分析

在安全评价服务市场，小微企业、服务机构、安监部门三者间分别两两构成委托-代理关系，表现为，小微企业购买安全评价服务，委托服务机构出具合格安全评价报告以获取生产经营资格，这属于经济委托；安监部门借助服务机构出具的安全评价报告判断企业安全生产状况，即将政府安全监督权力实行部分转移，这属于权力委托；当企业发生安全事故时，事故损失具有强外部性，会严重损害社会公众利益，政府作为社会公众利益的代言人，要求企业搞好安全生产管理，维护社会稳定，履行社会职责，这属于责任委托。多重委托-代理关系决定了安全评价服务运行过程中必然存在高度的信息不对称，为安全评价违规的产生提供了客观条件，具体表现为企业与服务机构合谋及服务机构提供劣质服务。

7.1.1　企业与服务机构合谋行为

理论上，企业面对强制安全评价，具有两种策略选择：一是严格按照法律法规要求，努力提高安全生产水平使之达到安全评价要求，取得安全评价合格报告；二是贿赂服务机构，取得虚假性的安全评价报告（简称合谋）。面对企业的合谋请求，服务机构也将面临两种选择：①履行法律职责，拒绝合谋，坚持严格安全评价（简称不合谋）；②接受合谋，进行虚假安全评价（简称合谋）。但在安全评价过程中，企业和服务机构相较于安监部门，具有显著的信息优势，信息不对称使得企业和服务机构具有形成合谋体的"先天优势"。由于企业接受安全评价属于法律强制行为，自身动力严重不足，加之企业主安全意识普遍较低，存在较强的侥幸心理，低估了安全评价对企业的实际价值，具有不愿增加安全投入，通过贿赂服务机构使其出具虚假报告实现安全评价表面达标的动机。服务机构作为理性经济人，以实现自身利益最大化为目标，有可能配合企业的合谋要求、接受企业的贿赂资金符合其利益追求，具有配合企业合谋的动机。常规解决合谋的途径为阻止至少一方进入合谋策略即可。然而在安全评价服务中，服务机构作为安全评价报告的出具方，应当对安全评价报告的真实性承担第一责任。由此政府应从服务机构入手监管，防止服务机构违规安全评价。

7.1.2　服务机构的劣质安全评价服务行为

劣质服务指的是那些自身安全评价服务硬件技术水平未达标，或即使本身硬件技术达标但在安全评价过程中人为降低服务质量的服务机构所提供的服务。这类服务机构会伪装成优质服务机构为企业提供安全评价。由于其服务成本投入较低，常以低价获取更高的业务量及利润，不仅在一定程度上"以次充好"，扰乱市场秩序，也使企业即使愿意认真安全评价也无法保证安全评价质量符合要求。

安全评价服务是被法律催生的，目前处于初步形成阶段，服务机构的服务能力大小不一，服务质量良莠不齐。小微企业因自身实力有限，既对自身安全水平缺乏正确认知，也不会主动甄别服务机构的真实水平，这为服务机构"以次充好"，将劣质安全评价服务售卖给企业提供了客观可能。加之，较之于劣质服务，服务机构要提供优质服务，既需增加前期投入、提高自身安全评价技术，又需在安全评价过程中投入更高的安全评价成本，服务机构具有隐瞒和欺骗企业的主观动机。由此，除合谋导致安全评价违规外，还可能出现因企业购买到劣质安全评价服务而导致安全评价违规。企业一旦购入劣质安全评价服务，不仅须付出额外成本，还须承担安全评价报告不合格风险。安全评价服务机构的劣质服务会造成恶劣影响。

7.2　安全评价服务违规防治的计算实验模型构建

从微观上看，安全评价服务运行是一个由小微企业购买安全评价、服务机构提供安全评价、安监部门监管安全评价共同运行构成的子系统。从宏观上看，安全评价服务运行又是一个由无数微观子系统持续运转组成的复杂大系统。该系统运行的计算实验模型总体流程架构如图 7.1 所示。利用多主体建模技术实现对系统参与主体的异质性建模，根据现实市场运行情况设置相应流程与决策规则，并赋予主体自主决策、记忆与学习的能力。

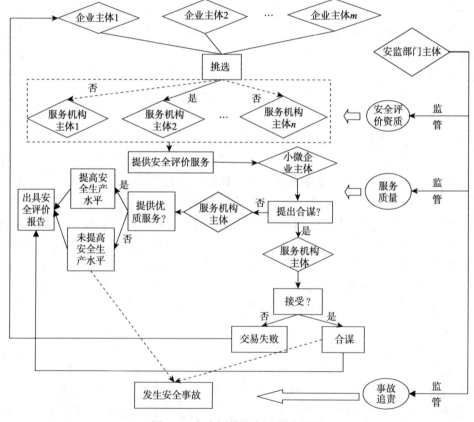

图 7.1　安全评价服务运行流程图

7.2.1　基本假设

本模型的构建基于以下 6 个假设条件。

（1）因法律强制要求高危行业企业必须取得合格安全评价报告方能获得生产资格，故模型假设系统中的企业无论采取何种策略，都一定会取得合格安全评价报告。同时假设该市场化服务不会消失。

（2）考虑到现实中因信息不对称、实力局限及安全评价的强制性，小微企业既不具备鉴别安全评价服务质量的能力，也不具备主动辨别服务机构真实水平的动力。故假设系统中企业无法辨别服务机构的真实安全评价质量。

（3）由于现实中小微企业人员安全素质普遍较低，安全意识不强，故假设系统中企业均存在低估自身安全收益现象，即式（7.1）中 W_2 值较低（ $W_2 \to 0$ ）。

（4）服务机构伴随实验周期更迭，根据环境变化会改变安全评价决策，但在同一实验周期内，其安全评价决策固定不变。

（5）虽然现实中导致安全事故发生的原因众多，即使安全评价不违规也不能百分百确保无安全事故，但总体而言，安全评价实际合格的企业其安全事故率更低。同时考虑到研究的目的是寻找更好的监管策略以防止安全评价违规，并不是探讨安全评价制度本身的有效性，因此为降低模型复杂性，更好观察市场化安全评价服务运行监管效果，忽略其他干扰因素，假设当安全评价未违规时，企业不会发生事故。

（6）为了震慑，假设安监部门会在每期披露监管情况，将发现的违规服务机构和合谋企业进行公示，由此服务机构和企业可通过观测披露公告对政府安监部门的监管力度和惩罚力度进行预测。

7.2.2　企业设计

1. fagent 样本构造

系统构建 m 个企业主体（fagent）， n 个服务机构主体（sagent）及 1 个安监部门主体（gagent）。现实情境中相关法律规定企业每隔三年需做一次安全评价，目的是还原现实，更好地展现系统迭代演化，将系统中 m 个 fagent 随机分为 m_1， m_2，…， m_n（满足 $m_1 + m_2 + \cdots + m_n = m$ ，且 m_1， m_2，…， $m_n > n$ ），依次进入系统，以每批 fagent 安全评价成功交易并取得安全评价报告作为一个实验周期，每隔 3 周期 fagent 需再次进入，依次重新购买安全评价服务，循环往复。设置所有 fagent 具有初始安全水平 S_{f0}。

理论上，安全水平越低的 fagent，认真安全评价的成本越高。当 fagent 认真安全评价时，若合作的服务机构提供优质服务，取得安全评价合格报告，表明其安全水平提高到安全评价规定的标准 $\overline{S}$，即此时安全水平 S_t 满足 $S_t = \overline{S}$。当 fagent 想认真安全评价却遭遇服务机构提供劣质服务时，虽也获取合格安全评价报告，但其当期安全水平 S_t 仅达到 S_b，满足 $S_t = S_b < \overline{S}$。当 fagent 采取合谋策略通过贿赂服务机构取证时，其真实安全水平仍维持现状。当期安全评价结束后，fagent 的安全水平 S_t 将随实验周期递减，直至下一个购买安全评价服务的周期时止，其中递减幅度服从正态分布，且 fagent 的每一周期安全水平均在[0, 1]。

2. fagent 安全评价决策设计

fagent 面临两次决策。首先，选择 sagent 及是否与其交易的决策。fagent 每次安全评价交易前，都需进行一次 sagent 挑选。设置 fagent 在实验初期无法事先获知 sagent 的安全评价策略。实验开始，fagent 随机挑选 sagent，若 sagent 的安全评价策略满足 fagent 的需求，则交易成功。反之，交易失败，fagent 需重新寻找，直到交易成功为止。fagent 记录每次遇到的 sagent 的安全评价策略，当下一实验周期开始时，fagent 优先从历史记录中随机挑选对应策略的 sagent 进行交易。当挑选新 fagent 时，fagent 需付出一单位搜寻成本 C_{search}，搜寻次数越多，总搜寻成本越高。

其次，fagent 决定是否合谋。fagent 有不合谋 j_1 与合谋 j_2 两种选择。当 fagent 选择合谋策略 j_2 时，虽取得了安全评价合格报告但实际安全水平并未达标，因此不仅存在发生安全事故的风险，也存在合谋行为被发现的风险。当 fagent 选择不合谋策略 j_1 时，虽其意愿是想要认真安全评价，但也可能购买到劣质服务，未能实现优质安全评价，无法真正有效提高安全水平，此时系统默认 fagent 的安全水平实际并未达标，同样存在发生安全事故的风险。fagent 在不同策略下依据市场环境，其收益函数为 $U_i(j_s)$，其中，S=1,2，分以下两种情况：

不合谋情况下，收益函数为

$$U_i(j_1) = W_1 + (1-\varepsilon)\left[W_2 - C^f(\overline{S})\right] - \varepsilon\left[C^f(S_b) + \beta_1 L(S_b)\right] - \text{pr} - \sum C_{\text{search}} \quad (7.1)$$

合谋情况下，收益函数为

$$U_i(j_2) = W_1 - \text{pr} - \eta - \beta_1 L(S_t) - \beta_2 D_{\text{fagent}} - \sum C_{\text{search}} \quad (7.2)$$

其中，W_1 表示企业因安全评价合格报告获得生产经营资格所取得的经济收益；W_2 表示安全评价带来的安全收益，考虑到现实里小微企业安全素质较低，往往会低估自己的安全收益，故假设企业预期自己的安全收益 $W_2 \to 0$；$C^f(S)$ 表示企业购买安全评价服务后，为提高安全生产水平而付出的安全生产成本，

$C^f(S) = C\exp\left[C/(1-S)\right] + C_0$（$C > 0$，$C_0 < 0$），其中当企业购买到优质服务时，$S_t = \bar{S}$，当企业购买到劣质服务时，$S_t = S_b$；$\varepsilon$ 表示企业预测自己购买到劣质服务的概率，$\varepsilon = k\hat{n}/n$，其中 $\hat{n}$ 表示每期政府对违规服务机构的曝光数，k 表示调整系数；β_1 表示预测事故发生概率，$\beta_1 = \varsigma_f^1 \hat{o}/o$，其中 $\hat{o}$ 表示每期市场发生事故数量，ς_f^1 表示事故风险偏好系数，由于现实中小微企业通常抱有侥幸心理，低估自身事故发生率，因此 ς_f^1 设置偏低；pr 和 η 分别表示安全评价服务价格及合谋贿赂费；$\sum C_{search}$ 表示在每个实验周期内成功寻找相应安全评价策略的 sagent 所付出的搜寻成本之和，搜寻成本过高会影响 fagent 的选择；$L(S)$ 表示预期发生的安全生产事故损失，$L(S) = L\exp(l/S) + L_0$（$L > 0, l > 0, L_0 > 0$），fagent 安全水平 S 越高，其安全事故损失越低；$\beta_2 D_{fagent}$ 表示合谋行为的预期惩罚函数，其中 D_{fagent} 表示理论惩罚数，β_2 表示合谋被发现的预期概率，$\beta_2 = \varsigma_f^2 \hat{m}/m$，其中 $\hat{m}$ 表示每期政府对合谋企业的曝光数，ς_f^2 表示监管风险偏好系数，ς_f^2 值越大，表明个体 fagent 越谨慎。

现实情况下，企业无法知悉市场情况，不了解服务机构和政府的策略选择。因此作为一个具有适应性行为和学习能力的自然决策主体，需选取相应的学习算法模拟市场中的主体行为决策。考虑到在安全评价服务市场中，企业作为具有适应性行为和学习能力的自然决策主体，在做行为决策时，既需参考自身历史策略所带来的收益，也需将其他参与者的历史行为及未来预期收益等要素综合纳入自身策略的选择考量。故选取综合成功经验和策略信念对主体行为影响的 EWA（experience adding weight affinity，经验加权吸引力）学习算法，将其应用于动态调整企业行为决策，使其更贴合真实情境。EWA 学习算法假设每个策略都有一个数值化的吸引力指数，并通过更新规则决定选择每个策略的概率，其具体更新公式如下：

$$N_{fagent}(t) = \rho N_{fagent}(t-1) + 1 \tag{7.3}$$

$$A_{fagent_i}^{j_s}(t) = \frac{N_{fagent}(t-1)\phi A_{fagent_i}^{j_s}(t-1) + \left[\partial + (1-\partial) I_{fagent}(j_s)\right] U_i(j_s)}{N_{fagent}(t)} \tag{7.4}$$

其中，$N_{fagent}(t)$ 表示经验权重；ρ 表示过去经验的折现因子；$A_{fagent_i}^{j_s}(t)$ 表示策略 $j_s(S = 1,2)$ 对 fagent 的吸引力指数，该数值越大，fagent 就越有可能采取该策略；$U_i(j_s)$ 表示 fagent 的预期收益，fagent 将根据所处状态更新对应收益；$I_{fagent_i}(j_s)$ 为示性函数，当 $I_{fagent_i}(j_s) = 1$ 时，表示采取该策略，则有

$$A^{j_s}_{\text{fagent}_i}(t) = \frac{N_{\text{fagent}}(t-1)\phi A^{j_s}_{\text{fagent}_i}(t-1) + U_i(j_s)}{N_{\text{fagent}}(t)} \qquad (7.5)$$

当 $I_{\text{fagent}_i}(j_s)=0$ 时，表示不采取该策略，则有

$$A^{j_s}_{\text{fagent}_i}(t) = \frac{N_{\text{fagent}}(t-1)\phi A^{j_s}_{\text{fagent}_i}(t-1) + \partial U_i(j_s)}{N(t)} \qquad (7.6)$$

EWA 学习算法中，吸引力指数将决定每个策略被选择的概率。吸引力指数越高，表明该策略被选择的可能性越高。采用 Logit 反应函数表述 fagent 选择策略 j_s 的概率。当 $S=1$ 时，表示企业 i 在 $t+1$ 期有 $\text{prob}^{j_1}_i(t+1)$ 概率选择不合谋策略 j_1。当 $S=2$ 时，表示企业 i 在 $t+1$ 期有 $\text{prob}^{j_2}_i(t+1)$ 概率选择合谋策略 j_2。

$$\text{prob}^{j_s}_i(t+1) = \frac{\exp\left(\lambda A^{j_s}_{\text{fagent}_i}(t)\right)}{\sum\limits_{s=1}^{2}\exp\left(\lambda A^{j_s}_{\text{fagent}_i}(t)\right)} \qquad (7.7)$$

3. fagent 安全事故的发生

每期安全评价结束后，安全评价违规的 fagent 存在一定的概率发生安全事故。fagent 安全水平 $S_t(S_t < \bar{S})$ 越低，其发生事故的可能性就越高，为了更好地体现事故的偶然性，模型采用轮盘赌注的方式模拟事故的发生。具体操作如下。

第一步：根据 fagent 安全水平 S_t 确定其安全状态，如表 7.1 所示。

表 7.1　fagent 安全状态表

状态	概率	累计概率
安全	S_t	S_t
不安全	$\bar{S} - S_t$	$\bar{S}$

第二步：生成随机数 $R = \text{random}(0,1)$。

第三步：将 R 与 S_t 进行比较。当 $R \leqslant S_t$ 时，事故不发生；当 $S_t \leqslant R < \bar{S}$ 时，事故发生。

7.2.3　服务机构设计

1. sagent 样本构造

系统设置 n 个服务机构（sagent），其中包含部分硬件等客观条件未达标的

sagent，其固定资产数 $GT(t)$ 满足 $GT(t) < GT_0(t)$。此类服务机构在安全评价策略中始终采取"以次充好"策略，伪装成安全评价质量合格的服务机构，不因环境变化而改变其安全评价策略，故属于劣质服务机构。另有服务机构属于硬件等客观条件均合格的 sagent，固定资产数 $GT(t)$ 满足 $GT(t) \geqslant GT_0(t)$，此类服务机构在后期的安全评价过程中，安全评价策略可能伴随市场环境的变化而改变，其中部分选择不合谋且提供优质安全评价服务的 sagent 属于优质服务机构，而选择接受合谋或主观上消极怠工、提供劣质服务的 sagent 则属于劣质服务机构。

2. sagent 安全评价决策设计

硬件等客观条件均合格的 sagent 伴随市场环境的变化，面临安全评价决策的选择，包括面对试图合谋的 fagent，sagent 是否同意合谋决策，以及面对不合谋的 fagent，sagent 是否消极怠工、提供劣质服务的安全评价策略。如何选择决定了 sagent 在系统演化中是成为优质服务机构还是劣质服务机构，其中只有坚持（不合谋，优质服务）策略的服务机构方能称为优质服务机构。考虑到现实中很难出现（不合谋，劣质服务）这一策略组合，服务机构面临（不合谋，优质服务）、（合谋，优质服务）与（合谋，劣质服务）三种组合策略，分别用 k_1、k_2 与 k_3 表示。sagent 在不同策略下获取的业务量是不一样的，且当选择 k_2 与 k_3 时，存在被安监部门发现并惩罚的风险，因此在不同组合策略下依据所处市场环境，其收益函数为 $\pi_i(k_s)$（$s = 1,2,3$）。

$$\pi_i(k_1) = \begin{cases} \sum_{}^{m_1} L_g^{N-\text{collusion}}, & m_1 > 0 \\ 0, & m_1 = 0 \end{cases} \tag{7.8}$$

$$\pi_i(k_2) = \begin{cases} \sum^{m_1} L_g^{N-\text{collusion}} + \sum^{m_2} L^{\text{collusion}} - \alpha \sum^{m_2} D_{\text{sagent}}, & m_1 > 0, m_2 > 0 \\ \sum^{m_2} L^{\text{collusion}} - \alpha \sum^{m_2} D_{\text{sagent}}, & m_1 = 0, m_2 > 0 \\ \sum^{m_1} L_g^{N-\text{collusion}}, & m_1 > 0, m_2 = 0 \\ 0, & m_1 = 0, m_2 = 0 \end{cases} \tag{7.9}$$

$$\pi_i\left(k_3\right)=\begin{cases}\displaystyle\sum^{m_1}L_b^{N-\text{collusion}}+\sum^{m_2}L^{\text{collusion}}-\alpha\sum^{m_2}D_{\text{sagent}}, & m_1>0,m_2>0\\[2mm]\displaystyle\sum^{m_2}L^{\text{collusion}}-\alpha\sum^{m_2}D_{\text{sagent}}, & m_1=0,m_2>0\\[2mm]\displaystyle\sum^{m_1}L_b^{N-\text{collusion}}-\alpha\sum^{m_1}D_{\text{sagent}}, & m_1=0,m_2=0\\[2mm]0, & m_1=0,m_2=0\end{cases}\tag{7.10}$$

其中，m_1、m_2 分别表示 sagent 在市场中获得的不合谋安全评价业务量与合谋安全评价业务量。对于选择 k_1 与 k_2 策略的 sagent 而言，面对不合谋安全评价企业，将提供优质服务。$L_g^{N-\text{collusion}}$ 表示 sagent 不合谋且提供优质服务取得的单笔业务利润。对于选择 k_3 策略的 sagent 而言，面对不合谋安全评价企业，将提供劣质服务。$L_b^{N-\text{collusion}}$ 表示 sagent 提供劣质服务取得的单笔业务利润；$L^{\text{collusion}}$ 表示 sagent 因合谋取得的单笔业务利润；$\alpha\sum D_{\text{sagent}}$ 表示违规行为的预期惩罚函数，其中 D_{sagent} 表示单笔业务违规的惩罚金额，α 表示违规行为被发现的预期概率（$\alpha=\varsigma_s\,\hat{n}/n$），假设监管者对违规服务机构 $\hat{n}$ 进行曝光，此时 sagent 能观测到市场中合谋行为被监管者发现的比例为 $\hat{n}/n$；ς_s 表示风险偏好系数，ς_s 越大，表明个体 sagent 越谨慎。

现实情况中，服务机构无法知悉市场情况，不了解企业和政府的策略选择，由于市场的变化，服务机构在每个实验周期获得的业务量不同，从而其在每个周期获得的收益也不尽相同。作为一个具有适应性行为和学习能力的自然决策主体，根据历史策略所带来的收益及对未来的预期等要素适当调整自身策略选择。同样采取 EWA 学习算法对服务机构的行为进行刻画。具体更新公式如下：

$$N_{\text{sagent}}\left(t\right)=\rho N_{\text{sagent}}\left(t-1\right)+1\tag{7.11}$$

$$A_{\text{sagent}_i}^{k_s}\left(t\right)=\frac{N_{\text{sagent}}\left(t-1\right)\phi A_{\text{sagent}_i}^{k_s}\left(t-1\right)+\left[\partial+(1-\partial)I_{\text{sagent}}\left(k_s\right)=1\right]\pi_i\left(k_s\right)}{N_{\text{sagent}}\left(t\right)}\tag{7.12}$$

其中，$N_{\text{sagent}}\left(t\right)$ 表示经验权重；$A_{\text{sagent}_i}^{k_s}\left(t\right)$ 表示策略 $k_s\left(s=1,2,3\right)$ 对 sagent 的吸引力指数；$\pi_i\left(k_s\right)$ 表示 sagent 的预期收益；$I_{\text{sagent}}\left(k_s\right)$ 为示性函数，当 $I_{\text{sagent}}\left(k_s\right)=1$ 时，表示采取该策略，则有

$$A_{\text{sagent}_i}^{k_s}\left(t\right)=\frac{N_{\text{sagent}}\left(t-1\right)\phi A_{\text{sagent}_i}^{k_s}\left(t-1\right)+\pi_i\left(k_s\right)}{N_{\text{sagent}}\left(t\right)}\tag{7.13}$$

当 $I_{\text{sagent}}\left(k_s\right)=0$ 时，表示不采取该策略，则有

$$A_{\text{sagent}_i}^{k_s}(t) = \frac{N_{\text{sagent}}(t-1)\phi A_{\text{sagent}_i}^{k_s}(t-1) + \partial \pi_i(k_s)}{N_{\text{sagent}}(t)} \qquad (7.14)$$

同样采用 Logit 反应函数表述 sagent 选择策略 k_s 的概率。其中，λ 用来衡量吸引力指数在决策中的敏感度。当 $s=1$ 时，表示服务机构 i 在 $t+1$ 期有 $\text{prob}_i^{k_1}(t+1)$ 概率选择策略组合 k_1；当 $s=2$ 时，表示服务机构 i 在 $t+1$ 期有 $\text{prob}_i^{k_2}(t+1)$ 概率选择策略组合 k_2；当 $s=3$ 时，表示服务机构 i 在 $t+1$ 期有 $\text{prob}_i^{k_3}(t+1)$ 概率选择策略组合 k_3，则有

$$\text{prob}_i^{k_s}(t+1) = \frac{\exp\left(\lambda A_{\text{sagent}_i}^{k_s}(t)\right)}{\sum_{s=1}^{3}\exp\left(\lambda A_{\text{sagent}_i}^{k_s}(t)\right)} \qquad (7.15)$$

3. sagent 的"死亡"与"新生"

在现实情境中，服务机构退出市场的原因很复杂，本章模型为了模拟需要，做了高度简化。在模型中，当 sagent 满足以下条件之一时，表明 sagent 已经无法经营，被迫退出市场。

（1）当 sagent 连续 t 期实际收益小于 0 时，即 $\pi_i \leqslant 0$，退出市场。

（2）模型设置每个 sagent 拥有固定资产数 $\text{GT}(t)$，其总资产 $\text{KT}(t)$ 为固定资产数加上每期利润数，即 $\text{KT}(t) = \text{GT}(t) + \sum \pi$。在周期 t 中，sagent 债务（即被惩罚金额 $\sum D_{\text{sagent}}$）超过现有总资产 $\text{KT}(t)$ 的一个固定比例 k，即当 $\sum D_{\text{sagent}}/\text{KT}(t) > k$ 时，sagent 因资不抵债而破产。

伴随着每周期内一定数量的 sagent "死亡"，亦有新的 sagent 进入行业。在模型中，假设新的 sagent 加盟与否取决于整个行业的平均利润。在每周期中，随机产生若干个有加盟意愿的 sagent，整个行业的平均利润越高，这些 sagent 加盟可能性越大。

7.2.4　政府设计

系统设置 1 个安监部门（gagent），其监管策略由监管方式、监管力度和惩罚力度共同组成。其中，监管方式按时间顺序分为事前监管、事中监管、事后监管三种，即安监部门分别在安全评价实施之前、安全评价实施过程中、安全评价结束后三个时间段进入市场对服务机构进行监管，发现违规服务机构并施以惩罚。除监管方式外，影响市场监管效果的还包括监管力度和惩罚力度。安监部门要在保证市场违规安全评价减少的同时尽可能降低监管成本，提高监管效率。其

中，监管力度越大，则违规安全评价被发现的概率越大，两者正相关。同时，监管力度与监管成本也正相关。假设安监部门的监管力度为 b，安全评价违规被发现的概率为 φ，排除市场中其他干扰因素，存在 $\varphi = k \cdot b \cdot \omega(\varepsilon)$（$b \in [0,1)$，$\varphi \in [0,1]$）。其中，$k$ 为修正系数；$\omega(\varepsilon)$ 为市场中实际安全评价违规比率。为简化模型，将现实中安监部门的各种惩罚手段量化，统称为惩罚。理论上，当违规安全评价被发现的概率不变时，如果加大惩罚力度，则违规概率降低。模型对实施的惩罚力度进行无量纲化处理，即表述为实际惩罚与理论惩罚的比率，用 P 来表示。同时，除惩罚外，安监部门将在每期公布发现的违规服务机构和合谋企业，以起到震慑作用。

7.3 政府监管对安全评价服务影响的仿真实验

假设安监部门分别在事前、事中、事后三个时间段进入系统对服务机构进行监管，仿真实验借助 NetLogo 软件运行。实验步骤为，首先生成实验样本，其中小微企业 fagent 有 m 个，考虑到现实中企业初始安全水平普遍较低，故实验设置初始 S_0 在低级水平[0，0.4]和中级水平[0.5，0.6]的 fagent 分别占 60%与 30%，高级水平[0.7，$\bar{S}$]的 fagent 占 10%。sagent 有 n 个，其中硬件等客观条件未达标的 sagent 为 n_1 个，其余 $n - n_1$ 个 sagent 都属于硬件等客观条件合格的 sagent。同时设置 1 个 gagent，通过调节 gagent 的监管力度及惩罚力度，对系统演化过程进行实验模拟，每次模拟运行 1 000 个周期。由于主体决策受路径依赖与随机因素的影响，每次实验结果仅是系统演化的一种路径，故每个实验运行 20 次，选取均值。

7.3.1 事前安全评价服务机构资质监管实验

安监部门在每期安全评价前进入系统，随机抽取服务机构对其设备等硬件条件、内部管理及人才队伍等进行监管，对发现的违规服务机构进行惩罚，分别设置监管力度 b 为 0.2、0.5、0.8，惩罚力度 p 为 0.5、1.0、1.5。根据监管力度 b 和惩罚力度 p 的不同设置，监管参数（b,p）情境共有九种，分别为（0.2,0.5）、（0.2,1.0）、（0.2,1.5）、（0.5,0.5）、（0.5,1.0）、（0.5,1.5）、（0.8,0.5）、（0.8,1.0）、（0.8,1.5）。结果如图 7.2 所示。

违规占比是指违规行为（含合谋与劣质安全评价）所占比重。图 7.2 中的实验采用违规所占比率来表示政府的监管效果。监管越有效，理论上违规占

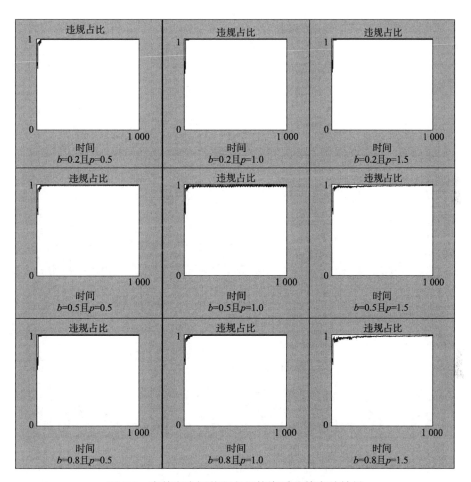

图 7.2 事前安全评价服务机构资质监管实验效果

比越低。违规占比高,则表明监管无效。实验结果表明,在事前安全评价服务机构资质监管实验设置的九种监管参数(b,p)情境中的违规占比都很高,几乎达到了 100%。这表明在事前监管中,即使安监部门投入巨大的监管资源、加大惩罚力度,都难以抑制违规行为。究其根源,在事前监管中,安监部门只能发现并处罚硬件技术水平未达标的服务机构,无法发现主观上进行合谋和提供劣质服务的服务机构。因此违规行为未能得到遏制的实验结果是与现实相符的。

7.3.2　事中安全评价服务质量监管实验

安监部门在每期安全评价过程中进入系统,随机抽取服务机构对其安全评价服务质量进行抽检，对发现的进行安全评价合谋及安全评价质量不合格的服务机构进行惩罚。同样设置监管力度 b 为 0.2、0.5、0.8，惩罚力度 p 为 0.5、1.0、1.5。监管参数（b,p）情境共有九种，分别为（0.2,0.5）、（0.2,1.0）、（0.2,1.5）、（0.5,0.5）、（0.5,1.0）、（0.5,1.5）、（0.8,0.5）、（0.8,1.0）、（0.8,1.5）。结果如图 7.3 所示。

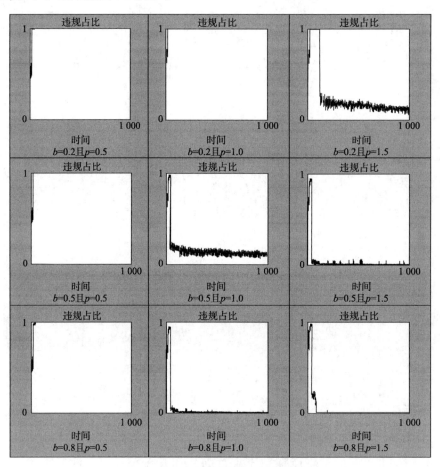

图 7.3　事中安全评价服务质量监管实验效果

实验结果表明，在事中监管的监管方式下，监管参数为（0.2,0.5）、（0.2,1.0）、（0.5,0.5）、（0.8,0.5）的四种情境中的违规行为未能得到有效遏制，占比近乎 100%，监管毫无效果。而在监管参数为（0.2,1.5）、（0.5,1.0）、（0.5,1.5）、（0.8,1.0）、（0.8,1.5）的五种情境中，违规行为大幅减少，占比皆在 10%以下，监管效果显著。由此可知，每个监管力度下存在一个惩罚临界点，当低于惩罚临界点时，监管毫无效果；反之，一旦高于惩罚临界点，违规可被大幅遏制。这一结果说明，一旦采取事中监管方式，即在安全评价过程中对服务机构实施一定力度的监管和惩罚，即可阻止服务机构违规，有效遏制违规行为。反之，若存在违规服务机构，大部分企业出于自身利益，会涌向该类机构寻求合谋，此时若无较强的惩罚力度，服务机构冒险违规得到的利益将远高于其不违规所得利益，导致市场恶性循环，违规行为无法被遏制。此外，实验还表明，在监管力度为 0.5 与 0.8 的情境下，系统演化结果差异不大。由此可知，监管力度只需达到中等程度即可，若盲目加大监管力度，也未必能得到更好的预期结果。

7.3.3　事后安全事故追责监管实验

实验设置，在每期安全评价结束后，安全评价实质未合格的企业存在一定概率发生安全事故，事后监管即对发生安全事故的企业安全评价报告进行追查，一旦发现事故企业存在安全评价违规行为，则惩罚为其出具安全评价报告的服务机构，同时追究违规原因，若存在合谋事实，则对事故企业追加惩罚。设置惩罚力度 p 为 0.5、1.0、1.5。结果如图 7.4 所示。

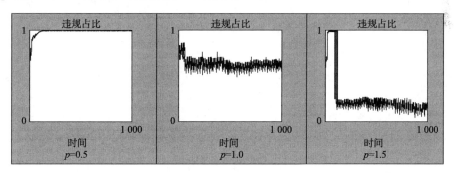

图 7.4　事后安全事故追责监管实验效果

实验结果表明，在事后监管的监管方式下，违规占比随惩罚力度的提高呈现阶梯式下降。当惩罚力度为 0.5 时，违规占比高达 90%以上；当惩罚力度为 1.0 时，违规占比在 50%~60%；当惩罚力度为 1.5 时，违规占比在 10%~20%。说明当发生安全事故后，追责违规服务机构及合谋企业，并对其严惩是十分有必要的，具有一定的监管效果。事后监管的方式属于事故后的追责，监管效果的体现是建立在事故发生的基础上的，而事故的发生又存在一定的偶然性，企业及服务机构往往存在侥幸心理，对事故率和被惩罚率的预测偏低，因此，在此监管方式下，如果对服务机构以及事故企业惩罚力度较低，则难以遏制安全评价违规行为。

7.4　实验结果分析

通过对以上事前、事中、事后实验结果的分析，可以看出以下两点。

第一，地方安监的监管方式不同，所获成效不同。对安全评价服务机构资质、硬件的监管，无法遏制其合谋及提供劣质服务的主观意愿，难以起到抑制市场中违规行为的作用；对服务质量施加中等程度的监管和惩罚，可有效遏制服务机构的违规行为；对事故企业的服务机构进行追责监管，在市场中能起到较好的警示作用。

第二，监管力度和惩罚力度不同，所获成效不同。当采取服务质量监管方式时，每个监管力度下都存在一个惩罚临界点，一旦超过这个临界点，监管效果将显著提升；当监管力度较低时，惩罚力度必须加大，才能起到监管效果，当监管力度达到中等及以上程度时，可适当降低惩罚力度；当监管力度达到一定程度后，继续加大监管力度对市场监管效果影响不大；中等力度的监管搭配高力度的惩罚是最有效、合理的。当采取事后的追责监管方式时，必须有足够大的惩罚力度，才能起到良好的市场惩戒效果。

第8章　小微企业安全生产柔需服务质量监管研究

近年来，在安全生产柔需服务中，小微企业安全生产托管服务发展迅速，并逐渐成为小微企业完善安全生产管理体系、提高安全生产管理水平的重要途径。作为一种新兴的市场化服务模式，安全生产托管服务极具典型性，在服务开展过程中，更需要服务供需双方紧密配合，服务质量对小微企业安全生产的影响更为突出。基于此，本章以安全生产托管服务为例，描述小微企业安全生产柔需服务活动，借助计算实验方法，模拟仿真政府安监部门、小微企业与服务机构之间的行为交互过程，探究不同政策对服务质量的影响规律。

8.1　小微企业安全生产托管服务活动模拟

从现实中抽象模拟小微企业安全生产托管服务的交易过程，其中所涉及的相关主体为小微企业（fagent）、第三方专业安全生产托管服务机构（sagent）与政府安监部门（gagent）。其互动关系表现如下：sagent 提供安全生产托管服务；fagent 做出是否购买安全生产托管服务的行为决策，当购买到劣质安全生产托管服务时，fagent 面临安全事故风险；gagent 针对劣质服务进行监管，不同监管行为对小微企业安全生产托管服务产生不同影响。具体交互过程如图 8.1 所示。

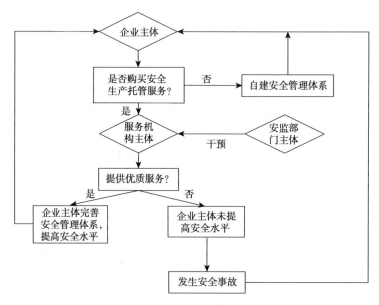

图 8.1　安全生产托管服务交易主体互动关系

8.2　小微企业安全生产柔需服务质量监管模型构建

8.2.1　基本假设

本模型的构建基于以下五个假设条件。

（1）小微企业因能力限制和信息不对称，难以自主分辨所购买的安全生产服务质量高低。

（2）高质量的安全生产服务能有效提升小微企业的安全生产管理水平，降低安全事故的发生。

（3）因相关法律和安全要求的不断完善，小微企业不存在故意降低安全生产质量的现象。

（4）现实中，小微企业因规模、人员及技术局限，自行构建并执行安全生产时所付出的安全成本较高，故假设其自建成本高于将安全生产托管给服务机构所花费的成本。

（5）每个服务机构所提供的安全生产服务价格相近，企业难以根据价格判断其真实的安全生产托管服务质量。

8.2.2　主体设计

1. 企业（fagent）购买安全生产托管服务行为决策设计

系统构建 m 个 fagent，每个 fagent 都面临是否购买安全生产托管服务的选择。fagent 既可自主完成安全生产相关工作，即采取不购买服务策略 j_1，也可寻找专业的安全生产托管服务机构，购买其提供的安全生产专业服务，即采取购买服务策略 j_2。当 fagent 采取不购买服务策略 j_1 时，为达到法规要求的安全水平需付出一定的安全成本；当 fagent 采取购买服务策略 j_2 时，虽节约了安全成本，但因市场信息不对称，存在购买劣质服务导致其安全生产水平并未提升的风险。fagent 在两种策略下的收益函数为 $U_i(j_j)$，$j=1,2$，依次分别为

$$U_i(j_1) = F(S_t) - C(S_t) \tag{8.1}$$

$$U_i(j_2) = F(S_t) - P(S_t) - \beta D \tag{8.2}$$

依据安全经济学的研究成果，选取 $F(s)$ 表示企业安全收益，包括安全减损收益 $L(s)$ 和安全增值收益 $I(s)$。安全减损收益表示安全水平 S 提高，企业人身财产损失减少；安全增值收益表示安全水平 S 提高，设备使用寿命延长、产品质量突破、生产效率提高。$C_{\text{fagent}}(s)$ 表示安全成本，安全水平 S 越高，所需成本就越多，$L(s)$、$I(s)$ 和 $C_{\text{fagent}}(s)$ 函数分别用式（8.3）、式（8.4）和式（8.5）表示。其中，L、l、I、i、L_0、C、C_0 均为统计常数。若 fagent 购买的安全生产托管服务未能提高安全生产水平，则存在发生安全事故的风险。当 $\beta = 1$ 时，表示发生了安全事故；当 $\beta = 0$ 时，表示未发生安全事故。$P(s)$ 表示购买安全生产服务的服务价格；D 表示 fagent 承受的安全事故损失。

$$L(s) = L \cdot e^{(l/s)} + L_0 \quad (L > 0, l > 0, L_0 > 0) \tag{8.3}$$

$$I(s) = I \cdot e^{(-i/s)} \quad (I > 0, i > 0) \tag{8.4}$$

$$C_{\text{fagent}}(s) = C_F \cdot e^{\left[C_F/(1-s)\right]} + C_{0F} \quad (C_F > 0, C_{0F} > 0) \tag{8.5}$$

采取 EWA 学习算法对企业行为进行刻画。EWA 学习算法假设每个策略都有一个数值化的吸引力指数，并通过更新规则决定选择每个策略的概率，其具体更新公式如下：

$$N_{\text{fagent}}(t) = \rho N_{\text{fagent}}(t-1) + 1 \tag{8.6}$$

$$A_{\text{fagent}_i}^{j_j}(t) = \frac{N_{\text{fagent}}(t-1)\phi A_{\text{fagent}_i}^{j_j}(t-1) + \left[\partial + (1-\partial)I_{\text{fagent}}(j_j)\right]U_i(j_j)}{N_{\text{fagent}}(t)} \tag{8.7}$$

其中，$N_{\text{fagent}}(t)$ 表示经验权重；ρ 表示过去经验的折现因子；$A^{j_j}_{\text{fagent}_i}(t)$ 表示策略 j_j（j=1,2）对 fagent 的吸引力指数，该数值越大，fagent 就越有可能采取该策略；ϕ 表示过去吸引力指数的折现因子；$U_i(j_j)$ 表示 fagent 的预期收益，fagent 将根据所处状态更新对应收益；∂ 表示未选策略支付或机会成本的折现因子，∂ 越大，表明该个体越重视该策略或对该策略的预期越高；$I_{\text{fagent}}(j_j)$ 表示示性函数，当 $I_{\text{fagent}}(j_j)=1$ 时，表明采取该策略，则有

$$A^{j_j}_{\text{fagent}_i}(t) = \frac{N_{\text{fagent}}(t-1)\phi A^{j_j}_{\text{fagent}_i}(t-1) + U_i(j_j)}{N_{\text{fagent}}(t)} \tag{8.8}$$

当 $I_{\text{fagent}}(j_j)=0$ 时，表示不采取该策略，则有

$$A^{j_j}_{\text{fagent}_i}(t) = \frac{N_{\text{fagent}}(t-1)\phi A^{j_j}_{\text{fagent}_i}(t-1) + \partial U_i(j_j)}{N_{\text{fagent}}(t)} \tag{8.9}$$

EWA 学习算法中，吸引力指数决定每个策略被选择的概率。吸引力指数越高，表明该策略被选择的可能性越大。采用逻辑回归函数表述 fagent 选择策略 j_j 的概率，其中，λ 用来衡量吸引力指数在决策中的敏感度。当 j=1 时，表示企业 i 在 t+1 期有 $\text{prob}^{j_1}_i(t+1)$ 概率选择不购买服务策略 j_j。当 j=2 时，表示企业 i 在 t+1 期有 $\text{prob}^{j_2}_i(t+1)$ 概率选择购买服务策略 j_2，则有

$$\text{prob}^{j_j}_i(t+1) = \frac{\exp\left(\lambda A^{j_j}_{\text{fagent}_i}(t)\right)}{\sum\limits_{j=1}^{2}\exp\left(\lambda A^{j_j}_{\text{fagent}_i}(t)\right)} \tag{8.10}$$

2. 企业（fagent）安全事故的发生

当 fagent 购买到劣质安全生产服务时，其安全水平未得到提升，此时 fagent 存在一定的安全事故发生概率。Fagent 安全水平 S_t（$S_t<1$）越低，其发生事故的可能性就越大，为更好体现事故偶然性，模型采用轮盘赌注方式模拟事故发生。具体操作如下。

第一步：根据 fagent 安全水平 S_t 确定其安全状态，如表 8.1 所示。

第二步：生成随机数 $R = \text{random}(0,1)$。

第三步：将 R 与 S_t 进行比较。当 $R \leqslant S_t$ 时，不发生事故；当 $S_t \leqslant R < \bar{S}$ 时，事故发生。

表 8.1　fagent 安全状态表

状态	安全概率	累计概率
安全	S_t	S_t
不安全	$1-S_t$	1

3. 服务机构（sagent）提供安全生产托管服务行为决策设计

安全生产托管服务机构（sagent）旨在为企业（fagent）提供专业的安全生产托管服务，以帮助企业完善安全生产管理体系，提高其整体安全水平。然而 sagent 为 fagent 提供服务属于市场行为，sagent 作为自负盈亏的市场主体，其主要目的是获取更高利润。实验初始，系统构建 n 个 sagent，每个 sagent 每期取得的总利润由单笔业务利润及业务量决定。理论上，总利润大小与单笔业务成本成反比，与单笔业务利润额及业务量成正比。其中，sagent 提供的服务质量越高，其业务成本也越高，单笔业务利润额将相应降低。由此，sagent 具有提供低质服务的动机。但总利润大小不仅受单笔业务利润影响，亦受业务量影响，因市场信息的不对称，sagent 难以判断如何决策才能吸引更多的业务以实现利润最大。故 sagent 根据市场变化和往期利润经验，在每一周期中不断调整自己的行为决策，同时采取 EWA 学习算法对 sagent 行为决策进行刻画。其中，sagent 提供安全生产托管服务的决策有三种：提高安全生产托管服务质量、保持安全生产托管服务质量不变、降低安全生产托管服务质量。这三种决策对应预期收益函数 $\pi_i(k_j)$（j=1,2,3）依次分别为

$$\pi_i(k_1)=T(s^+)\cdot Q(s^+)-\theta\cdot \mathrm{IV} \tag{8.11}$$

$$\pi_i(k_2)=T(s)\cdot Q(s)-\theta\cdot \mathrm{IV} \tag{8.12}$$

$$\pi_i(k_3)=T(s^-)\cdot Q(s^-)-\theta\cdot \mathrm{IV} \tag{8.13}$$

其中，$T(s^+)$、$T(s)$、$T(s^-)$ 分别表示提高、不变和降低服务质量所获当期市场业务量；$Q(s^+)$、$Q(s)$、$Q(s^-)$ 分别表示提高、不变和降低服务质量所获单笔业务利润。当 $\theta=1$ 时，表示政府监管；当 $\theta=0$ 时，表示政府未监管。IV 为政府监管值。假设 $\bar{s}$ 为政府监管质量上线，当 $s<\bar{s}$ 时，sagent 受到监管值 IV 的惩罚；当 $s>\bar{s}$ 时，sagent 受到监管值 IV 的奖励。假设 sagent 每次提供安全生产服务使 fagent 安全水平达到 S，则其每笔业务取得的利润为

$$Q(s)=P(s)-C_{\text{sagent}}(s) \tag{8.14}$$

其中，$P(s)$ 表示 sagent 的服务价格；$C_{\text{sagent}}(s)$ 表示 sagent 付出的业务成本，通常提供的服务质量越低，则所需的业务成本也越低。采取的学习算法更新公式如下：

$$N_{\text{sagent}}(t) = \rho N_{\text{sagent}}(t-1) + 1 \tag{8.15}$$

$$A_{\text{sagent}_i}^{k_j}(t) = \frac{N_{\text{sagent}}(t-1)\phi A_{\text{sagent}_i}^{k_j}(t-1) + \left[\partial + (1-\partial)I_{\text{sagent}}(k_j)\right]\pi_i(k_j)}{N_{\text{sagent}}(t)} \tag{8.16}$$

其中，$N_{\text{sagent}}(t)$ 表示经验权重；$A_{\text{sagent}_i}^{k_j}(t)$ 表示策略 $k_j(j=1,2,3)$ 对 sagent 的吸引力指数；$\pi_i(k_j)$ 表示 sagent 的预期收益；$I_{\text{sagent}}(k_j)$ 表示示性函数，当 $I_{\text{sagent}}(k_j) = 1$ 时，表明采取该策略，则有

$$A_{\text{sagent}_i}^{k_j}(t) = \frac{N_{\text{sagent}}(t-1)\phi A_{\text{sagent}_i}^{k_j}(t-1) + \pi_i(k_j)}{N_{\text{sagent}}(t)} \tag{8.17}$$

当 $I_{\text{sagent}}(k_j) = 0$ 时，表明不采取该策略，则有

$$A_{\text{sagent}_i}^{k_j}(t) = \frac{N_{\text{sagent}}(t-1)\phi A_{\text{sagent}_i}^{k_j}(t-1) + \partial\pi_i(k_j)}{N_{\text{sagent}}(t)} \tag{8.18}$$

同样采用 Logit 反应函数表述 sagent 选择策略 k_j 的概率，其中 λ 用来衡量吸引力指数在决策中的敏感度。当 $j=1$ 时，表示服务机构 i 在 $t+1$ 期有 $\text{prob}_i^{k_1}(t+1)$ 概率选择策略 k_1，即提高安全生产托管服务质量；当 $j=2$ 时，表示服务机构 i 在 $t+1$ 期有 $\text{prob}_i^{k_2}(t+1)$ 概率选择策略 k_2，即安全生产托管服务质量不变；当 $j=3$ 时，表示服务机构 i 在 $t+1$ 期有 $\text{prob}_i^{k_3}(t+1)$ 概率选择策略 k_3，即降低安全生产托管服务质量。

$$\text{prob}_i^{k_j}(t+1) = \frac{\exp\left(\lambda A_{\text{sagent}_i}^{k_j}(t)\right)}{\sum_{j=1}^{3}\exp\left(\lambda A_{\text{sagent}_i}^{k_j}(t)\right)} \tag{8.19}$$

4. 安全生产托管服务机构（sagent）的"死亡"与"新生"

现实中，服务机构退出市场的原因很复杂，本章模型为模拟需要，需做出高度简化。在模型中，当 sagent 满足以下条件之一时，表明 sagent 被迫退出市场。

（1）当 sagent 连续 t 期实际收益小于等于 0 时，即 $\pi_i \leqslant 0$，退出市场。

（2）模型设置每个 sagent 拥有固定资产数 $\text{GT}(t)$，其总资产 $\text{KT}(t)$ 为固定资产数加上每期利润数，即 $\text{KT}(t) = \text{GT}(t) + \sum \pi$。在周期 t 中，sagent 债务（即被

惩罚金额 $\sum \text{IV}_{\text{punishment}}$ ）超过现有总资产 $\text{KT}(t)$ 的一个固定比例 k，即当 $\sum \text{IV}_{\text{punishment}} / \text{KT}(t) > k$ 时，sagent 因资不抵债而破产。

伴随着周期内一定数量的 sagent "死亡"，新 sagent 进入市场。在模型中，假设新 sagent 加盟与否取决于整个行业平均利润。每周期中，随机产生若干有加盟意愿的服务机构，行业平均利润越高，这些服务机构加盟可能性越大。

5. 政府安监部门（gagent）引导行为决策设计

政府作为"守夜人"，具有维护秩序、防止市场失灵的作用。在小微企业安全生产托管服务市场中，购买安全生产托管服务是企业自发行为，政府安监部门无权干涉企业是否购买服务及购买哪家机构的服务。但不同于普通的消费者市场，服务效果具有严重的滞后性和信息不对称，加之安全事故的多复杂性，很难通过普通商业合同分清权责，这既使小微企业难以识别服务质量，也使其对服务效果追责存在困难。这为服务机构提供劣质安全生产托管服务提供了机会，服务机构一旦提供劣质服务，不仅使企业遭受不必要损失，也不利于安全生产托管服务市场的公平竞争。因此，在系统中设置 1 个安监部门，并引入政府干预行为，实验政府干预对安全生产托管服务的影响。

根据相关文献和现实情境，将政府引导措施概括为政府惩罚、政策奖励、质量评级三种。政府惩罚行为具体表现在以下方面：gagent 对系统内 sagent 的服务质量进行检查，设置惩罚服务质量上限即标准 S_p，当发现 sagent 提供的安全生产托管服务质量低于标准 S_p 时，对其惩罚。政策奖励行为表现在以下方面：gagent 设置政策奖励服务质量下限 S_r，对系统内服务质量高于 S_r 的 sagent 实行政策奖励。质量评级行为表现在以下方面：gagent 定期检查 sagent 服务质量，并据此对所有 sagent 进行质量评级。fagent 能观察到质量评级结果并据此了解 sagent 服务质量。下面通过设置相关参数情境，分别实验不同干预行为对安全生产托管服务的影响。

8.3　政府政策对安全生产托管服务影响的仿真实验

根据以上假设和情境设定，模拟政府 gagent 每期检查系统中服务机构 sagent 的服务质量，并据此分别采取政府惩罚、政策奖励、质量评级三种策略，实验政府政策对小微企业安全生产托管服务的影响。

8.3.1 引入政府惩罚的安全生产托管服务影响实验

生成实验样本 fagent 1 000 个，sagent 20 个，gagent 1 个。sagent 具有初始服务水平 S_0，$S_0 \in (0,1)$。gagent 对 sagent 的服务质量进行检查，S_p 为 gagent 惩罚服务质量上限，即惩罚标准，当发现 sagent 的安全生产服务质量低于 S_0 时，对其惩罚。β 表示惩罚力度系数，惩罚力度系数越大，则惩罚力度越高，设置 $income_{sagent}$ 为 sagent 当期收益，则惩罚值 $IV_{punishment} = \beta \cdot income_{sagent}$。

通过设置三组对比实验，得出政府惩罚对小微企业安全生产托管服务活动的影响。第一组实验分别设置有无政府惩罚两种情境，对比引入和未引入政府惩罚的情境下，整体服务质量的平均演化情况以及进行安全生产托管的小微企业数量变化情况。第二组实验进一步验证在引入政府惩罚后，不同惩罚标准对安全生产托管服务的影响，通过设置惩罚标准 S_p，比较服务质量演化情况。第三组实验验证在引入政府惩罚后，不同惩罚力度对安全生产托管服务的影响，通过设置惩罚力度 β，比较服务质量演化情况。

实验 8.1：在有无政府惩罚两种情境下，服务质量演化及购买安全生产托管服务的企业数量占比。

在无政府惩罚情境中，去除 gagent 相关活动。在有政府惩罚的情境中，加入 gagent 相关活动，同时设置惩罚力度 β =0.8，政府惩罚安全生产托管服务质量上限，即惩罚标准 S_p =0.6。实验结果如图 8.2~图 8.5 所示。

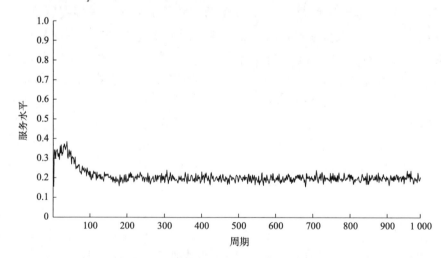

图 8.2 未引入政府惩罚情境下安全生产托管服务质量演化

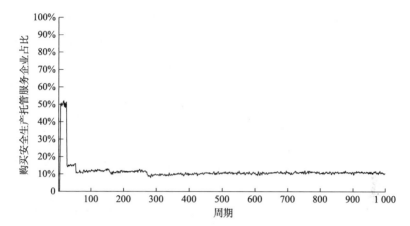

图 8.3　未引入政府惩罚情境下购买安全生产托管服务企业占比

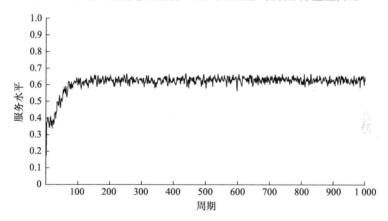

图 8.4　引入政府惩罚情境下安全生产托管服务质量演化

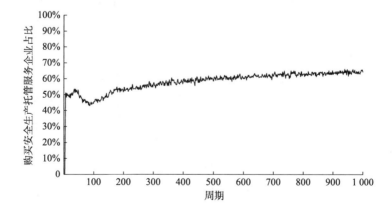

图 8.5　引入政府惩罚情境下购买安全生产托管服务企业占比

由图 8.2~图 8.5 可知，当未引入政府惩罚时，安全生产托管服务平均质量稳定在 0.2 左右，质量偏低，此时购买安全生产托管服务的企业数量占总数的 10% 左右，购买安全生产托管服务的企业较少。当引入政府惩罚时，安全生产托管服务平均质量稳定在 0.6~0.7，整体质量较高，此时购买安全生产托管服务的企业数量不断攀升，最终稳定在 60%~70%，购买安全生产托管服务的企业数量明显上升。由此可知，当引入政府惩罚措施后，服务质量明显提升，同时拉动了购买安全生产托管服务的企业数量，即安全生产托管服务质量提升有助于带动安全生产托管服务市场需求量增加，促进安全生产托管服务市场的良性发展。

实验 8.2：当惩罚力度一定时，在不同惩罚标准下的服务质量演化。

在加入 gagent 相关活动基础上，设定惩罚力度 $\beta = 0.8$ 不变。分别对政府惩罚服务质量上限，即惩罚标准取值 $S_p = 0.3, 0.6, 0.8$。实验结果如图 8.6 所示。

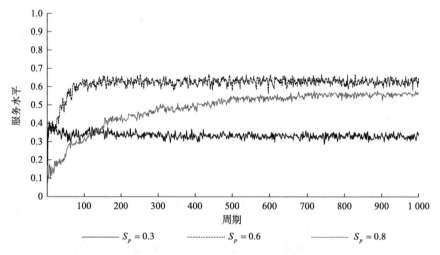

图 8.6　惩罚标准为 0.3,0.6,0.8 情境下安全生产托管服务质量演化

由图 8.6 可知，当惩罚标准为 0.3 时，安全生产托管服务平均质量稳定在 0.3~0.4。当惩罚标准为 0.6 时，安全生产托管服务平均质量稳定在 0.6~0.7。当惩罚标准为 0.8 时，安全生产托管服务质量稳定在 0.5~0.6。由此可知，惩罚标准不可制定过低，但也并非越高越好。当 gagent 惩罚标准 S_p 过高时，大部分 sagent 难以在短期内大幅提升服务质量，即当政府采取惩罚策略时，所制定的惩罚标准应符合多数服务机构现状，这样才能真正有效激励服务机构提高其安全生产托管服务质量，使其为小微企业提供更好的安全生产托管服务。

实验 8.3：当惩罚标准一定时，在不同惩罚力度下的服务质量演化。

在加入 gagent 相关活动基础上，设定政府惩罚标准 $S_p = 0.6$ 不变，分别对惩罚力度系数取值 $\beta = 0.1, 0.8, 1.5$。实验结果如图 8.7 所示。

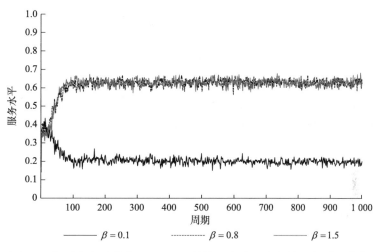

图 8.7　惩罚力度系数为 0.1,0.8,1.5 情境下安全生产托管服务质量演化

　　由图 8.7 可知，当惩罚力度系数为 0.1 时，安全生产托管服务平均质量稳定在 0.2 左右；当惩罚力度系数为 0.8 时，安全生产托管服务平均质量稳定在 0.6~0.7；当惩罚力度系数为 1.5 时，安全生产托管服务平均质量也稳定在 0.6~0.7。可知，当惩罚力度系数过低时，安全生产托管服务质量持续偏低，政府监管未能起到积极作用；当惩罚力度系数过高时，服务机构安全生产服务水平也并未得到进一步提高，且在此情境实验过程中发现，有大量服务机构因压力过大而倒闭。可见，政府在采取惩罚策略时，应设置适当的惩罚力度系数，以有效促进安全生产托管服务质量的提高。

8.3.2　引入政策奖励的安全生产托管服务影响实验

　　生成实验样本 fagent 1 000 个，sagent 20 个，gagent 1 个。sagent 具有初始服务水平 S_0，$S_0 \in (0,1)$。假设 gagent 对市场中服务质量高于 S_r 的 sagent 提供政策奖励。奖励值 $\mathrm{IV_{reward}} = \alpha \cdot (S_t - S_r) \cdot \mathrm{income}/m$，其中，$\alpha$ 为奖励力度系数；income 为所有服务机构的加总收益；income/m 为平均收益。服务机构提供的安全生产托管服务质量 S_t 越高，其所获得的政策奖励值越高。

　　通过设置三组对比实验，得出政策奖励对小微企业安全生产托管服务影响。第一组实验分别设置有无政策奖励两种情境，对比两种情境下，整体安全生产托管服务质量的平均演化情况及购买安全生产托管服务的小微企业数量变化情况。第二组实验进一步验证在引入政策奖励后，不同奖励标准对安全生产托管服务质量的影响，通过设置政策奖励标准 S_r，比较安全生产托管服务质量演化情况。

第三组实验验证不同奖励力度对安全生产托管服务质量影响，通过设置奖励力度系数 α，比较安全生产托管服务质量演化情况。

实验 8.4：在有无政策奖励两种情境下，服务质量演化及购买安全生产托管服务的企业数量占比。

在无政策奖励情境中，去除 gagent 相关活动；在引入政策奖励情境中，加入 gagent 相关活动，同时设置奖励力度系数 $\alpha = 3$，政策奖励服务质量下限，即奖励标准 $S_r = 0.3$。实验结果如图 8.8~图 8.11 所示。

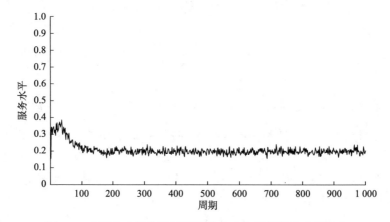

图 8.8　未引入政策奖励情境下安全生产托管服务质量演化

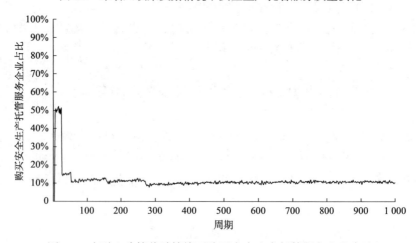

图 8.9　未引入政策奖励情境下购买安全生产托管服务企业占比

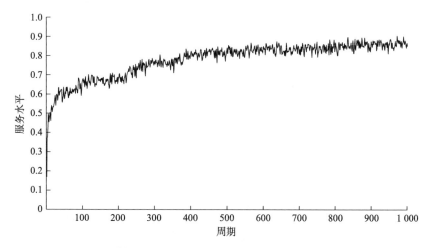

图 8.10　引入政策奖励情境下安全生产托管服务质量演化

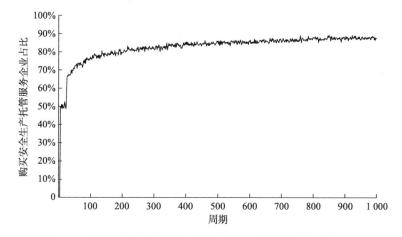

图 8.11　引入政策奖励情境下购买安全生产托管服务企业占比

图 8.8~图 8.11 表明，当未引入政策奖励时，安全生产托管服务平均质量稳定在 0.2 左右，质量偏低，此时购买安全生产托管服务的企业数量占总数的 10%左右，购买服务的企业较少。当引入政策奖励时，安全生产托管服务平均质量稳定在 0.8~0.9，整体质量较高，此时购买安全生产托管服务的企业数量较多，稳定在 80%~90%。由此可知，引入政策奖励措施后，安全生产托管服务质量明显上升，再次证明了安全生产托管服务质量提升能有效拉动安全生产托管服务需求增长，有利于促进安全生产托管服务积极发展。

实验 8.5：当奖励力度系数一定时，不同奖励标准下的服务质量演化。

在加入 gagent 相关活动基础上，设定奖励力度系数 α =1.5 不变，分别对政策奖励标准取值 S_r =0.3,0.6,0.8。实验结果如图 8.12 所示。

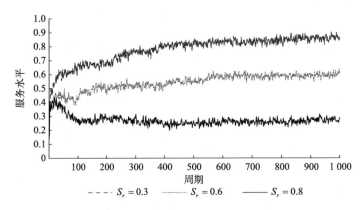

图 8.12　奖励标准为 0.3,0.6,0.8 情境下安全生产托管服务质量演化

由图 8.12 可知，当奖励标准为 0.3 时，安全生产托管服务平均质量稳定在
0.8~0.9；当奖励标准为 0.6 时，安全生产托管服务平均质量稳定在 0.6 左右；当
奖励标准为 0.8 时，安全生产托管服务平均质量稳定在 0.2~0.3。由此可知，若奖
励标准制定过高，则无法影响安全生产托管服务质量。这是因为当奖励标准过高
时，大部分服务机构难以达到其要求，此时奖励值 IV_{reward} 未能对服务机构起到正
向作用，即奖励政策是无效的。此结果也与现实相符，说明过高的奖励标准对安
全生产托管服务质量提升不能起到积极作用。当奖励标准设置较低时，受奖励值
IV_{reward} 函数影响，服务机构安全生产托管服务质量与奖励值呈正相关关系，由此
可知，奖励标准越低，越易激励安全生产托管服务质量的提高。

实验 8.6：当奖励标准一定时，不同奖励力度系数下的服务质量演化。

在加入 gagent 相关活动基础上，设定奖励标准 S_r =0.6 固定不变，分别对奖
励力度系数取值 α =0.5,1.5,3.0。实验结果如图 8.13 所示。

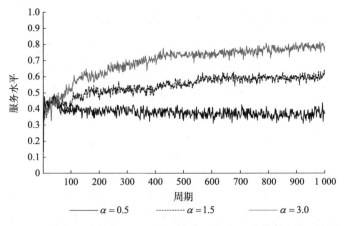

图 8.13　奖励力度系数为 0.5,1.5,3.0 情境下安全生产托管服务质量演化

由图 8.13 可知，当奖励力度系数为 0.5 时，安全生产托管服务平均质量稳定在 0.3~0.4；当奖励力度系数提高到 1.5 时，安全生产托管服务平均质量随之提升，稳定在 0.5~0.6；当奖励力度系数提高到 3.0 时，安全生产托管服务平均质量继续提升，稳定在 0.7~0.8。由实验结果可知，当奖励力度系数过低时，安全生产托管服务质量难以达到预期效果，此时政策奖励无效。只有当奖励力度达到一定比重时，政策奖励才能发挥作用，且奖励力度系数越高，越能激励安全生产托管服务质量的提高。这是因为过低的奖励力度系数导致服务机构获得政策奖励值过低，为其带来的利润额无法抵消提高服务质量所花的高额成本。奖励力度系数越高，服务机构提高安全生产托管服务质量所得政策奖励值越高，当达到一定比重时，服务机构提高安全生产托管服务质量的动力将会显著增强，从而促进安全生产托管服务质量的全面提高。此结果也是与现实相符的。

8.3.3　引入质量评级的安全生产托管服务影响实验

生成实验样本 fagent 1 000 个，sagent 20 个，gagent 1 个。sagent 具有初始服务水平 S_0，$S_0 \in (0,1)$。为观察政府采取质量评级策略下的安全生产托管服务的变化影响，分别设置未引入质量评级和引入质量评级两组情境对比实验。其中在引入质量评级情境中，假设 gagent 定期检查 sagent 服务质量，并对所有 sagent 进行质量评级：服务质量在[0,0.4]、（0.4,0.7]、（0.7,1]的 sagent 分别被评为 C 级、B 级、A 级。fagent 能观察到质量评级结果，并由此了解 sagent 的服务质量。实验结果如图 8.14~图 8.17 所示。

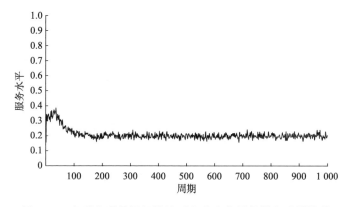

图 8.14　未引入质量评级情境下安全生产托管服务质量演化

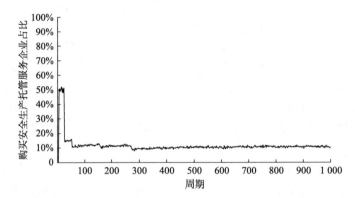

图 8.15　未引入质量评级情境下购买安全生产托管服务企业占比

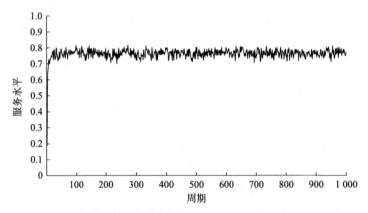

图 8.16　引入质量评级情境下安全生产托管服务质量演化

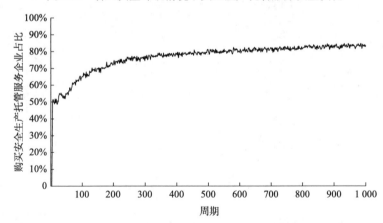

图 8.17　引入质量评级情境下购买安全生产托管服务企业占比

由图 8.14~图 8.17 可知，当未引入质量评级时，安全生产托管服务平均质量偏低，稳定在 0.2 左右，此时购买安全生产托管服务的企业数量占总数的 10%左右，购买服务的企业较少。当引入了质量评级后，安全生产托管服务平均质量稳定在 0.7~0.8，整体质量较高，此时购买安全生产托管服务的企业数明显增加，稳定在 80%左右。由此可知，当 fagent 可观测 sagent 的服务质量时，会主动寻求高服务质量的 sagent 进行合作，这充分说明小微企业具有寻求高质量安全生产托管服务的需求。引入质量评级策略能有效激发更多小微企业购买高质量安全生产托管服务，并促进安全生产托管服务高质量发展，这进一步证明了安全生产托管服务质量与安全生产托管服务需求呈现相互激励的良性互动关系，并由此形成了积极的发展态势。

8.4　实验结果分析

通过以上不同政府引导策略的实验结果，可以看出以下内容。

1）政府政策对安全生产托管服务产生重要影响

当政府对提供安全生产托管服务的第三方服务机构进行监管后，服务质量明显提升，良好的安全生产托管服务质量能够刺激购买安全生产托管服务的企业数量增加，此时安全生产托管服务市场呈现良性发展态势。因此，在目前我国小微企业安全生产管理水平较差的情境下，政府对安全生产托管服务质量进行监管不仅符合我国的国情和企业发展需求，也符合在市场失灵情况下政府的职能定位。

2）政府惩罚策略需设置适当的惩罚标准与惩罚力度系数

演化实验结果表明，当实施惩罚策略时，需设置适当的惩罚标准和惩罚力度系数。其中惩罚标准过高或过低，都难以达到刺激服务机构提高其服务质量的目的。同样惩罚力度系数过低或过高，也会导致政府惩罚策略无法起到积极作用，不利于安全生产托管服务质量的提高。可见，设置的惩罚标准和惩罚力度系数只有符合多数服务机构的专业能力和实力现状，才能真正高效激励服务机构提高其安全生产托管服务质量。

3）当采取政策奖励策略时，同样需要设置适当的奖励标准和奖励力度系数

奖励标准制定过高，将导致大部分服务机构难以达到要求，此时政策奖励未能起到正向作用，因此需要将其标准降低，让服务机构通过提高安全生产托管服务质量得到政府的奖励回报，从而受到激励，以更好提升服务质量。同时，奖励力度系数不可设置得过低，若奖励力度系数过低，其带来的利润额无法抵消服务机构为提高服务质量所花费的成本额，即达不到激励安全生产托管服务质量提升

的预期效果。因此须使奖励力度系数达到一定比重，服务机构提高安全生产托管服务质量所得到的政策奖励值越大，其提升安全生产托管服务质量的动力将越强，政策奖励才能发挥越大的作用。

4）实行质量评级策略也能有效激励服务质量提升

演化实验表明，当政府机构引入安全生产托管服务质量评级并予以公开后，企业可观测各服务机构的安全生产托管服务质量，并主动寻求高质量的服务机构进行合作。这一举措也能激励安全生产托管服务质量大幅提升，并带动更多企业购买安全生产托管服务，最终使安全生产托管服务市场形成良性积极的发展态势。

5）三种策略的对比发现

三种策略在特定情境下均能有效促进服务机构提升服务质量，激励中小企业购买安全生产托管服务，保障安全生产托管服务市场良性发展。但每种策略都有其利弊。从安全生产托管服务市场运行效果角度看，政策奖励最为有效，只要降低奖励标准，加大奖励力度，就能在很大程度上促进服务质量的提升，保障市场发展。相比于政策奖励策略，政府惩罚策略则需格外关注惩罚标准与惩罚力度系数。若设置的惩罚标准及惩罚力度系数过低，则措施无效；若设置的惩罚标准或惩罚力度系数过高，服务机构将因难以在短期内大幅提高服务质量，不堪重负而退出市场，这违背了促使安全生产托管服务市场良好运行的愿景。从策略实施的可操作性角度看，政策奖励策略需要政府大量的资金投入，实施难度较大。相比于政策奖励策略，政府惩罚策略和质量评级策略仅需政府花费质量识别成本，其可操作性相对较高。总结三种策略利弊可知，政策奖励策略是促进服务质量提升最有效的措施，然而该措施的实施成本最高。政府惩罚策略同样有效，但实施该策略可能会因对服务机构压力过大而带来不利影响，质量评级策略既有利于提升服务质量，实施成本也较低。

本 篇 小 结

　　本篇以小微企业安全生产服务市场运行问题与治理对策为研究主题，以引导安全生产服务市场良好运行为目标，探究了该市场未达到预期运行效果所存在的问题及根源。运用扎根理论和计算实验方法，把握小微企业安全生产服务市场系统运行的演化规律，明晰关键问题的解决措施，为促进小微企业安全生产服务市场有效运行提供了理论与实践参考。

　　以安全评价服务市场为例，一方面，应用扎根理论研究方法探析了小微企业安全生产刚需服务运行目标偏离原因，提炼并构建了市场参与主体交互作用下的市场运行目标偏离形成机理的理论模型，并对该模型进行分析。由此发现，安全评价服务市场中各主体的行为策略不仅受自身主导逻辑影响，也受所处市场环境的资源依赖制约影响。各主体在其交互作用下的行为策略均属消极，并最终影响安全评价制度运行目标的实现。另一方面，从政府监管视角出发，采用计算实验方法，模拟安全评价服务市场参与主体的交互行为，分析了小微企业安全生产刚需服务过程中出现的企业与服务机构合谋、服务机构提供劣质服务等违规问题。

　　以安全生产托管服务市场为例，采用计算实验方法，通过检验不同政府策略下服务质量的提升情况，来分析小微企业安全生产柔需服务市场中低质服务损害市场运行的问题。实施质量评级策略，使企业观测各服务机构的服务质量，并主动寻求高质量的服务机构进行合作，从而激励安全生产托管服务质量提升，带动更多小微企业购买安全生产托管服务，最终使安全生产托管服务市场良性发展。

第4篇　小微企业安全生产市场化服务质量评价研究

我国安全生产市场化服务处于起步阶段，对安全生产市场化服务的评价，还停留在安全评价机构资质的审批上，对安全评价服务、安全生产检测检验服务等各类安全生产刚需服务，以及安全生产咨询、安全生产托管服务等各类安全生产柔需服务，尚缺少服务质量管理与评价的统一标准或规范，使得安全生产市场化服务质量无论是在纵向还是横向上都难以考量。服务质量评价标准的缺失，不利于安全生产服务机构的长期管理，不利于形成行业内部的比较和选择，进而影响其竞争机制的形成，不利于开展有针对性的持续质量改进，不利于维护小微企业权益。因此，科学合理地对安全生产市场化服务质量进行评价，无论是对管理部门、服务机构，还是对小微企业的安全生产水平提升都具有重要意义。

而且，安全生产刚需服务和柔需服务质量评价工作差异非常大，需要在明晰两者特点的基础上，构建具有针对性的评价体系。因此，接下来的两章分别针对安全生产刚需服务和安全生产柔需服务，分析各自质量评价工作的特点，选择不同的方案构建各自的评价指标体系。

针对安全生产刚需服务质量评价，在明晰刚需服务质量评价特点、评价指标体系结构的基础上，选择扎根理论这一方法，通过对期刊文献、新闻报道和现场访谈资料的逐级编码分析，凝练影响安全生产市场化服务质量的影响因子，梳理各影响因子之间的作用关系，并在此基础上，构建小微企业安全生产刚需服务质量评价指标体系。

针对安全生产柔需服务质量评价，在明晰柔需服务质量评价特点的基础上，选择 INDSERV 模型，开发设计安全生产柔需服务质量评价测量量表，据此确定安全生产柔需服务质量评价的维度和题项，并利用调查问卷数据，来确定各题项的权重，在此基础上，构建安全生产柔需服务质量评价指标体系。

第 9 章　安全生产刚需服务质量评价

在第 8 章中，运用计算实验方法，考察政府政策对安全生产市场化服务的影响，发现引入了质量评级后，服务质量大幅提升，与此同时，购买安全生产服务的企业明显增多，服务质量的提升对整个市场的良性发展起到了正向的推动作用。要想提高安全生产市场化服务质量，首先需要构建科学合理的服务质量评价体系。本章拟通过对安全生产刚需服务质量评价流程的梳理，分析质量评价过程中相关主体的行为，明确各个主体在不同阶段承担的评价角色及行为。选取调研对象，进行实地访谈，对安全生产刚需服务质量评价进行探索性研究，运用扎根理论方法对收集的数据进行分析，确定评价指标，最终构建安全生产刚需服务质量评价指标体系。

9.1　安全生产刚需服务质量评价特点

9.1.1　评价的过程性与整体性

安全生产刚需服务质量评价是贯穿于整个服务过程中的，具有整体性。同时，安全生产刚需服务是一个过程，对服务的评价也具有过程性。

从表面上来看，安全生产刚需服务质量评价发生在服务机构向企业提供服务之后，但事实上，安全生产刚需服务质量评价从机构实施刚需服务之前就开始了。根据国家规定，机构在开展安全生产刚需服务工作前，必须向资质认可机关（省级应急管理部门、省级煤矿安监部门）提交相关资料，进行资质认证。这是机构实施安全生产刚需服务之前的质量控制阶段。通过安全生产刚需服务资质认证的机构才能向企业提供相应的安全生产刚需服务。因此，安全生产刚需服务质量评价应该是对服务的整个过程的质量进行评价，不仅包括安全生产刚需服务实施过程中的质量评价，还包括机构的资质认可审核与安全生产刚需服务报告的评价，具有整体性，如图 9.1 所示。

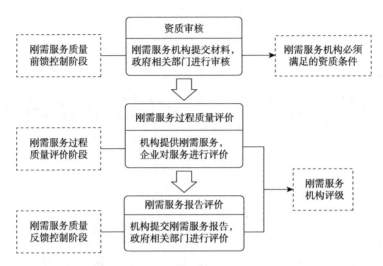

图 9.1　安全生产刚需服务质量评价整体性

　　安全生产刚需服务质量评价的整体性与过程性是相结合的，整体评价就是对整个服务过程有针对性地进行评价，如图 9.2 所示。

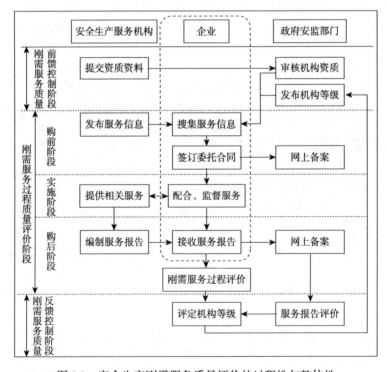

图 9.2　安全生产刚需服务质量评价的过程性与整体性

9.1.2　评价的阶段性与多主体性

从安全生产刚需服务质量评价的整个过程来看，它可以分为三个阶段：刚需服务质量前馈控制阶段、刚需服务过程质量评价阶段、刚需服务质量反馈控制阶段。

在三个不同的评价阶段，各个相关主体发挥的作用不同，评价对象与评价内容也不同，见表9.1。

表 9.1　安全生产刚需服务质量评价各阶段特征

评价阶段	企业/机构行为	评价主体	评价对象	评价内容
刚需服务质量前馈控制阶段	服务机构向资质认可机关提交资质审核资料	省级安监部门	服务机构	资质审核
刚需服务过程质量评价阶段	企业选择服务机构，签订合同；服务机构实施服务	购买服务的企业	服务机构	服务过程质量
刚需服务质量反馈控制阶段	服务机构向政府安监部门提交服务报告	政府安监部门	服务机构	服务报告质量

1）刚需服务质量前馈控制阶段

刚需服务质量前馈控制阶段，即安全生产刚需服务机构资质审核阶段，确保机构在提供安全生产刚需服务之前，必须具备相应的资质。在该阶段，安全生产刚需服务机构向资质认可机关提交相关资料，由资质认可机关对其进行审核，确定该机构是否具备安全生产刚需服务能力。若审核通过，机构资质信息将在网上进行公示和公开；若审核未通过，机构则不能向企业提供安全生产刚需服务。目前，在政府安监部门网站上可以查询安全生产服务机构的资质信息。

安全生产刚需服务机构资质审核阶段是整个安全生产刚需服务质量评价的前馈控制阶段，是安全生产刚需服务的质量把关阶段，关系到企业的生产安全，是不可或缺的阶段。国家要求资质认可机关严格履行审批职责，落实监管责任。

2）刚需服务过程质量评价阶段

刚需服务过程质量评价阶段是指企业对安全生产刚需服务机构提供的相关服务进行评价的阶段。例如，企业与服务机构签订合同之前对其的评价，主要目的是考察机构的服务能力水平；接着企业对服务机构提供的服务进行评价，评价内容聚焦于服务实施过程；企业在安全生产刚需服务完成之后，对服务所产生的安全生产效果进行评价。

3）刚需服务质量反馈控制阶段

刚需服务质量反馈控制阶段，即安全生产刚需服务报告质量评价阶段。在该阶段，政府安监部门组织专家对安全生产刚需服务机构提交的服务报告进行评价，确保评价报告的真实性和全面性。

9.1.3　评价的针对性与独立性

安全生产刚需服务是法律法规强制要求的，企业为了按照相关规定取得安全生产合格报告而购买刚需服务。为了保障员工的安全与健康、企业的安全生产、社会的安全稳定，对企业安全生产应高度重视，所以，为了促进刚需服务质量水平提升、保障安全生产，对刚需服务质量进行评价是必要的，也是必需的。

安全生产刚需服务质量评价的独立性必须得到保证，评价应该是真实有效的，这关系到企业的安全生产、员工的安全与健康、社会的安全稳定。评价过程中要杜绝服务机构为了得到较高的评价，而与企业等评价主体进行合谋等行为。由于各个企业所处行业不同，自身资源条件有差异，其安全生产刚需服务质量评价也有针对性，要从服务企业的实际出发，不能泛泛而谈。

9.2　安全生产刚需服务质量评价指标体系构建研究方案

9.2.1　安全生产刚需服务质量评价指标体系构建流程

安全生产刚需服务质量评价指标的选取和确定过程是一个科学性、系统性的过程，需要在具备相关理论基础的前提下，对安全生产刚需服务现实状况进行了解，根据安全生产刚需服务质量评价的特点，生成评价指标，经过筛选，确定评价指标，最后确定评价指标体系，如图 9.3 所示。

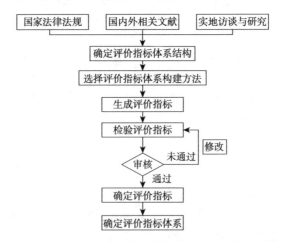

图 9.3　安全生产刚需服务质量评价指标体系构建流程

9.2.2　安全生产刚需服务质量评价指标体系结构

在建立安全生产刚需服务质量评价指标体系过程中，体系结构的确定是非常重要的，直接影响到最终评价的结果。首先，体系结构根据安全生产刚需服务质量评价的特点进行设定，评价指标要与质量评价总目标保持一致，体现评价目的。其次，由服务质量评价的可操作性可知，指标必须是可执行的。因此，可以采用层次化结构设定评价指标，将评价总目标层层分解，构建刚需服务质量评价指标体系。

安全生产刚需服务质量评价是总的评价目标，根据刚需服务质量评价的过程性特点，将总目标进行分解，即准则层，然后再将准则层分解成具体指标，如图 9.4 所示。

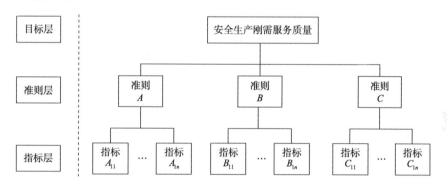

图 9.4　安全生产刚需服务质量评价指标体系

由于安全生产刚需服务评价的复杂性，如有必要，指标层的一级指标，再分解成二级指标，如图 9.5 所示。

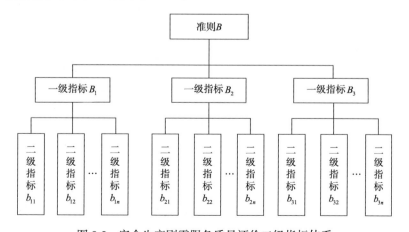

图 9.5　安全生产刚需服务质量评价二级指标体系

9.2.3 安全生产刚需服务质量评价指标体系构建方法

安全生产服务机构向企业提供刚需服务，在企业安全生产水平提升中发挥了重要的作用。安全生产刚需服务质量水平直接影响企业的购买意愿和互动意愿，进而影响企业安全生产水平的提高。目前，在该方向的研究中，学者主要从宏观层面对服务机构进行研究，集中于服务机构发展及管理相关研究，关于安全生产刚需服务质量评价的研究则很少。评价指标体系构建方法一般根据安全生产刚需服务的特点进行选取。

机构的服务对象是购买刚需服务的企业，企业是服务的购买者。机构向企业提供服务的过程，是双方直接接触的过程。企业对安全生产刚需服务质量评价最有发言权。因此，要研究安全生产刚需服务质量评价，就要深入了解企业对刚需服务质量的认知、预期、评价标准、评价要求等。在目前未形成安全生产刚需服务质量评价指标体系相关理论的前提下，采用扎根理论方法，搜集和梳理企业对安全生产刚需服务质量评价的实际要求，进行理论概括，并将其转化成概念，从而构建安全生产刚需服务质量评价体系。

9.2.4 资料搜集方式

运用扎根理论方法对安全生产刚需服务质量评价进行研究，对其资料的搜集方式包括文献资料搜集、新闻报道资料搜集和实地资料搜集。

1）文献资料搜集

由于安全生产市场化服务质量评价研究是一个新的领域，用"安全生产市场化服务质量评价"进行主题、题名或关键词途径检索，未见相关文献。因此，考虑将检索字段进行扩展，用"安全生产服务+评价"及"安全生产+服务评价"进行主题、题名或关键词途径检索，仍然未见相关文献。

安全生产市场化服务质量评价是一个较为前沿的领域，使用以上的检索字段检出的文献太少。为了便于从根本上揭示安全生产服务的研究现状，对安全生产服务的整体现状进行了搜集和整理。考虑到以往对"安全生产生产化服务机构"的表述较多，为了不遗漏任何一篇相关文献，将检索字段进一步扩展为"安全生产服务"，接着进行主题、题名或关键词途径检索，截至 2019 年 11 月，共检索到 363 篇相关文献。再对搜索到的文献进行筛选，通过阅读每一篇文献的摘要部分，将与研究主题无直接关联的文献剔除，共获得 72 篇文献。如图 9.6 所示，从 2013 年开始，研究安全生产服务的文献数量开始增加。

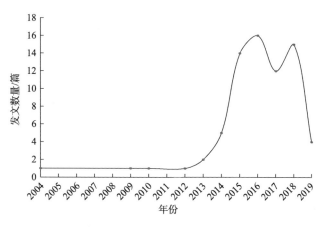

图 9.6　相关主题文献年发文数量

2）新闻报道资料搜集

安全生产服务的实践性较强，出于对最新实际资料研究的目的，对新闻报道资料进行搜集，检索词设置为"安全生产+服务+评价""安全生产+机构+评价""安全生产+中介+服务"。将检索词输入检索框，选择新闻，首先按照焦点进行排序，然后按照时间进行排序，搜索相关新闻报道。因为搜索到的报道较多，为了更有效地了解现实情况，仔细阅读搜索到的每一篇报道，确认其与研究主题密切相关后，进行保存。最终经过筛选，得到28篇具有相关研究价值的报道。

3）实地资料搜集

安全生产市场化服务涉及服务的提供者和购买者，因此在评价服务质量时，要充分考虑提供者与购买者的意见。在实地资料的搜集过程中，选择的被访对象应该包括服务双方，安全生产市场化服务的提供者为安全生产服务机构；服务的购买者主要为企业，还包括整体购买服务的工业园区等。

为了保证被访对象全面覆盖服务双方，并具备代表性，本次研究的被访对象包括企业、安全生产服务机构、工业园区等。江苏省内企业及工业园区众多，安全生产意识较强，具有安全生产刚需服务购买经验；安全生产服务机构发展迅猛，经历过服务过程中出现的各种问题。通过对安全生产相关部门的咨询，了解了安全生产刚需服务实际情况，选取了具有代表性的被访谈对象，包括 3 家企业、1 个工业园区、2 家安全生产服务公司。

为了确保访谈的有效性，在实地访谈之前，针对安全生产市场化机构服务质量评价问题进行了充分的讨论，制定了访谈大纲；将搜集安全生产相关新闻作为日常工作，并根据现实中发生的事件、最新的政策法规对访谈大纲进行修改；在每次访谈之前，对访谈单位的基本情况及其安全生产现状进行资料搜集及整理，并根据访谈单位的实际情况再次调整访谈大纲。

为了确保访谈搜集信息的真实性，在调研设计时，计划在同一个单位寻找多个访谈对象访谈。但是在实际访谈中发现，访谈单位内部员工能够遵守安全生产管理要求，但是很少能在管理层面明确安全生产管理的重要性，并开展工作。为了保证访谈的效率，舍弃了较大样本量的调查，有针对性地选择与安全管理相关的人员进行深度访谈。

2017 年 10 月~2018 年 3 月，对安全生产刚需服务质量评价相关主体进行了高效率的实地调研，刚需服务质量评价访谈对象情况见表 9.2。实地调研主要以深度访谈的形式进行，经过被访谈者的同意，通过文字和录音等方式对访谈进行记录，访谈的内容主要围绕安全生产刚需服务质量评价进行。

表 9.2　刚需服务质量评价访谈对象情况

访谈时间	访谈企业	访谈人员	访谈时长
2017.10	江苏镇江某企业	安全生产负责人 T-011	2 小时
2017.10	江苏某电镀工业园区	电镀工业园区总经理 T-021	1 小时
		电镀工业园区安全总监 T-022	1.5 小时
2017.11	江苏徐州某企业	安全生产负责人 T-031	2 小时
2017.12	江苏某电厂	人力资源总监 T-041	1 小时
		安全生产总监 T-042	2 小时
2018.02	江苏南京某安全生产服务公司	总经理 T-051	2 小时
2018.03	江苏泰州某安全生产服务公司	总经理 T-061	2 小时

9.3　安全生产刚需服务质量评价指标的扎根理论分析

9.3.1　初始编码

通过 9.2.4 小节分析可知，采用扎根理论方法对安全生产刚需服务质量评价进行研究是适合的。但直接对实地访谈搜集的大量文本资料进行编码的难度较大，因此通过阅读文本，对相关安全生产服务质量的观点进行整理。为了确保文本的客观性，在对其进行观点化抽取时，首先尝试从文本中直接抽取，如果文本太长，不能达成的话，再对该部分观点进行总结。

首先，对文献进行观点化处理，对已经搜集的 72 篇相关文献进行文本的抽取，将其处理成由语句构成的文本资料。为了确保观点化处理过程的客观性，先对全文进行阅读，找出能够代表全文观点的语句，然后与摘要部分进行对比，选择更能凝练文章中心的语句。为了更清晰地进行梳理，采用"文献序号-发表时间-句子序号"来对数据文献进行编号，如"L-021-08"表示来自第21篇文献（2008年发表）。

其次，对新闻报道进行梳理。新闻报道侧重在实际工作中发生的新事件、实施的新规定、采取的新措施等，通过对新闻报道的观点化处理，抽取现实的新现象、新概念。将相关的新闻报道中的语句进行整理，同样采用"新闻序号"来对新闻报道编号，如"N-017"表示来自第17篇新闻报道。

再次，对实地资料进行整理，先对录音的文字资料进行整理，在阅读研究的基础上，进行观点的梳理，画出代表观点的语句，然后将这些语句进行再阅读，再梳理。对于重复出现的语句，选择一句即可；对于部分前后矛盾的语句，进行删除。同样采用"访谈序号-句子序号"对这些语句进行编号，如"T-012-01"表示第1次访谈的第二位被访者的第一句话。

最后，对抽取、提炼的原始语句进行编码，获得 6 个范畴。由于原始语句较多，因此在表 9.3 中每个范畴仅用有代表性的原始语句进行描述。根据文献、新闻报道、实地调研搜集的资料挖掘的 6 个范畴分别是政府完善安全生产立法、政府加强资质审核、机构潜在服务能力、机构服务实施能力、机构服务效果质量、机构服务结果质量。

表 9.3　初始编码形成的范畴

范畴	原始语句（示例）
政府完善安全生产立法	T-012-19 用立法的形式对中介、企业进行约束 T-042-22 安全生产相关立法十分重要，立法后相关要求容易实施，企业员工也容易接受 L-021-08 完善我国安全生产立法 L-033-11 以立法实现行政管理和市场化服务之间的平衡
政府加强资质审核	T-051-20 确保符合标准，让那些差的服务机构进不来，大家都靠本事做事情 T-021-08 服务机构的责任重大，水平差的不能从事该类业务 L-030-01 对中介机构进行监督，提高行业准入门槛 N-017 设立中介服务业分会，加强行业自律，完善信用管理
机构潜在服务能力	T-021-09 我们找中介的时候肯定是要找水平高的 T-021-17 服务机构要对我们的生产技术保密 T-022-12 水平差的安全生产服务机构也在这个行业，万一安全工作不到位，那就很麻烦 T-041-23 我们在选择安全生产服务机构之前，就要了解情况，安全生产服务机构肯定是要符合国家要求的、服务好的，要不然出问题就麻烦了 T-041-48 机构要和我们好好谈一谈，他们要分析，看看我们的生产情况，要能针对我们企业服务 L-005-15 安全生产服务机构在技术服务方面具有很大的优势 L-003-17 企业肯定要知道服务机构的真实信息

续表

范畴	原始语句（示例）
机构服务实施能力	T-031-15 企业和中介机构的沟通挺重要的，企业哪里安全措施不到位，怎么整改，工人要怎么做事，这都要一起来说的 T-051-13 我们是要和企业了解情况的，不能只按照我们自己的想法来 T-061-29 我们肯定要对企业的安全生产的全过程管理的，做到哪一步都是要清楚的 N-002 机构技术能力重要 N-004 放低价格、放低安全评价标准来抢夺市场 N-020 安全评价收费贵、收费乱已经成为一大难题 L-022-09 科技支撑力量薄弱，安全现场管理者监督流于形式 L-032-01 特种人员培训固定单一，针对性不强 L-056-01 过程管控不严格 L-063-01 很多被评价的中小规模企业反映评价花销太高，安全评价耗时较长 L-065-15 盲目追求经济效益，不能严格按照《安全生产法》和相关法律规范要求开展工作 L-069-15 应建立规范其自身运行的制度标准和服务守则
机构服务效果质量	T-011-06 好的中介服务能帮企业省不少事情，做得到位的话，能保证工人安全 T-021-22 安全评价有作用，使工人不仅知道安全重要，还明白该怎么做 T-041-16 服务机构做了危险辨识，才能在报告中把我们这边需要整改的地方讲清楚 L-058-15 在服务上偷工减料、降低成本，恶意竞争，导致一些安全评价与安全检测流于形式 N-034 服务机构所出具的评估报告不能真正帮助企业识别风险并提出有针对性的防控措施
机构服务结果质量	L-010-07 中介机构服务低劣，出具报告质量差 L-028-17 安全生产规章制度不规范；安全生产责任制落实不到位；安全检查开展不到位 L-065-15 评价报告不规范，没有起到客观、公正的评价作用 N-011 评价内容不全，空话、套话多，无实际内容等 N-021 引用法律法规和规范性文件不全面、对危险有害因素辨识分析不准确、安全对策不具体且缺乏针对性、重大危险源辨识过程不准确、结论不全面、评价过程控制落实不严格 N-027 服务机构出具虚假证明、报告或评价报告存在重大疏漏

9.3.2　主轴编码

主轴编码是一个关联式登录，对开放性编码形成的范畴进行聚类分析，并按照一定的逻辑关系，对其进行重新排列组合。主轴编码过程需要回答关于"哪里、为什么、谁、怎样以及结果如何"这些问题。因此，主轴编码的过程就是对开放性编码形成的范畴进行梳理、比较、聚类之后，发现范畴之间潜在的逻辑之间的关系，并形成主范畴的过程。在开放性编码形成安全生产市场化机构服务评价范畴的基础上，进行比较与分析，将 6 个范畴整合成 3 个主范畴。与安全生产市场化机构服务评价相关的各个主范畴，以及对应的开放性编码的范畴、范畴的内涵，如表 9.4 所示。

表 9.4　基于主轴编码形成的主范畴

主范畴	对应范畴	范畴的内涵
服务支撑质量	机构资质审核	为了保障刚需服务质量，政府安监部门根据法律规定对机构的资质进行审核

续表

主范畴	对应范畴	范畴的内涵
服务过程质量	机构潜在服务能力	服务范围的明晰性；对企业资料包括生产流程等保密能力；对企业真实需求的把握能力
	机构实施服务能力	机构在向企业提供刚需服务过程中体现出来的识别危险源、选取适合处理方法等专业能力；明晰职责等管理能力；确保内外部信息通畅的沟通能力；应对突发情况的灵活性；实施运行的控制能力；等等
	机构服务效果质量	机构能够根据企业实际情况提供高质量的、具有实际指导作用的安全生产关系服务报告；提升企业的安全生产水平；提升员工安全生产意识
服务结果质量	机构服务报告质量	机构能够根据企业实际情况提供真实的、合规的安全生产刚需服务报告

9.3.3 选择性编码

选择性编码从所有范畴中挖掘核心编码，并系统地和其他范畴予以联系，分析、梳理其间的关系。当进行选择性编码时，需要根据搜集来的资料以及由此梳理出来的范畴来思考，得到可以简要说明全部的、目前的现象的核心范畴及范畴之间的关系，即需要阐明"故事线"。"故事线"刻画了主范畴的典型关系结构。当"故事线"完成后，实际上也就发展出了新的实质的理论框架。以"安全生产服务机构刚需服务质量"为核心范畴，刻画了主范畴的典型关系结构，如表9.5所示。

表 9.5 主范畴的典型关系结构

典型关系结构	关系结构的内涵	初始概念
服务支撑质量 ——→ 安全生产服务机构刚需服务质量评价	审核机构资质：政府根据安全生产立法，进行机构资质审核，保证机构服务质量	完善立法、约束市场化机构行为、国家层面管理、行政管理、强制规定、服务机构资质审核、国家相关规定、提高准入门槛等
服务过程质量 ——→ 安全生产服务机构刚需服务质量评价	服务潜在质量：为了保障服务质量，机构必须具备的服务能力情况	机构服务范围透明度、对企业重视程度、资料保密能力、对企业真实需求把握能力等
	服务实施质量：机构在向企业提供刚需服务过程中体现出来的水平情况	机构工作灵活性、人员专业性、工作有序性、监管能力、沟通能力、收费合理性
	服务效果质量：机构服务报告能够准确识别企业风险，提出的整改措施与对策可实施性强	报告具有准确性、全面性、针对性、可实施性
服务结果质量 ——→ 安全生产服务机构刚需服务质量评价	服务报告质量：机构能够根据企业实际情况提供真实的、合规的安全生产刚需服务报告	机构刚需服务报告合规性、真实性

表 9.5 对安全生产刚需服务质量评价的描述，显示了三个主范畴，即服务

支撑质量、服务过程质量、服务结果质量。这 3 个主范畴分别对应服务质量评价的三个阶段，即刚需服务质量前馈控制阶段、刚需服务过程质量评价阶段、刚需服务质量反馈控制阶段。在此基础上，构建安全生产刚需服务质量评价维度，如图 9.7 所示。

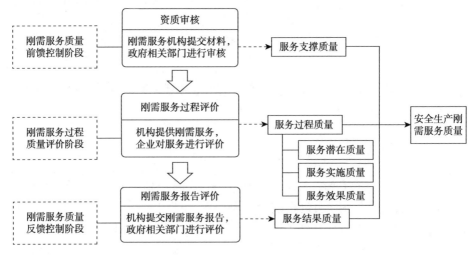

图 9.7　安全生产刚需服务质量评价维度

9.3.4　理论饱和度检验

构建指标体系中的一个重要工作就是理论饱和度检验。一般情况下，选用一小部分采集到的原始资料作为理论饱和度检验的样本资料，通过对检验数据梳理、分析之后，发现不能析出新的概念、范畴，则认为该指标体系已达到理论饱和点。为了进行理论饱和度检验，在研究初始，预留 15%左右的原始资料作为检验的样本资料。为了保证研究的客观性，请课题组其他成员对这部分原始资料进行研究。最终，没有发现新的概念，也没有形成新的范畴，对主范畴之间的关系进行思考，也没有发现新的关系。因此，构建的模型通过理论饱和度检验。

9.4　安全生产刚需服务质量评价指标体系构建

9.4.1　安全生产刚需服务质量评价指标体系层次结构建立

根据本章运用扎根理论方法对安全生产刚需服务质量评价维度模型的研究，

分析出安全生产刚需服务质量评价维度，主要包括服务支撑质量、服务过程质量、服务结果质量，如图9.8所示。

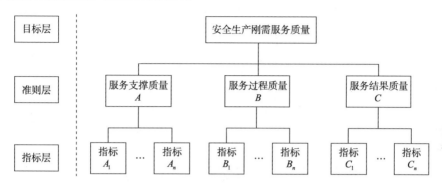

图9.8　安全生产刚需服务质量评价维度模型

安全生产刚需服务评价在安全生产服务管理中起到了重要作用，可以有效促进安全生产刚需服务市场的有序发展，避免"良币驱逐劣币"的现象发生。从刚需服务评价涉及的全过程来看，评价过程由三个阶段组成（表 9.6），前馈控制阶段，即机构资质审核阶段；服务过程质量评价阶段；反馈控制阶段，即刚需服务报告质量评价阶段。

表 9.6　安全生产刚需服务质量评价阶段

评价名称	评价阶段	评价内容
服务支撑质量评价	前馈控制阶段	刚需服务资质认可审核
服务过程质量评价	服务过程质量评价阶段	刚需服务工作过程质量评价
服务结果质量评价	反馈控制阶段	刚需服务报告质量评价

1）服务支撑质量评价——前馈控制阶段

前馈控制阶段是政府安监部门对服务机构的安全生产刚需服务资质认可审核阶段，是整个评价体系中最重要的一个环节，对整个安全生产刚需服务质量控制起着关键作用，也是最严格的一个环节。在该环节，安监部门严格按照国家相关法律法规对服务机构进行审核。服务机构具备相关资质是向企业提供安全生产刚需服务的必需条件，也是前提条件，只有符合资质条件的机构才能提供相关服务。政府安监部门按照相关法律法规对服务机构的资质进行认定、信息公开和监管。服务支撑质量评价，即政府安监部门对机构资质的审核，是按照国家相关法律法规进行的。

2）服务过程质量评价——服务过程质量评价阶段

安全生产刚需服务过程质量评价阶段，指企业在购买并接受安全生产服务之后，根据实际服务感知对服务质量进行评价的阶段。这一环节是企业对机构服务质量水平的真实反映，该环节的评价得分在很大程度上反映了企业对服务机构安全生产服务的再次购买意愿，影响其再次购买的积极性。

3）服务结果质量评价——反馈控制阶段

在服务机构结束了为企业提供的服务，向政府安监部门提交该次服务报告后，由相关领域的专家人员对报告进行评价，即对服务结果进行评价。刚需服务报告质量评价采用第三方进行评价，不仅具有客观性，也遏制了企业与服务机构的合谋发生。

9.4.2 安全生产刚需服务支撑质量评价指标梳理

安全生产刚需服务支撑质量是指为了保障安全生产刚需服务的完成，服务机构必须具备的、符合法律法规规定的资质要求。安全生产刚需服务支撑质量评价过程是对服务机构资质的认可审核过程。为了确保安全生产刚需服务的有效性，国家明确了服务机构的资质要求，并设置了严格的资质认可程序。2018年6月19日由应急管理部第8次部长办公会议审议通过了《安全评价检测检验机构管理办法》，自2019年5月1日起施行。

1. 安全生产刚需服务支撑质量评价内容

根据《安全评价检测检验机构管理办法》，对提供安全生产刚需服务的服务机构（从事海洋石油天然气开采的安全评价检测检验机构除外）资质认可审核内容主要包括以下几个方面。

1）法人资格

无论是安全评价机构，还是安全生产检测检验机构，都必须具备独立的法人资格。

2）固定资产

对于固定资产，安全评价机构不少于800万元，安全生产检测检验机构不少于1 000万元。

3）工作场所建筑面积

工作场所建筑面积不少于1 000平方米。出于安全评价机构在服务过程中的档案留存需要，对档案室的要求较高，档案室不少于100平方米，设施、设备、软件等技术支撑条件满足工作需求。安全生产检测检验机构必须具备与从事安全生产检测检验相适应的设施、设备和环境，检测检验设施、设备原值不少于800万元。

4）专业人员

安全评价机构的服务专业人员为安全评价师，安全生产检测检验机构服务专业人员为专业技术人员。承担单一业务范围的服务机构，专职人员不少于25人。每增加一个行业（领域），按照专业配备标准，至少增加5名专职专业技术人员。在《安全评价检测检验机构管理办法》中，对专职技术人员的职称和比例进行了严格的规定。

5）内部管理制度

根据《安全评价检测检验机构管理办法》，安全评价机构必须具备健全的内部管理制度和安全评价过程控制体系；安全生产检测检验机构要具备符合安全生产检测检验机构能力通用要求等相关标准和规范性文件规定的文件化管理体系。

6）承诺书

安全评价机构与安全生产检测检验机构都必须由法定代表人出具知悉并承担安全评价的法律责任、义务、权利和风险的承诺书。

7）配备人员

根据《安全评价检测检验机构管理办法》，安全评价机构必须配备专职技术负责人和过程控制负责人；专职技术负责人具有一级安全评价师职业资格，并具有与所开展业务相匹配的高级专业技术职称，在本行业领域工作八年以上；专职过程控制负责人具有安全评价师职业资格。安全生产检测检验机构的主持安全生产检测检验工作的负责人、技术负责人、质量负责人具有高级技术职称，在本行业领域工作八年以上。

8）网站建设

安全评价机构与安全生产检测检验机构均需建立正常运行并可以供公众查询机构信息的网站。

9）失信记录

安全评价机构与安全生产检测检验机构，截至申请之日三年内无重大违法失信记录。

10）其他条件

满足安全评价机构与安全生产检测检验机构相关的法律、行政法规规定的其他条件。

2. 安全生产刚需服务支撑质量评价指标要求

服务支撑质量评价指标要求是对提供安全生产刚需服务的机构资质进行认可审核的具体指标要求。《安全评价检测检验机构管理办法》中对刚需服务机构资质要求进行了明确的规定，这些规定是机构必须具备的条件。从事安全生产刚需服务的机构资质认可审核是"一票否决制"，是对机构是否"具备"每一个条件的审核。在资质审核过程中，政府安监部门不需要对列出的各个条件进行评比打分，只需判断机构具备与否。如果机构不满足这些条件中的任意一个条件，那么就无法通过政府安监部门的审核，即机构未通过审核，不具备安全生产刚需服务资质，不能向企业提供安全生产刚需服务。

对安全生产刚需服务机构资质的认可审核是对机构的现状、服务能力的评价，是开展安全生产刚需服务的重要保障，也是支撑安全生产刚需服务质量水平的重要保证。

根据《安全评价检测检验机构管理办法》，安全评价机构资质认可（服务支撑质量评价）指标要求见表9.7。

表 9.7   安全评价机构资质认可（服务支撑质量评价）指标要求

指标		安全评价机构资质认可要求	是否具备
法人资格		独立法人资格	□是　□否
固定资产		不少于 800 万元	□是　□否
工作场所建筑面积	面积要求	工作场所建筑面积不少于 1 000 平方米	□是　□否
	其他要求	其中档案室不少于 100 平方米，设施、设备、软件等技术支撑条件满足工作需求	□是　□否
专业人员	人数要求	专职安全评价师不少于 25 人；每增加一个行业（领域），按照专业配备标准，至少增加 5 名专职安全评价师	□是　□否
	职称要求	专职安全评价师中，一级安全评价师比例不低于 20%，一级和二级安全评价师的总数比例不低于 50%，且中级及以上注册安全工程师比例不低于 30%	□是　□否
内部管理制度		健全的内部管理制度和安全评价过程控制体系	□是　□否
承诺书		法定代表人出具知悉并承担安全评价的法律责任、义务、权利和风险的承诺书	□是　□否
配备人员	人员类型	专职技术负责人和过程控制负责人	□是　□否
	职称要求	专职技术负责人具有一级安全评价师职业资格，并具有与所开展业务相匹配的高级专业技术职称，在本行业领域工作 8 年以上；专职过程控制负责人具有安全评价师职业资格	□是　□否
	工作经验	专职技术负责人在本行业领域工作 8 年以上	□是　□否
网站建设		正常运行并可以供公众查询机构信息	□是　□否
失信记录		截至申请之日三年内无重大违法失信记录	□是　□否
其他条件		法律、行政法规规定的其他条件	□是　□否

根据《安全评价检测检验机构管理办法》，安全生产检测检验机构资质认可（服务支撑质量评价）指标要求见表9.8。

表 9.8　安全生产检测检验机构资质认可（服务支撑质量评价）指标要求

指标		安全生产检测检验机构资质要求	是否具备
法人资格		独立法人资格	□是　□否
固定资产		不少于 1 000 万元	□是　□否
工作场所建筑面积	面积要求	工作场所建筑面积不少于 1 000 平方米	□是　□否
	其他要求	有与从事安全生产检测检验相适应的设施、设备和环境，检测检验设施、设备原值不少于 800 万元	□是　□否
专业人员	人数要求	专业技术人员不少于 25 人；每增加一个行业（领域），至少增加 5 名专业技术人员	□是　□否
	职称要求	专业技术人员中，中级及以上注册安全工程师比例不低于 30%，中级及以上技术职称比例不低于 50%，且高级技术职称人员比例不低于 25%；专业技术人员具有与承担安全生产检测检验相适应的专业技能，以及在本行业领域工作 2 年以上	□是　□否
内部管理制度		符合安全生产检测检验机构能力通用要求等相关标准和规范性文件规定的文件化管理体系	□是　□否
承诺书		法定代表人出具知悉并承担安全评价的法律责任、义务、权利和风险的承诺书	□是　□否
配备人员	人员类型	主持安全生产检测检验工作的负责人、技术负责人、质量负责人	□是　□否
	职称要求	主持安全生产检测检验工作的负责人、技术负责人、质量负责人具有高级技术职称	□是　□否
	工作经验	在本行业领域工作 8 年以上	□是　□否
网站建设		正常运行并可供公众查询机构信息	□是　□否
失信记录		截至申请之日三年内无重大违法失信记录	□是　□否
其他条件		法律、行政法规规定的其他条件	□是　□否

9.4.3　安全生产刚需服务过程质量评价指标体系构建

1. 安全生产刚需服务过程质量评价指标

根据扎根理论的分析，对安全生产刚需服务过程评价指标进行梳理，确定刚需服务过程质量评价指标体系。该体系由准则层、一级指标、二级指标构成，包括 3 个一级指标和 14 个二级指标。3 个一级指标分别为刚需服务潜在质量、刚需服务实施质量、刚需服务效果质量，如表 9.9 所示。

表 9.9　安全生产刚需服务过程质量评价指标

准则层	一级指标	二级指标
刚需服务过程质量（B）	刚需服务潜在质量（B_1）	确保在资质认可业务范围内开展服务的能力（B_{11}） 机构基本信息公开程度（B_{12}） 机构对企业资料保密能力（B_{13}） 所签订委托技术服务合同内容的明确性（B_{14}）

准则层	一级指标	二级指标
刚需服务过程质量（B）	刚需服务实施质量（B_2）	如实记录服务过程能力（B_{21}） 项目专职人员专业能力与标准符合程度（B_{22}） 服务实施的有序性（B_{23}） 安全评价、检测检验实施过程管理能力（B_{24}） 相关工作人员实地工作参与程度（B_{25}） 刚需服务收费合理性（B_{26}）
	刚需服务效果质量（B_3）	服务报告中法规标准引用准确程度（B_{31}） 服务报告中关键项目检出程度（B_{32}） 服务报告结论与企业实际相符程度（B_{33}） 服务报告可实施性（B_{34}）

表 9.9 中二级指标的具体解释说明见表 9.10。

表 9.10 安全生产刚需服务过程质量评价二级指标说明

一级指标	二级指标	指标说明
刚需服务潜在质量（B_1）	确保在资质认可业务范围内开展服务的能力（B_{11}）	机构在确保不超出资质认可业务范围内，从事安全评价、检测检验服务的能力
	机构基本信息公开程度（B_{12}）	安全评价检测检验机构建立信息公开制度，公开其基本信息，包括名称、注册地址、实验室条件、法定代表人、专职技术负责人、授权签字人等信息情况
	机构对企业资料保密能力（B_{13}）	服务机构根据合同内容，对企业生产相关资料的保密能力
	所签订委托技术服务合同内容的明确性（B_{14}）	签订委托技术服务合同，明确服务对象、范围、权利、义务和责任的明确程度
刚需服务实施质量（B_2）	如实记录服务过程能力（B_{21}）	安全评价检测检验机构开展技术服务时，如实记录过程控制、现场勘验和检测检验的情况
	项目专职人员专业能力与标准符合程度（B_{22}）	项目专职人员具备与业务相关的资格要求，专业能力符合能力配备标准程度
	服务实施的有序性（B_{23}）	按照有关法规标准规定，服务机构人员有序完成安全评价、检测检验程序和相关内容的程度
	安全评价、检测检验实施过程管理能力（B_{24}）	在安全评价、检测检验实施过程中，专职技术负责人和过程负责人应当按照法规标准的规定，对服务过程管理的能力
	相关工作人员实地工作参与程度（B_{25}）	安全评价项目组组长及负责勘验人员到现场实际地点开展勘验，承担现场检测检验的人员到现场实际地点开展设备检测检验等有关工作的情况
	刚需服务收费合理性（B_{26}）	安全评价、检验检测的技术服务收费按照有关规定标准执行的情况
刚需服务效果质量（B_3）	服务报告中法规标准引用准确程度（B_{31}）	服务报告中各项法规标准引用充分及准确程度
	服务报告中关键项目检出程度（B_{32}）	安全评价报告中关键危险有害因素、重大危险源辨识程度；检测检验报告中关键项目检查覆盖程度
	服务报告结论与企业实际相符程度（B_{33}）	安全评价报告中对策措施建议与企业存在问题相符程度；检测检验报告中结论与企业实际情况相符程度
	服务报告可实施性（B_{34}）	安全评价检测检验机构在报告中提出的事故预防、隐患整改意见具有可实施性

2. 安全生产刚需服务过程质量评价指标体系各因素权重值的确定

对于服务质量评价权重的确定，常用的方法有 AHP（analytic hierarchy process，层次分析法）、德尔菲法、主成分分析法、熵权法等。其中，AHP 是常用的方法，将研究对象视为一个系统，根据分解、比较判断和综合的思维方式做出决策。它已经成为继机制分析和统计分析之后开发的、用于系统分析的重要工具。该方法的思想不是要切断每个因素对结果的影响，而是分析层次结构中每一层的权重设置将如何直接或间接地影响结果，以及每个因素对结果的影响程度。每个级别都是量化的，非常清晰明确。

在数据搜集前，首先确定需要访谈的专家，然后发放安全生产服务质量评价咨询表。由于安全生产服务的专业性较强，故在选取专家时，首先要确保所选专家为直接从事该领域工作的专家；政府安监部门工作人员对安全生产市场化服务相关法律法规的熟悉程度高，对现状了解透彻；研究学者站在安全生产市场化服务研究前沿，具有前瞻性；企业安全管理层人员处于安全生产一线，掌握实际情况，因此备选专家应该包括政府安监部门工作人员、研究学者、企业安全管理层人员等。江苏省非常重视企业安全生产工作。因此本次研究在江苏省内选择专家，发放意见咨询表。其中，被访的政府安监部门工作人员主要来自徐州、苏州、常州等地；研究学者主要集中于安全生产服务领域；企业安全管理层人员主要来自镇江、徐州等地。共发放意见咨询表 21 份，实际回收 19 份。对已经回收的意见咨询表进行整理。对搜集到的数据用 YAAHP10.2 软件进行统计计算、数据分析，并进行一致性检验。根据检验结果可知，合格的、满足一致性检验的意见咨询表为 16 份，服务过程质量判断矩阵一致性检验结果如表 9.11 所示。

表 9.11　服务过程质量判断矩阵一致性检验结果

专家编号	最大特征根 λ_{max}	随机一致性比率 CR
专家 1	3.009 2	0.008 8
专家 2	3.000 0	0.000 0
专家 3	3.000 0	0.000 0
专家 4	3.009 2	0.008 8
专家 5	3.000 0	0.000 0
专家 6	3.000 0	0.000 0
专家 7	3.000 0	0.000 0
专家 8	3.000 0	0.000 0
专家 9	3.018 3	0.017 6
专家 10	3.000 0	0.000 0
专家 11	3.000 0	0.000 0

续表

专家编号	最大特征根 λ_{max}	随机一致性比率 CR
专家 12	3.053 6	0.051 6
专家 13	3.000 0	0.000 0
专家 14	3.053 6	0.051 6
专家 15	3.053 6	0.051 6
专家 16	3.000 0	0.000 0

潜在质量判断矩阵一致性检验结果见表 9.12。

表 9.12　潜在质量判断矩阵一致性检验结果

专家编号	最大特征根 λ_{max}	随机一致性比率 CR
专家 1	4.154 5	0.057 9
专家 2	4.242 7	0.090 9
专家 3	4.060 6	0.022 7
专家 4	4.010 4	0.003 9
专家 5	4.020 6	0.007 7
专家 6	4.060 6	0.022 7
专家 7	4.060 6	0.022 7
专家 8	4.060 6	0.022 7
专家 9	4.207 2	0.077 6
专家 10	4.060 6	0.022 7
专家 11	4.060 6	0.022 7
专家 12	4.045 8	0.017 2
专家 13	4.207 2	0.077 6
专家 14	4.060 6	0.022 7
专家 15	4.020 6	0.007 7
专家 16	4.045 8	0.017 2

实施质量判断矩阵一致性检验结果见表 9.13。

表 9.13　实施质量判断矩阵一致性检验结果

专家编号	最大特征根 λ_{max}	随机一致性比率 CR
专家 1	6.223 0	0.035 4
专家 2	6.503 3	0.079 9
专家 3	6.593 3	0.094 2
专家 4	6.311 1	0.049 4
专家 5	6.404 8	0.064 3
专家 6	6.250 5	0.039 8
专家 7	6.357 2	0.056 7

续表

专家编号	最大特征根 λ_{max}	随机一致性比率 CR
专家 8	6.386 3	0.061 3
专家 9	6.134 2	0.021 3
专家 10	6.070 6	0.011 2
专家 11	6.357 2	0.056 7
专家 12	6.507 8	0.080 6
专家 13	6.353 4	0.056 1
专家 14	6.293 3	0.046 6
专家 15	6.284 9	0.045 2
专家 16	6.507 0	0.080 5

效果质量判断矩阵一致性检验结果见表 9.14。

表 9.14　效果质量判断矩阵一致性检验结果

专家编号	最大特征根 λ_{max}	随机一致性比率 CR
专家 1	4.071 0	0.022 6
专家 2	4.060 6	0.022 7
专家 3	4.000 0	0.000 0
专家 4	4.081 3	0.030 4
专家 5	4.185 5	0.069 5
专家 6	4.060 6	0.022 7
专家 7	4.060 6	0.022 7
专家 8	4.154 5	0.057 9
专家 9	4.060 6	0.022 7
专家 10	4.000 0	0.000 0
专家 11	4.060 6	0.022 7
专家 12	4.060 6	0.022 7
专家 13	4.185 5	0.069 5
专家 14	4.000 0	0.000 0
专家 15	4.185 5	0.069 5
专家 16	4.185 5	0.069 5

　　如果采用德尔菲法进行意见收集，就要注重控制过程质量，如在专家的选取过程中，确保专家实际工作与咨询主题是相关的。在数据分析过程中，严格遵守分析过程，对 16 位专家的意见进行分析，因此该方法的最终结论具有较强的说服力。

　　根据有效意见咨询表，计算各个指标权重，见表 9.15。表 9.15 中的权重数据是 16 位专家对安全生产刚需服务过程质量评价体系中各个指标相对重要性的判断。从一级指标来看，受访专家认为，在安全生产刚需服务过程质量评价中，效果质量相对重要。法律规定，企业在正常生产经营前，必须通过安全评价。一方面，企业必须遵守法律；另一方面，企业自身越发重视安全生产，因此，很重视刚需服务的效果质量。刚需服务在企业中作用的效果决定着企业能否满足安全生产的要求，能否正常生产经营。过程质量也比较重要，安全生产刚需服务实施过程是机构与企业实际接触的过程，直接影响着服务效果。

表 9.15　安全生产刚需服务过程质量评价指标体系

准则层	一级指标	二级指标	权重
刚需服务过程质量（B）	刚需服务潜在质量（B_1）0.22	确保在资质认可业务范围内开展服务的能力（B_{11}）	0.30
		机构基本信息公开程度（B_{12}）	0.20
		机构对企业资料保密能力（B_{13}）	0.20
		所签订委托技术服务合同内容的明确性（B_{14}）	0.30
	刚需服务实施质量（B_2）0.36	如实记录服务过程能力（B_{21}）	0.14
		项目专职人员专业能力与标准符合程度（B_{22}）	0.17
		服务实施的有序性（B_{23}）	0.15
		安全评价、检测检验实施过程管理能力（B_{24}）	0.21
		相关工作人员实地工作参与程度（B_{25}）	0.19
		刚需服务收费合理性（B_{26}）	0.14
	刚需服务效果质量（B_3）0.42	服务报告中法规标准引用准确程度（B_{31}）	0.23
		服务报告中关键项目检出程度（B_{32}）	0.30
		服务报告结论与企业实际相符程度（B_{33}）	0.27
		服务报告可实施性（B_{34}）	0.20

在该阶段，根据服务过程质量评价指标体系制作问卷，对过程质量进行评价。服务过程质量评价问卷采用利克特量表，由于问题的主观性较强，量表等级较复杂的话，容易引起被调查者的误解，因此采用利克特五点量表，每个指标即问卷题项，备选答案为"非常不同意""不同意""无所谓""同意""非常同意"。

9.4.4　安全生产刚需服务结果质量评价研究

安全生产刚需服务结果质量评价是由该服务领域内的专家对服务报告进行的评价，聚焦于报告的合规性、可靠性及真实性。刚需服务报告作为第三方出具的技术性咨询文件，可为政府安全生产监管、监察部门和行业主管部门等相关单位判别安全评价检测检验对象的安全生产行为是否符合法律法规、标准、行政规章、规范所用。安全生产刚需服务报告是安全评价检测检验工作过程形成的成果。报告的载体一般采用文本形式，为适应信息处理、交流和资料存档的需要，可采用多媒体电子形式。电子版本能容纳大量评价现场的照片、录音、录像及文件扫描，可增强工作的可追溯性。刚需服务结果质量评价是刚需服务评价的最后一个阶段，起到监督反馈的作用。

　　安全生产刚需服务包括安全评价服务与安全生产检测检验服务。其中安全评价服务分为安全预评价、安全验收评价、安全现状评价和专项安全评价四类。但实际上可将其看成三类，即安全预评价、安全验收评价和安全现状评价，专项安全评价可看成安全现状评价的一种，属于相关部门在特定的时期内进行专项整治时开展的评价。因此，服务报告分为安全预评价报告、安全验收评价报告、安全现状评价报告、安全生产检测检验报告。

　　不同行业的服务企业对刚需服务报告的具体要求不同，本章对通用内容进行梳理，对每种服务类型进行总结归纳。

　　（1）安全预评价报告应当包括的内容：①概述，包括编制预评价报告书的依据、建设项目概况和评价范围；②生产工艺简介和主要危险、有害因素分析；③安全预评价方法和评价单元；④定性、定量安全评价；⑤安全对策措施；⑥预评价结论和建议。

　　（2）安全验收评价报告应当包括的内容：①概述，包括安全验收评价依据、建设单位简介、建设项目概况、生产工艺、主要安全卫生设施和技术措施、建设单位安全生产管理机构及管理制度；②主要危险、有害因素识别；③总体布局及常规防护设施措施评价；④易燃易爆场所评价；⑤有害因素安全控制措施评价；⑥特种设备监督检验记录评价；⑦强制检测设备设施情况检查；⑧电气安全评价；⑨机械伤害防护设施评价；⑩工艺设施安全连锁有效性评价；⑪安全生产管理评价；⑫安全验收评价结论；⑬安全验收评价报告附件；⑭安全验收评价报告附录。

　　（3）安全现状评价报告应当包括的内容：①前言，包括项目单位简介、评价项目的委托方及评价要求和评价目的；②评价项目概况；③评价程序和评价方法；④危险性预先分析；⑤危险度与危险指数分析；⑥事故分析与重大事故模拟；⑦对策措施与建议；⑧评价结论。

　　（4）安全生产检测检验报告应当包括的内容：①前言，包括项目单位简介、检测检验项目的委托方及检测检验要求和目的；②检测检验所用仪器设备；③基本参数及结果，包括被检对象基本信息，检测环境数据，检测检验参数名称，标准要求，检测检验结果，单项判定，必要的图表、图片、附录，必要的数据导出过程或计算书。

　　不同行业、不同类型的安全评价报告的具体要求差异很大，因此，在对安全评价报告进行评价时，需要选对相应领域熟悉的专家来进行评价。为了保证报告评价专家的匿名性、专业性，可以建立专家信息库，随机选取相关领域专家，让其进行匿名评价。同时，服务机构要将刚需服务报告上传相关网站，保证报告的公开性。

报告评价过程中，始终围绕报告的合规性、可靠性和真实性。合规性即安全评价报告、安全生产检测检验报告引用的法规标准正确，报告内容、格式符合要求。可靠性指安全评价检测检验机构提出的事故预防、隐患整改意见，可以有效提升企业安全生产水平。真实性指安全评价报告、安全生产检测检验报告内容与企业当时实际情况相符，报告结论符合客观实际。

安全生产刚需服务报告是刚需服务过程的具体体现和概括性总结。服务报告评价是刚需服务质量评价的最后评价阶段，也是重要的反馈控制阶段。由于安全生产刚需服务类型不同，报告中包含的内容具体且差异较大，所以服务报告评价未用具体指标权重进行衡量。目前，在各省区市开展安全生产刚需服务报告评价时，基本采用由经验丰富的专家进行评价的方式，实践证明，该评价方式符合安全生产刚需服务报告评价的特殊性。

9.5　安全生产刚需服务质量评价指标体系

根据调查资料分析，结合安全生产刚需服务质量评价特点，安全生产刚需服务质量分为刚需服务支撑质量、刚需服务过程质量、刚需服务结果质量三部分，如图 9.9 所示。

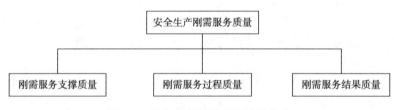

图 9.9　安全生产刚需服务质量构成

1）安全生产刚需服务支撑质量评价指标构成

安全生产刚需服务支撑质量，是指为了保障刚需服务质量，服务机构必须具备的、符合法律法规规定的资质要求。刚需服务支撑质量评价过程，即资质认可机关对刚需服务机构服务资质的认可过程。

根据《安全评价检测检验机构管理办法》，资质认可指标即安全生产刚需服务支撑质量评价指标，包括法人资格、固定资产、工作场所建筑面积、专业人员、内部管理制度、承诺书、配备人员、网站建设、失信记录、其他条件，如图 9.10 所示。若要对刚需服务支撑质量进行评价，按照各个指标的具体要求，选择是否具备即可。

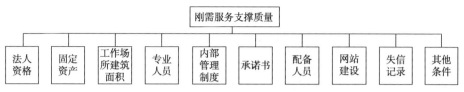

图 9.10　安全生产刚需服务支撑质量评价指标

安全生产刚需服务分为安全评价服务和安全生产检测检验服务，这两项服务的资质要求不尽相同，安全评价机构资质认可（服务支撑质量评价）指标要求见表 9.7，安全生产检测检验机构资质认可（服务支撑质量评价）指标要求见表 9.8。

2）安全生产刚需服务过程质量评价指标构成

安全生产刚需服务过程是服务机构直接面对企业，与其签订合同，实施服务，提出意见的过程。安全生产刚需服务过程质量评价是企业对服务机构所提供的服务质量进行评价的过程。通过对服务机构向企业提供整个服务过程的分析，将刚需服务过程质量评价分成潜在质量、实施质量、效果质量三个部分，再进一步分解为 14 个具体指标，如图 9.11 所示，具体指标权重见表 9.15。在实施安全生产刚需服务过程质量评价时，根据评价指标生成利克特五点量表，进行问卷调查，收集数据，结合指标权重，分析评价结果。

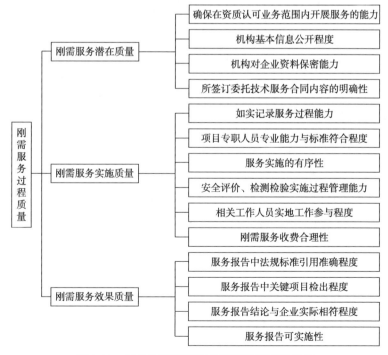

图 9.11　安全生产刚需服务过程质量评价指标

3）安全生产刚需服务结果质量评价

安全生产刚需服务结果是指服务机构向相关部门提交的服务报告。安全生产刚需服务结果质量评价是该服务领域内的专家对服务报告的评价，聚焦于报告的合规性、可靠性及真实性，如图 9.12 所示。

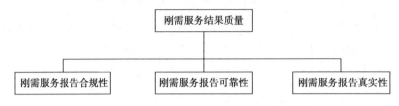

图 9.12　安全生产刚需服务结果质量评价指标

第 10 章　安全生产柔需服务质量评价

安全生产柔需服务是指服务机构向企业提供的安全生产服务中非国家强制达到的安全生产相关服务。如何让企业意识到柔需服务的重要性，主动选择柔需服务，这就需要提升安全生产柔需服务质量水平，通过高质量的柔需服务吸引企业参与，提升安全生产管理水平，获得正向激励，再次购买柔需服务，形成良性循环。企业购买柔需服务是自发、自愿的，柔需服务质量直接关系到企业的安全生产水平提升程度。质量评价是保障柔需服务质量水平的有效方法。本章将对安全生产柔需服务质量评价进行研究，梳理影响柔需服务质量的主要因素，构建柔需服务质量评价指标体系。

10.1　安全生产柔需服务质量评价指标体系特点

安全生产柔需服务的购买和实施是企业自身的需求。在对柔需服务进行质量评价时，评价主体是购买柔需服务的企业，被评价对象是服务机构，评价内容为柔需服务质量。

1）评价主体明确，主观性较强

安全生产柔需服务的购买者是企业，是否购买柔需服务取决于企业自身，因此，柔需服务质量评价的主体明确，即购买柔需服务的企业。在安全生产柔需服务质量评价过程中，企业是评价主体，其评价的主观性较强。

2）被评价对象重视，主动性强

服务机构向企业提供安全生产柔需服务，是被评价对象。企业对安全生产柔需服务的需求并不是国家强制要求的，而是基于其自身需要，出于提高安全生产水平，提升安全生产效率的目的自发形成的。一般来说，越是出于自身需求而购买安全生产柔需服务的企业，越看重服务的实际价值，越希望通过机构的服务来提升员工安全意识、保障员工健康与安全、保证企业安全生产。从需求方企业来看，它们选择服务机构时往往期望能够获得更高质量的服务，从而提升安全生产水平；从供应方来看，服务机构为了提升自身的竞争能力，愿意主动提供更优质的服务，吸引企业购买，并与其达成长期合作关系。

3）评价结果公正，有效性强

由于服务的无形性特征，在企业购买之前，服务无法像有形产品一样进行展示，一方面，使服务机构难以展示其提供优质服务的能力；另一方面，使企业无法获得足够的信息进行评价，选择产生了一定的风险与困难。对安全生产柔需服务质量进行评价并公开公布评价结果，不仅能为企业选择服务机构提供有效信息，参考意义很强，同时也促进了服务机构的公平竞争，杜绝了安全生产柔需服务市场上"劣币驱逐良币"的情形，保障了安全生产柔需服务市场的健康快速发展。

10.2 安全生产柔需服务质量评价量表开发

10.2.1 安全生产柔需服务质量评价指标体系构建流程

安全生产柔需服务质量评价指标体系的构建是一个科学、系统的过程，因此，需要在掌握相关理论的基础上，对安全生产柔需服务现状进行了解，深入实地进行调查，根据对实地资料的整理、分析，形成评价指标，并经过筛选，确定评价指标及其权重，才能最终确定安全生产柔需服务质量评价指标体系（图10.1）。

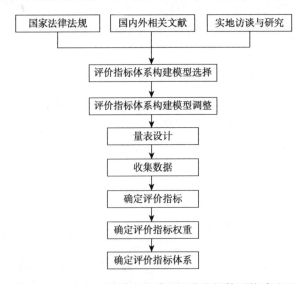

图 10.1 安全生产柔需服务质量评价指标体系构建流程

10.2.2　安全生产柔需服务质量评价指标体系模型选择

以关键词"安全生产服务"在知网等学术网站上进行检索，发现目前对安全生产服务的相关研究较少，直接针对服务质量评价的研究更少，没有形成相关的理论体系。柔需服务是直接面向企业的服务，为企业的生产而服务，属于生产性服务，不少学者对生产性服务领域的评价模型进行了探索。

在对生产性服务质量评价进行研究时，不少学者使用了 SERVQUAL 量表，如 Morgan（1990）、吴磊和吴启迪（2011）等。Gounaris（2005）认为，SERVQUAL 量表中的指标是建立在个体消费者上的，在 B2B（business to business，企业对企业）环境下使用 SERVQUAL 量表的预测效果在 B2B 环境下会大打折扣。因此，他提出了基于服务过程的 INDSERV 量表，包括四个维度：潜在质量、硬过程质量、软过程质量和结果质量，共 22 个指标，见表 10.1。

表 10.1　INDSERV 量表

质量评价维度	质量评价维度界定	质量评价维度内容
潜在质量	提供服务前，服务提供方必须掌握的资源和具备的能力	1. 提供全面服务 2. 具备要求的人员 3. 具备要求的设备 4. 具备要求的管理哲学 5. 低的个人离职率 6. 使用伙伴/合作伙伴网络
硬过程质量	服务过程中，服务提供方执行具体服务任务情况的客观表现	1. 保持时间进度安排 2. 良好的财务协议/保持预算计划 3. 按时完成任务 4. 查看细节 5. 了解企业的需求
软过程质量	用来描述服务的服务态度和沟通绩效水平	1. 踊跃接受 2. 倾听企业的反馈 3. 乐于接受建议/想法 4. 性格开朗 5. 必要时辩论 6. 照顾企业的利益
结果质量	指提供服务结束之后，其最终输出的成果表现，这体现在对客户的整体影响上	1. 达到目标 2. 有显著效果 3. 有助于企业的销售/图像 4. 在产品提供方面是有创意的 5. 与企业的战略一致

苏秦等（2010）对 INDSERV 模型进行了分析，认为模型中某些维度的定义过于抽象，有些问题不够全面。基于此模型，以及与认证服务行业的访谈，他在B2B的背景下开发了服务质量评估模型，并利用该行业中的数据进行了测试，取得了良好的效果。

Gounaris（2005）采用问卷调查，对希腊雅典地区的 1 285 家公司（包括软件业、银行业、房屋维护业、货运承载业等行业）进行资料搜集，将 SERVQUAL 量表和INDSERV量表进行对比，发现在B2B情境下，INDSERV量表更适合于测量顾客感知的服务质量。李爱国等（2007）基于消费者访谈和 INDSERV 量表，通过对第三方物流行业的深入研究，建立了顾客的感知质量指标体系。上述研究可以证明INDSERV 量表对 B2B 情境下的服务质量评价具有较强的适应性。

安全生产柔需服务是服务机构为企业提供的服务，目的是提高企业安全生产水平，这是典型的 B2B 情境下的服务。因此，学者可以采用 INDSERV 量表设计问卷，进行实地调查。

但是INDSERV模型也有不足。目前学者认为INDSERV模型的不足主要体现在其应用于不同背景、行业所产生的差异方面。Kettinger 和 Choong（1994）指出，在衡量不同国家的服务质量时，学者应该注意其在不同的文化、背景下可能产生的差异。Donthu 和 Yoo（1998）也发现，在不同的文化背景下，消费者对服务质量的看法差异很大。Gounaris（2005）也指出，在不同行业中，INDSERV模型的适用性可能存在差异，在应用于新的情境时必须非常谨慎。因此，针对安全生产柔需服务的质量评价，INDSERV 模型尽管是适合的，但为了更有针对性地进行评价研究，有必要对 INDSERV 模型进行调整。

10.2.3　安全生产柔需服务质量评价指标体系构建模型调整

1）基本维度结构调整

安全生产柔需服务质量评价的调查对象是安全生产管理人员，因此需要他们认可量表的结构及问题表述。学者可以采用电话调研与深度访谈相结合的方法，首先，对企业进行筛选，打电话确认该企业已经购买过柔需服务，询问其购买的具体服务项目、购买时间，初步了解企业实际购买情况，并询问其对所购买的柔需服务的评价。其次，进一步了解近期购买过柔需服务的企业，查询其所属行业、规模，若具有代表性，可列为深度访谈对象，再次和企业相关负责人预约时间，进行访谈。访谈目的是对安全生产柔需服务质量评价的维度和内容，以及问卷题项的设置、表述进行讨论。由于企业生产任务繁重，最终与 5 家企业的 7 名安全生产管理人员进行了深度访谈，访谈时间共计 13 小时。

经过充分的讨论与沟通，企业安全生产管理人员对于安全生产柔需服务质量评价的维度划分及界定表示了认同，但是对于量表中的"硬过程质量"和"软过程质量"两个指标，相关人员表示其在一定程度上不容易区分，只知道是在过程中发生的。因此，出于降低调研误差的考虑，将两者合并为"过程质量"，而后构建安全生产柔需服务质量评价基本维度结构，如表 10.2 所示。

表 10.2　安全生产柔需服务质量评价基本维度结构

质量评价维度	质量评价维度界定
潜在质量	即提供服务之前，服务机构为了提供柔需服务而需要具备的能力及水平
过程质量	即服务过程中，服务机构在提供具体服务时的客观表现
结果质量	即服务结束之后，对企业安全生产管理的影响

2）评价量表中题项调整

我们在访谈中发现，企业在购买安全生产柔需服务的时候，比较重视服务机构的实力和服务效果。同时，访谈对象对调整过的 INDSERV 量表的题项及表述提出了建议：①量表中有些问题的表述太抽象，不利于被调查者的理解与回答。②为了降低购买服务的风险，企业比较重视购买前的信息搜集。但是在量表中的"具备要求的管理哲学""低的个人离职率""使用伙伴/合作伙伴网络"等信息是不易获得的，而且与企业的认知有所区别。③该量表是在西方文化背景下发展起来的，其中有些问题的使用需要考虑中国企业的习惯和行业特征，有必要在翻译过程中对一些问题重新表述。

10.2.4　安全生产柔需服务质量评价量表确定

量表的开发设计是调查研究的关键任务。首先确定量表的结构。根据表 10.2，针对安全生产柔需服务的特征，进行量表设计，量表结构见图 10.2，其中目标层为安全生产柔需服务质量；准则层包括潜在质量、过程质量和结果质量。

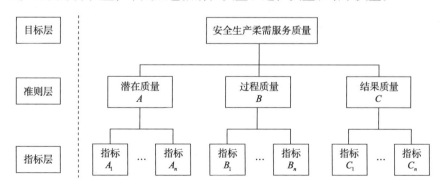

图 10.2　安全生产柔需服务质量评价构成

根据访谈内容，对安全生产柔需服务质量评价的三个维度进行操作，生成具体指标，见表 10.3。安全生产柔需服务质量评价量表采用利克特等级量表，该量表是调查研究中使用最广泛的量表,要求被调查者对一组与调研主题有关的陈述语句表明自己的态度,并根据重要程度进行评分,评分区间设置为"1~10",其中,"1"为最不重要,"10"为最重要。

表 10.3　安全生产柔需服务质量评价量表

维度	编号	题项	变量名称
潜在质量 A	A_1	掌握企业安全生产现状和特点,对企业安全生产现状进行评估的能力	安全生产现状评估能力
	A_2	能够提交有效的机构资质证明	资质证明合规性
	A_3	依法与委托企业签订安全生产服务合同,明确双方的权利、义务	服务合同明确性
	A_4	机构提供安全生产柔需服务所收取的费用,符合法律法规规定;法律法规没有规定的,按照行业自律标准或者指导性标准收费	服务收费合规性
过程质量 B	B_1	能够履行现场安全生产检查职责,对检查发现的事故隐患提出整改意见,督促委托企业落实整改	现场检查职责履行程度
	B_2	能够建立和完善委托企业的安全规章制度	完善安全规章制度能力
	B_3	能够贯彻执行有关安全生产的法律、法规要求,指导和促进委托企业达到安全标准	指导安全标准达标能力
	B_4	协助企业组织员工安全生产宣传教育和培训工作能力	协助企业培训员工能力
	B_5	能够掌握委托企业安全生产状况,及时报告其发生的安全生产事故,制定安全生产事故应急救援预案并指导演练、落实	及时处理安全事故能力
结果质量 C	C_1	企业安全问题与隐患被及时发现	安全问题发现及时性
	C_2	制定的安全整改措施具有可实施性	整改措施的实施性
	C_3	提升安全生产管理水平	安全生产管理水平提升度

10.3　安全生产柔需服务质量评价指标权重确定

10.3.1　数据搜集

为了确定安全生产柔需服务质量评价指标权重,将该量表发放,进行实地调查。在企业购买行为中,企业内部的安全管理人员掌握企业内部的安全相关信息,对企业安全服务需求与评价有很大的发言权。为了能够搜集到真实的安全生产柔需服务质量评价的信息,将调研对象定义为企业安全管理人员。

为了更有效率地收集安全生产柔需服务质量评价相关数据,考虑到企业安全管理人员按照规定需要参加相关安全生产管理培训,因此,通过与政府安监部门及服务机构联系,获得安全生产培训信息,在安全生产管理人员进行培训的间隙开展安全生产柔需服务质量评价调研工作。2017 年 11 月至 2018 年 1 月，选择了 5 次针对安全管理人员培训机会，在每次培训开始之前及休息时间发放问卷，共发放 300 份问卷，回收问卷 130 份，其中有效问卷 118 份。

10.3.2　问卷的信度和效度分析

信度是指测验结果的一致性、稳定性和可靠性，通常用内部一致性系数（Cronbach's α）来检验。采用 SPSS 22.0 软件计算每个测量维度的内部一致性系数，计算结果如表 10.4 所示。从结果中可以看出，Cronbach's α 系数均大于 0.80，表明该量表的测量结果是可信的。

表 10.4　信度分析

质量评价维度	Cronbach's α
潜在质量 A_1	0.959
过程质量 B_2	0.954
结果质量 C_3	0.937

效度是指利用测量工具或手段能够准确测出目标事物的程度，该量表效度检验的 KMO 值为 0.903，大于 0.9，表明非常适合做因子分析。使用主成分分析法得到变量共同度表。共同度表中显示每个变量被主成分解释的方差比例。通常初始的共同度设置为 1，提取的共同度越接近 1，就说明某个变量能够被所选取的公因子解释的程度越高；提取的共同度越小，就说明某个变量能够被所选取的公因子解释的程度越低。从表 10.5 可以看出，各个变量提取的共同度都比较高，表明提取的公因子基本上都能够很好地解释原始变量。

表 10.5　公因子方差

变量名称	初始的共同度	提取的共同度
安全生产现状评估能力	1.000	0.905
资质证明合规性	1.000	0.876
服务合同明确性	1.000	0.915
服务收费合规性	1.000	0.883
现场检查职责履行程度	1.000	0.860
完善安全规章制度能力	1.000	0.877
指导安全标准达标能力	1.000	0.914
协助企业培训员工能力	1.000	0.810

续表

变量名称	初始的共同度	提取的共同度
及时处理安全事故能力	1.000	0.809
安全问题发现及时性	1.000	0.872
整改措施的实施性	1.000	0.898
安全生产管理水平提升度	1.000	0.794

利用软件对数据进行主成分分析，结果见表 10.6。

表 10.6　总体方差解释表

成分	初始特征值			提取平方和载入			旋转平方和载入		
	合计	方差	累计	合计	方差	累计	合计	方差	累计
1	9.649	80.405%	80.405%	9.649	80.405%	80.405%	5.543	46.194%	46.194%
2	0.765	6.373%	86.778%	0.765	6.373%	86.778%	4.870	40.584%	86.778%
3	0.396	3.302%	90.080%						
4	0.324	2.697%	92.777%						
5	0.243	2.022%	94.799%						
6	0.232	1.933%	96.732%						
7	0.129	1.076%	97.808%						
8	0.081	0.676%	98.484%						
9	0.063	0.523%	99.007%						
10	0.055	0.460%	99.467%						
11	0.038	0.313%	99.780%						
12	0.026	0.220%	100.000%						

注：提取方法为主成分分析法

根据表 10.6，第一个因子解释了原有变量的 46.194%；第二个因子解释了原有变量的 40.584%，两个因子的累计方差贡献率为 86.778%。

为了明确提取后主因子的含义，采用初始因子载荷矩阵旋转的方法，使得每个主因子上具有较高载荷的变量数保持最小，见表 10.7。

表 10.7　旋转成分矩阵

变量名称	成分	
	1	2
安全生产现状评估能力	0.507	0.805
资质证明合规性	0.289	0.891
服务合同明确性	0.513	0.807

续表

变量名称	成分	
	1	2
服务收费合规性	0.436	0.832
现场检查职责履行程度	0.845	0.381
完善安全规章制度能力	0.755	0.554
指导安全标准达标能力	0.850	0.438
协助企业培训员工能力	0.851	0.292
及时处理安全事故能力	0.714	0.547
安全问题发现及时性	0.685	0.635
整改措施的实施性	0.676	0.664
安全生产管理水平提升度	0.763	0.461

根据表 10.7 和表 10.6 中的数据可以看出，因子一包括现场检查职责履行程度、完善安全规章制度能力、指导安全标准达标能力、协助企业培训员工能力、及时处理安全事故能力、安全问题发现及时性、整改措施的实施性、安全生产管理水平提升度。因子二包括四个项目，即安全生产现状评估能力、资质证明合规性、服务合同明确性、服务收费合规性。

原有的安全生产柔需服务评价设计是从三个维度进行的，根据实际调研数据分析，将原有的过程质量与结果质量合并成一个因子，但未变动潜在质量包含的4 个指标。这说明企业对安全生产柔需服务质量过程与结果的评价，从其接受服务时就开始了，安全生产管理人员此时对其已经有了直观的感知，并开始进行评价。但想要在接受并感知服务质量层面上对过程质量和结果质量进行区分，还是比较困难的。因此，在实地调研分析后，将安全生产柔需服务质量评价的准则层分为两个，即潜在质量与实际质量，如图 10.3 所示。

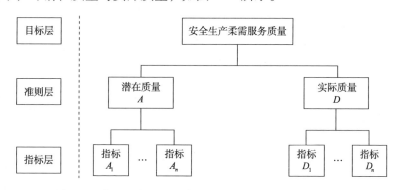

图 10.3　修正后的安全生产柔需服务质量评价体系结构图

10.3.3 评价指标权重确定

对安全生产柔需服务质量评价体系结构进行修正后，根据调研数据分析，确定其评价指标的权重。

1）确定主成分在各线性组合中的系数

利用表 10.7 中的载荷数除以表 10.6 中的总计值开平方，得到表 10.8。

表 10.8　主成分在线性组合中的系数

指标	成分	
	1	2
安全生产现状评估能力	0.296	−0.281
资质证明合规性	0.263	−0.522
服务合同明确性	0.298	−0.278
服务收费合规性	0.285	−0.359
现场检查职责履行程度	0.283	0.338
完善安全规章制度能力	0.300	0.123
指导安全标准达标能力	0.296	0.293
协助企业培训员工能力	0.265	0.417
及时处理安全事故能力	0.288	0.097
安全问题发现及时性	0.301	0.000
整改措施的实施性	0.305	−0.032
安全生产管理水平提升度	0.281	0.206

2）确定各指标在综合得分模型中的系数

对表 10.8 中的两个主成分进行加权平均，注意利用的是其初始特征值的方差百分比，得到表 10.9。

表 10.9　安全生产柔需服务质量评价各指标系数

指标	系数	指标	系数
安全生产现状评估能力	0.220	指导安全标准达标能力	0.257
资质证明合规性	0.178	协助企业培训员工能力	0.240
服务合同明确性	0.222	及时处理安全事故能力	0.238
服务收费合规性	0.206	安全问题发现及时性	0.242
现场检查职责履行程度	0.249	整改措施的实施性	0.243
完善安全规章制度能力	0.249	安全生产管理水平提升度	0.239

3）确定各指标的权重系数

将各指标在综合得分模型中的系数进行归一化，得到表 10.10，即各个指标的权重。

表 10.10 安全生产柔需服务质量评价各指标权重（一）

指标	权重	指标	权重
安全生产现状评估能力	0.079	指导安全标准达能力	0.092
资质证明合规性	0.064	协助企业培训员工能力	0.086
服务合同明确性	0.080	及时处理安全事故能力	0.086
服务收费合规性	0.074	安全问题发现及时性	0.087
现场检查职责履行程度	0.089	整改措施的实施性	0.087
完善安全规章制度能力	0.089	安全生产管理水平提升度	0.086

10.4 安全生产柔需服务质量评价指标体系构建

根据文献分析及实地调研，得到安全生产柔需服务质量评价指标体系层次结构图，如图 10.4 所示。

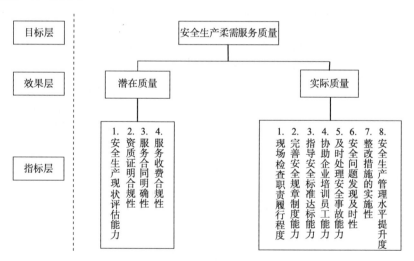

图 10.4 安全生产柔需服务质量评价指标体系层次结构图

安全生产柔需服务质量由两个维度构成：潜在质量、实际质量，指标层共有 12 个衡量指标。

根据实地调研数据分析，得到安全生产柔需服务质量评价指标层各个指标权重，见表 10.11。在安全生产柔需服务质量评价维度中，实际质量的权重最高，说明实际质量在安全生产柔需服务中最重要。同时，服务机构与企业的相互配合直接影响实际质量，因此，服务机构应该提升其服务过程中与企业的交互效果，有针对性地满足企业需求。

表 10.11　安全生产柔需服务质量评价各指标权重（二）

评价目标	评价维度	评价指标	权重	评价题项
柔需服务质量评价	潜在质量 0.297	安全生产现状评估能力	0.265	掌握企业安全生产现状和特点，对企业安全生产现状进行评估的能力
		资质证明合规性	0.215	能够提交有效的机构资质证明
		服务合同明确性	0.269	依法与委托企业签订安全生产服务合同，明确双方的权利、义务
		服务收费合规性	0.249	机构提供安全生产柔需服务所收取的费用，符合法律法规规定；法律法规没有规定的，按照行业自律标准或者指导性标准收费
	实际质量 0.703	现场检查职责履行程度	0.201	能够履行现场安全生产检查职责，对检查发现的事故隐患提出整改意见，督促委托企业落实整改
		完善安全规章制度能力	0.201	能够建立和完善委托企业的安全规章制度
		指导安全标准达标能力	0.226	能够贯彻执行有关安全生产的法律、法规要求，指导和促进委托企业达到安全标准
		协助企业培训员工能力	0.195	协助企业组织员工安全生产宣传教育和培训工作能力
		及时处理安全事故能力	0.195	能够掌握委托企业安全生产状况，及时报告其发生的安全生产事故，制定安全生产事故应急救援预案并指导演练、落实
		安全问题发现及时性	0.335	企业安全问题与隐患被及时发现
		整改措施的实施性	0.335	制定的安全整改措施具有可实施性
		安全生产管理水平提升度	0.330	提升安全生产管理水平

由于安全生产柔需服务质量评价问卷搜集的是企业员工对服务质量评价的信息，主观性较强，因此采用利克特量表。

本 篇 小 结

　　安全生产市场化服务是社会分工越来越专业背景下的产物。从购买服务的角度来看，安全生产市场化服务是为了满足企业安全生产需求。无论是安全生产刚需服务还是安全生产柔需服务都是用来满足企业提升安全生产管理水平需求的。在进行安全生产市场化服务质量评价时，应遵从企业对服务满足其需求程度的表述。整个评价过程应是公平、独立的。

　　安全生产刚需服务、安全生产柔需服务质量评价分别在分析其特点的基础上，确定了各自评价指标体系构建的流程和方法，基于数据资料的科学规范分析，确定了各自的评价指标体系。

　　安全生产刚需服务质量评价具有评价的过程性与整体性、阶段性与多主体性、针对性与独立性等特点，通过扎根理论方法，对数据资料逐层编码分析，可知安全生产刚需服务质量评价指标体系由服务支撑质量、服务过程质量和服务结果质量三个一级指标构成。其中，服务支撑质量是指服务机构的资质审核；服务过程质量从服务潜在质量、服务实施质量、服务效果质量三个方面评价，并下设14个二级指标；服务结果质量从服务报告的质量上体现。

　　安全生产柔需服务质量评价具有以下特点：评价主体明确，主观性较强；被评价对象重视，主动性强；评价结果公正，有效性强。基于INDSERV模型，从潜在质量和实际质量两个维度来评价安全生产柔需服务质量，共有12个二级指标。

第5篇　提高小微企业安全生产市场化服务的对策研究

美国、日本和欧盟国家安全生产市场化服务起步早、发展较为成熟，并取得了不错的成效。本篇通过分析这些发达国家安全生产市场化服务的发展状况，总结安全生产市场化服务的成功经验及可借鉴之处，可以得到我国发展安全生产市场化服务的启示。

发展安全生产市场化服务是一项系统工程，涉及政府安监部门、小微企业、服务机构等众多相关主体，服务过程具有复杂性特征。要想推进该项工作，不仅需要充分借鉴发达国家的先进经验，更要重点考虑我国面临的实际问题。根据前面研究结果，结合发达国家的启示，需要充分认识小微企业安全生产市场化服务的重要性，明晰各相关主体的职责，理顺各主体之间的相互关系。通过激发需求和扶持服务机构来培育安全生产服务市场，并规范安全生产服务的管理、运作与监督机制等。

第 11 章　国外安全生产市场化服务发展的经验借鉴

　　虽然我国的安全生产国情与发达国家有很大区别，但是他山之石，可以攻玉，尤其是我国安全生产市场化还处于初级阶段，在充分考虑我国安全生产特殊情境的基础上，亟须积极借鉴成功的经验与做法，以更好促进我国安全生产市场化服务发展。本章选择安全生产市场化服务起步早且发展比较完善的美国、英国和日本三个国家，分析其安全生产市场化服务的特色，总结可供借鉴的经验以及对我国发展安全生产市场化服务的启示。

11.1　发达国家安全生产市场化服务发展的现状分析

　　工业化快速发展，在促进社会经济发展、创造大量社会财富的同时，也带来了安全生产事故和职业安全危害问题。各国纷纷出台各类法律法规和措施，加大安全生产与职业安全健康管制力度，并充分利用市场这一资源配置方式，整合安全生产资源，提高资源利用效率，一些先进国家，如美国、日本、英国及欧盟中的其他国家等，在 OHSMS 认证、安全评价与检验检测、安全培训与咨询等方面积累了丰富的、值得借鉴的经验。

11.1.1　美国安全生产市场化服务发展状况

　　美国是工业最发达的国家，也是最早制定《职业安全与健康法》的国家之一，完善的职业安全健康监管、服务模式使其国内的企业安全生产水平稳居世界前列。美国安全生产监管的顶层机构为劳工部；第二层设有职业安全与健康监察局（Occupational Safety and Health Administration，OSHA）和矿山安全与健康监察局（Mine Safety and Health Administration，MSHA）两个主要监管机构；在第二层两个主要监管机构下，根据各自的管辖侧重，职业安全与健康监察局下属第三层机构为按照行政区域划属的州级监察局和地区办公室，而矿山安全与健康监察局的下属第三层机构主要为按照行业划分的煤矿安全监察局和金属、非金属矿监察局；第四层主要是直接面向企业，负责具体安全生产相关事宜的服务性机构，如培训教育处、技术支援处等。

美国职业安全与健康监察局一方面对企业的安全生产状况履行监管职能，另一方面完善安全生产服务的市场化机制，积极履行其服务职能。其中，监管职能主要包括企业安全生产及职业安全健康相关监察标准的起草、颁布，安全生产与职业健康相关法律法规的制定和强制推进、执行，依法监督上述法律法规的具体落实情况，对于企业内雇员提出的职业健康或安全生产相关的投诉进行调查、归责，并对发生事故的企业进行调查处理和依律处罚。职业安全与健康监察局直接受劳工部的监管和领导，保证了垂直监管体系的高效性。

美国是最早推行安全评价和安全检验检测的国家之一。在20世纪30年代，当保险公司在为客户分担风险时，需要对客户的风险进行评价，并根据评价分析的承担的风险大小来决定保费。而工业领域的安全评价最早应用于军事工业领域，1962年4月，美国公布了第一个有关系统安全的说明书——《空军弹道导弹系统安全工程》，对承包商系统安全提出了要求。1964年，美国道氏化学公司根据化工生产的特点，首先开发出了"火灾、爆炸危险指数评价法"，并将其用于化工装置安全评价工作。1974年，美国原子能委员会应用系统安全工程分析方法，首次针对核电站提出了著名的《核电站风险报告》（WASH-1400）。20世纪70年代石油工业快速发展，但其产品和工艺的危险性较高，导致事故频发，专业技术机构和人员积极探索识别风险和处理隐患的有效方法。例如，美国化学工程师学会于1985年出版的《危险性评价程序指南》详细介绍了十多类评价方法。这为20世纪80年代安全评价工作的发展奠定了基础，安全评价工作在20世纪90年代后进入了全面发展阶段。之后多年来，数目繁多的、开展安全评价咨询的公司在美国出现，很多企业开始雇佣专业的风险评估和分析人员帮助其进行安全评价。

美国对职业安全健康检验检测实行实验室认证和精确分析测试程序认证。美国工业卫生协会（American Industrial Hygiene Association，AIHA）从1974年开始推行实验室认证，共包括四类：工业卫生实验室认证（industrial hygiene laboratory accreditation program，IHLAP）、环境铅的实验室认证（environmental lead laboratory accreditation program，ELLAP）、办公室环境细菌和霉菌实验室认证（environmental microbiology laboratory accreditation program，EMLAP）与食品的实验室认证（food laboratory accreditation program，FOODLAP）。全美有200多家实验室被认证。同时，还推行了5个精确分析程序认证，分别是工业卫

生精确分析测试（industrial hygiene proficiency analytical testing，IHPAT）、高精度石棉精确分析测试（bulk asbestos proficiency analytical testing，BAPAT）、环境铅精确分析测试（environmental lead proficiency analytical testing，ELPAT）、细菌和霉菌精确分析测试（environmental microbiology proficiency analytical testing，EMPAT）和铍精确分析测试（beryllium proficiency analytical testing，BePAT）。并从 2009 年开始，推行国际实验室认证。

美国也是最早推行 OHSMS 认证的国家，美国的 OHSMS 是职业安全健康监察工作的重要内容，可以采取同行评估的形式，也就是采用市场中介的方式来开展，并将此次工作交由美国工业卫生协会负责，与美国工业卫生理事会联合，推进工业卫生学家的资格认证工作。1996 年，美国工业卫生协会制定了关于《职业安全卫生管理体系》的指导性文件。

同时，美国也是职业资格制度制定得最早和最完善的国家之一。1969 年，美国成立了美国注册安全工程师委员会（Board of Certified Safety Professionals，BCSP），向符合条件的人员颁发注册安全工程师（certified safety professional，CSP）证书。美国注册安全工程师在全球享有较高的威信和知名度，不仅是工程安全专家，而且在企业安全管理、保险公司损失控制等衍生行业也具有较强的工作能力，为职业安全健康领域所广泛认可和接受。许多企业非常愿意雇用注册安全工程师进行企业安全管理。美国现有注册安全工程师已超过 4 万人，而且人数每年都在持续增长。美国与新加坡、加拿大、澳大利亚等国家的注册安全工程师已经达成互认。

美国政府在职业安全健康管理方面尽管也采取了行政许可，但行政许可仅是辅助手段，更多采取的是一些项目的形式，鼓励并帮助企业提升安全生产水平。例如，安全生产相关的教育培训，包括对企业负责人的培训、对地区安全生产监管人员的监管前培训，协助企业构建内部执行标准，提供免费的互联网服务，鼓励企业主自主排查、治理企业内部隐患。除此之外，行业协会也担负了一部分服务职能，如美国工业卫生协会时刻督促以确保其全体会员的安全生产和职业健康水平始终处于一个高标准；美国国家职业安全与卫生研究所（National Institute for Occupational Safety and Health，NIOSH）主导与安全生产、职业健康相关的科研项目，以科学的结论来优化现有安全生产管理机制，从而更好地预防安全生产事故和职业伤害的发生。

11.1.2　日本安全生产市场化服务发展状况

日本的安全生产工作也处于世界前列。同美国一样，日本的安全生产监管体系也是垂直型监管，在日本厚生劳动省劳动基准管理局的统一领导下，全国范围内的道、都、县均设有劳动基准监督署。后者在其行政区域内直接对企业开展劳动技术咨询、培训；指导企业排查内部隐患，防患于未然；安全监督官员分别监管企业的安全生产和员工的职业卫生、健康。

除了官方安全生产监管机构外，日本境内各类安全生产相关的服务组织也发挥了非常重要的作用。日本建有许多公益性、非创收性的协会、机构。例如，全国性的职业安全健康方面的协会有"中央劳动灾害防止协会""全国劳动卫生团体联合会"等，其中，"中央劳动灾害防止协会"是日本最具权威和影响力的职业安全健康组织。负责安全卫生宣教的是"国际劳动安全卫生交流中心"，其所有活动经费均可从工伤保险基金中列支，充分发挥了工伤保险基金的事故预防功能。"职业健康促进基金会"每年定期进行全国安全生产人员的调查统计分析，该基金会是劳动部的一个辅助非营利组织。此外，一些由国家、财团等支持的"行政法人""财团法人""社团法人"等，也在职业安全健康方面发挥着重要作用，如"劳动安全研究所""产业安全研究所""日本安全工学会"等。

日本国内的安全生产状况到 20 世纪 70 年代末才有了较大的好转并逐渐趋于高水平，这得益于全国上下良好的安全氛围。为了培养这种安全氛围，社会各界，尤其是行业协会、私营性质的安全生产服务机构等中介组织开展了多样的安全生产宣传活动，并将其日常化，使得企业主及员工的安全意识得到明显的提升。例如，每年 7 月 1~7 日的"全国劳动安全周"活动、秋季的"全国产业安全健康大会"、年末的"岁末年初无事故运动"等。这一系列活动的开展期以及活动的准备期几乎保证了日本安全生产活动的全年覆盖，常态的安全卫生活动已然使得企业的安全生产观念根深蒂固，最终在全社会形成了良好的安全生产氛围。

除了日常化的安全生产宣传活动，各类安全生产服务组织还承担起各类行业、企业的安全培训业务，针对不同的行业、企业提供专业化、定制化的培训，以满足不同企业的不同需求。开展安全科研活动、承接安全科研项目是安全生产服务机构的另一项重要职能。科研项目主要以企业安全生产现状及存在问题为现实出发点，分析具体的问题并给企业提出科学建议。例如，日本工作环境监测协会致力于对工作环境的监测方法研究；劳动安全卫生综合研究所以防止因机械、设备引起的安全事故为目的，从事安全工作方法、人机协调作业管理方法等方面的研究，中介组织会定期以期刊或书籍的形式向政府与社会公布研究成果。1976年日本厚生劳动省颁布了《化工厂安全评价指南》，提出化工企业六阶段安全评价法，并在化工企业中广泛应用后在其他行业进一步得以推广使用。

另外，日本政府对中小微企业中存在的安全生产风险尤其关注。这是由于这类企业的资源条件较大企业天然处于弱势，导致其对诸如安全生产硬件设备、安全生产专业管理人员的投入较少，由此产生更多的安全生产风险。针对中小微企业的这种情况，日本政府在严格执行日常的安全生产监管的同时，也要推动安全生产服务机构为小微企业提供安全生产相关信息，如培训、隐患排查的服务，以此来保障小微企业的安全生产和员工的职业健康。安全生产服务机构在企业安全生产监督、管理中的广泛参与，一方面缓解了政府安监部门在管制过程中的资源、行政压力，另一方面能够以更专精的服务切实解决企业安全生产的困境。

11.1.3 英国安全生产市场化服务发展状况

英国是最早制定安全生产相关法律法规的国家，也是目前世界上安全生产记录最好的国家之一。1974 年英国制定了《职业安全与健康法》，其安全生产监管体系包含安全与健康委员会（The Health and Safety Commission，HSC）和安全与健康执行局（The Health and Safety Executive，HSE），负责全国上下的安全生产、职业健康工作。直到 2008 年，两机构合并为一个单一的安监部门，成为新的安全健康执行局。英国在进行职业安全健康管理的过程中，一直注重依托民间组织和服务机构，将职业安全健康服务社会化、市场化。

英国企业的安全生产服务主要从政府和社会（中介及协会等）两方面获得。来自政府的服务一般是免费的，而多数来自民间组织和中介机构的服务则是需要付费的。英国的一些民间组织和中介机构，如行业协会、商会、培训和企业委员会与地方企业委员会、工会等，在促进职业安全与健康工作的发展中发挥了积极的作用。

英国比较知名的两个安全与健康执行局行业协会联盟分别为英国职业安全与健康专业组织联盟（Professional Organizations in Occupational Safety and Health，POOSH）和英国风险联合会（The Risk Federation，TRF），其中英国职业安全与健康专业组织联盟是英国最大的安全与健康执行局协会联盟。另外，英国安全评估联合会、英国安全委员会、英国国家职业安全与健康考核委员会、英国皇家事故预防协会、国际风险与安全管理研究院、英国贸易标准研究所、英国特许环境健康研究院、英国风险化学产业交流研究会、英国工程建设行业协会都是公益性的慈善机构，和安全与健康执行局或者地方政府都有良好的合作，同时开展安全培训、法律服务、技术服务、信息咨询、风险评估等营利性活动，其资金使用受到监督，必须用于公益性事业的发展。例如，英国安全委员会创建于 1960年，会员大部分是英国企业，还有部分来自印度、中东和尼日利亚，采取为会员服务，开展安全培训、咨询、审计等服务方式来开展企业安全和职业健康服务，成为很有影响的机构。

英国有许多从事安全生产相关科技研究的科研服务机构，每年都会承接安全与健康执行局的 500 多项科研项目来提升安全生产水平，从而保证员工职业安全健康管理工作的进步。这些科研机构既包括官方性质的安全与健康研究院，也包括高校组织，还有众多有科研实力的企业、私营公司等。其主要职能包括为企业进行安全审计达标的协助工作，帮助企业获得经济担保，排查隐患，安全培训，风险评估分析及安全等级认证，等等。一般大企业在开展 OHSAS18001 时需要这些机构的协助，而小企业会专门聘请这些机构中的相关专家到企业内部开展风险评估、安全培训等服务业务。

英国实行"小政府大社会"，拥有行业协会 3 000 多家、商业保险机构约 4 万家。其中，行业协会在推行安全生产企业自律方面发挥了很大作用。政府利用各种行业协会、商业保险机构对企业实施日常检查与预防性检查，同时通过市场运作开展安全监察。例如，由英国贸工部、就业与年金部、英国保险协会、英国保险代理商协会，以及小企业联合会等部门和机构共同支持的安全健康绩效评估系统，供中小企业和相关方查询企业历年的安全生产相关状况。保险公司可以凭借查询结果来确定企业的工伤保险费率。为了降低赔付水平，保险公司也会为参保企业提供职业安全健康管理和安全生产相关的咨询服务，由此可见，工伤保险的发展积极推动了英国安全生产市场化服务的发展。

11.1.4　欧盟其他国家安全生产市场化服务发展状况

早在 20 世纪 80 年代，大多数欧盟国家的企业开始利用外部服务机构开展安全生产预防性工作。1989 年出台的欧盟基础性法律《框架指令》中规定，用人单位应保证公众的安全与健康，如果用人单位自身不具备条件，必须指定服务机构来提供技术和相关服务。有些欧盟国家强制安全生产与执业安全健康服务由保险公司来提供，有些欧盟国家则要求选择市场中的有偿服务。例如，在德国，根据业务类型与规模不同，强制要求企业雇用安全工程师，并强制要求企业为员工购买事故保险，保费由企业支付，该保险由德国保险协会提供。德国保险协会帮助企业进行安全生产检查，如果企业有需求，则为企业提供安全生产服务或者建议企业购买私人服务机构的服务，费用由企业承担。对于私人服务机构提供的服务，需要有质量保证计划，对服务结构、过程和结果进行审查。

欧盟各国的安全生产服务模式主要有三种：一是从属模式，即企业与服务机构签订提供安全生产服务的长期协议，企业通过支付会员费的形式获得服务机构的外部服务。二是行业合作模式，即行业合作伙伴间就相关的资金和支付达成的协议。三是保险模式，即强制性要求企业购买事故保险，由保险公司提供安全生产预防性服务，并根据企业实际情况调整费率。保险公司提供的安全生产服务主要包括：①标准与审核相关的控制。帮助企业进行内部安全控制，来保证企业履行其对员工职业安全健康的责任。主要工作是按照相关管理体系标准（如OHSAS18001）对企业进行日常安全检查，并对其运行情况进行记录，进而对风险进行控制。②专业风险评估。根据《框架指令》中的关键要素，进行危害鉴定、危害记录及定期重新评估、工人参与计划、风险预防措施等，目的是从源头消除风险（刘佳，2015a）。

欧盟各国也注重对服务质量的管理。在资质和能力方面，有些国家对服务机构有一定的要求，欧盟多个成员国（如德国、丹麦、比利时、芬兰、荷兰等）有安全生产服务质量评估的认证机构。但是对安全生产服务的审核重点在于服务的结构，而不仅关注结果。在没有安全生产服务质量评估认证机构的一些国家，主要由市场进行服务质量评估，收取的服务费用取决于其服务质量，如意大利、葡萄牙等国家。在欧盟各国，安全生产服务提供商之间的竞争日益激烈，也出现了低价竞争的情况。

为了提高安全生产服务质量，确保服务的专业有效性和客观性，欧盟有些法规规定了服务机构应该保持的专业标准，服务机构的人员必须具有从业的资质证明，并参与正式的安全生产或职业安全健康相关的知识共享网络，或与科研院所进行合作，并将服务质量评估结果公布在公共网络上（刘佳，2015b）。

11.2　国外安全生产市场化服务发展的先进经验与可借鉴之处

通过对发达国家的安全生产（职业安全健康）体系及安全生产服务的进化历程分析，不难发现，伴随着其工业化进程和市场经济体制的不断推进、完善，安全生产市场化服务有一些经验值得借鉴。

11.2.1　健全的安全生产法律体系是安全生产市场化服务的前提

上述几个国家安全生产市场化服务的发展、完善首先依赖于严明的法律制度，高度发达的市场经济必然是高度发展的法制经济。一般而言，各国都会有一个安全生产主体法，辅以与之相关的配套法规条例，使安全生产管理的权利、责任得到切实保障。例如，美国以《职业安全卫生法》为主体法，在此基础上各州有权根据行政区域的具体情况制定配套的法律法规；英国以《劳动健康安全法》为主体法规，同时基于不同的对象和情境辅以《煤矿安全和健康管理规定》《工作安全和健康管理条例》《健康有害物质控制条例》《控制工作场所噪声》等。日本则以《工业安全和健康法》为主体法，辅以配套的安全生产和职业健康条例。健全的法律法规条例是安全生产服务机构的行为准则，是安全生产监管的依据和前提，是企业、员工安全得到保障的基础。在健全的安全生产法律法规规范下，企业必然会重视安全生产工作，通过各种途径保障安全生产条件，不惜花费资金购买服务机构提供的高质量的安全生产服务。健全的安全生产和职业安全健康的相关法律法规，是企业安全生产的基础，是安全生产市场化服务存在的前提，也是安全生产市场化服务规范开展的保障。

目前，我国虽然已经制定并颁布了主体法《安全生产法》，也有一系列的安全生产相关条例作为辅助补充，如《中华人民共和国矿山安全法》《煤矿安全监察条例》《安全生产事故报告和调查处理条例》《中华人民共和国职业病防治法》等，但这些法律法规、条例说明线条都较粗犷笼统，可依照性和操作性均不高，导致其落实效率不高。这一方面助长了企业不进行安全生产的侥幸心理，不利于安全生产工作的开展；另一方面也降低了企业购买安全生产市场化服务的意愿，不利于安全生产市场化服务的发展。

11.2.2 广泛依靠各类社会组织是全面推行安全生产市场化服务的基础

无论是美国、英国还是日本，都致力于将可以交由同行、第三方或者市场的安全生产监管相关工作交由各类社会组织来推行，都建有数量颇多的各类职业安全健康相关协会、研究型团体、行业协会和公益性的非营利机构，这些社会组织致力于推动其所属国家安全生产（职业安全健康）领域某一方面工作的开展，依托组织已有的影响力，充分调动社会资源为企业安全生产服务，在 OHSMS 认证资质审核与管理、各类安全生产相关从业人员（机构）资质管理、全国性的各类安全生产宣传活动与安全文化建设、针对性的各类安全生产科研项目中发挥了积极作用。相比于政府部门，这些社会组织更专业，也更能获知企业安全生产服务需求并提供具有针对性的服务，并且在服务过程中，更容易跟企业建立良好的关系，提高服务的效果。

近年来，我国政府非常重视利用第三方社会组织的力量来推动安全生产工作。但是，我国很多安全生产相关协会、服务机构历史上都挂靠在政府管理部门，即使已经从政府管理部门分离出来，但是联系依然密切，还带有一定的行政色彩。《国务院安全生产委员会关于加快推进安全生产社会化服务体系建设的指导意见》（安委〔2016〕11 号）提出，安全生产社会化服务机构是社会主义市场经济条件下参与和推进安全生产工作的重要力量，对在新形势下提高我国安全生产整体水平发挥了积极作用。但当前安全生产服务工作仍存在力量不足、能力不强、行为不规范、机制不完善、管理不严格等突出问题，有的社会化服务机构弄虚作假、租借资质、违法挂靠、违规收费等。因此，还需要进一步规范各类安全生产社会组织及其业务，提高安全生产服务成效。

11.2.3　瞄准需求是提高安全生产市场化服务成效的基本要求

一方面，了解政府安全生产服务需求，为政府分担安全生产相关职能，开展针对某类企业或者某项安全活动的服务，这类服务主要可以划分为三类：一是审核、认证类工作。例如，OHSMS 认证机构的资质审核、注册安全工程师的职业资格考核、各类职业安全健康检验检测实验室和人员的认证工作等。二是大范围的安全生产宣传活动，包括安全生产宣传周、安全生产年度活动以及各种专项安全生产宣传活动。这些活动能够营造浓郁的社会安全生产氛围，有助于建立良好的安全生产文化。三是针对某类工作开拓新工具新方法。例如，在安全评价过程中，为了更加规范地开展评价工作，进而得出更为科学的评价结论，不断完善安全评价方法的工作；合作开展安全人机工程、设备安全操作各方面的研究等。

另一方面，针对企业安全生产服务需求，提供专业化服务。这反映在以下两个方面：一是国外的职业安全管理体系认证工作不但体系完善，而且在认证过程中遵循严格的认证程序，帮助企业规范职业安全健康管理，切实提高职业安全健康管理水平。二是对安全生产从业人员资质的认证，资质认证工作不仅有学历和基础理论知识的要求，更注重于实践工作的开展，其考核注重反映安全生产和职业安全健康领域的实践要求，确保安全工程师能够同时掌握职业安全健康与安全生产领域的理论知识以及实践技能，从而为企业提供专业的安全生产服务。

在我国安全生产刚需服务过程中，由于存在为了取得安全生产许可证而开展安全评价、安全生产检验检测等服务的情况，安全生产刚需服务过程偏离了既定预期目标，没能实现安全评价检验检测制度安排目标，没能很好地起到分担政府安全生产监管职能的作用。由于安全生产柔需服务市场还不成熟、不规范，服务机构开展服务尚缺乏标准的服务流程和服务标准，难以满足企业的安全生产服务需求，服务质量不能保障。故需要正确解读政府和企业的安全生产服务需求，根据需求设计服务，并保证服务结果符合预期设定目标。

11.3 对我国发展安全生产市场化服务的启示

综上所述，同发达工业化国家相比，目前我国的安全生产监管与部分安全生产服务工作更多依赖于国家安全生产监管机构和地方各级安监机构。因为政府安监部门的监管力量和资源有限，这将在加重政府安监部门工作负担的同时，影响其工作成效。所以需要将那些适合通过市场来完成的工作交由服务机构。通过以上对美国、日本和英国三个国家的安全生产市场化服务情况的分析，结合我国的实际状况，得到促进我国安全生产市场化服务发展的启示，具体如下。

（1）在市场经济体制的大环境中，必须改变政府统管安全生产事务的单一格局，充分利用社会资本、调动社会资源，以市场配置资源，培育一批市场化运营的安全生产服务机构，实现安全生产市场化服务模式的转变，鼓励各类社会资金投入安全生产服务的朝阳产业，推进安全生产服务的企业化、市场化、产业化进程，从根本上解决安全生产与经济发展的矛盾。

（2）政府安监部门的主要职能是健全、完善和细化安全生产相关法律法规，做到安全生产有法有规可依，执法必严，杜绝小微企业在安全生产上的侥幸心理。在安全生产市场化服务发展过程中，政府安监部门也要简政放权，对市场化服务给予政策扶持而不要干预，为安全生产市场化服务发展搭建平台，促进小微企业、服务机构等在这一舞台上更好地发挥各自的角色作用。

简言之，对于我国安全生产管理模式的探索以及安全生产市场化服务的建设，政府安监部门应重新定位自身的角色，实现政府职能的转变；理顺政府安监部门、小微企业与服务机构之间的职责关系，使其各司其职，实现资源的有效配置。

第12章 小微企业安全生产市场化服务优化策略

小微企业安全生产市场化服务不同于一般意义上的服务，不但需要按照市场化机制运作，而且对政府政策的依赖性更强，安全生产服务市场是一个政策导向型市场。要大力发展小微企业安全生产市场化服务，需要充分认识小微企业安全生产市场化服务的重要性，在加大对安全生产服务市场培育力度的同时，规范安全生产市场化服务的运作。

12.1 充分认识安全生产市场化服务，转变政府安监部门职能

12.1.1 充分认识小微企业安全生产市场化服务的地位

借鉴西方发达国家先进的安全生产治理理念和经验，基于我国小微企业面广量大、安全生产资源实力弱，以及政府安监部门监管力量有限的现实情况，各方，尤其是政府安监部门，应充分认识到安全生产市场化服务的重要性，大力发展安全生产市场化服务。安全生产市场化服务全面贯彻《中共中央 国务院关于推进安全生产领域改革发展的意见》要求，发挥市场在资源配置中的决定作用，进一步优化政府、小微企业、服务机构在安全生产工作过程中的资源配置，提高资源的利用效率，助力小微企业安全生产。

小微企业安全生产市场化服务的发展首先依赖于安全生产治理理念的革新。我国正处于社会转型的关键时期，政府部门有义务在新情境下通过对自身定位的不断调整，稳健地退出对社会事务的直接控制，完成有限服务型政府角色的转

变。安全生产服务的市场化是社会经济发展和政府行政职能变迁的必然趋势。因此，要想利用安全生产市场化服务为我国广大的小微企业解决各类安全生产难题，首先需要政府安监部门转变执政理念，一方面，要认识到市场化运营的安全生产服务机构的涌现、安全生产市场化服务的发展是市场经济体制不断完善的必然产物，是弥补小微企业安全生产资源实力不足的最有效途径；另一方面，要认识到安全生产服务机构理论上是独立于政府安监部门的市场主体，其市场主体的特征本质与企业一致，它并不是政府安监部门的附属机构或盈利工具，而是政府安监部门进行安全生产监管时的"合作伙伴"，是政府进行安全生产监管的有益补充，能够有效提高安全生产监管与服务效率。

12.1.2　转变政府安监部门职能，由管制型政府向服务型政府转变

要增强小微企业安全生产治理效果，需要打破传统的命令控制型监管方式，转变政府安监部门职能，使其由管制型政府向服务型政府转变。将部分可以通过市场实现的职能转移给具有安全生产服务资质的服务机构，通过购买安全生产服务提高安全生产监管与服务效率。由政府出资，通过公开招标、合同约定的形式，委托具有相应业务能力的安全生产服务机构开展安全生产宣传培训、安全技术、安全检查评估等服务。为此，需要做好以下方面的工作。

一是对政府购买安全生产服务进行法律规范，可在《中华人民共和国政府采购法》中适当增加条款，从法律上明确和规范政府购买安全生产服务（或公共服务）的要求。二是规范购买流程。规范政府购买安全生产服务流程，不仅使服务机构在公平环境中竞争，也可以防止政府相关工作人员借机谋私利。在购买服务前，政府应该在其门户网站公开购买服务的相关信息、明确服务标准。在购买过程中根据服务要求，采用招投标的形式，从符合条件的竞标者中择优录取，实现信息公开。并与竞标成功的企业签订法律规定的合同，在合同中明确双方的职责。服务完成后，需要对照标准评估服务质量。三是制定政府安监部门购买安全生产服务的指导性目录，规范政府购买服务的行为。政府安监部门可以购买的安全生产服务主要有安全宣传教育服务、安全管理咨询服务、安全技术服务、安全信息服务和其他安全生产服务。具体服务内容见表 12.1。

表 12.1　政府购买安全生产服务指导目录

服务项目类别	具体服务内容
安全宣传教育服务	企业安全生产负责人、注册安全工程师、特种作业人员等的培训
	安全生产月（周）活动策划与开展
	安全生产政策法规宣传

续表

服务项目类别	具体服务内容
安全宣传教育服务	辖区安全文化建设
安全管理咨询服务	制定区域安全生产发展规划
	安全生产监管方案
	安全生产咨询
	日常安全生产检查
	常规安全生产条件审查
安全技术服务	安全生产标准、法律法规起草
	安全生产隐患排查
	应急救援预案制定
	安全生产事故调查分析
	安全生产检验检测
	安全科技攻关
安全信息服务	安全生产管理信息系统、服务平台开发与维护
	安全生产数据资料收集、整理、分析
其他安全生产服务	安全生产法律援助
	安全仪器、设备租赁
	安全技术项目推广

12.2　明确安全生产市场化服务各方职责，理顺主体间相互关系

12.2.1　明确安全生产市场化服务各方职责

虽然《安全生产法》《安全评价检验检测机构管理办法》等法规文件对小微企业、政府安监部门、服务机构的职责明确进行了规定，但是在现实工作过程中，因对安全生产法律法规了解不到位、存在认识偏差等，以及这些法规文件中对职责的规定仅是定性的描述，使得他们存在职责落实不到位，甚至违法违规的情况。因此，要让小微企业、各级政府安监部门、服务机构充分正确认识自身的安全生产相关职责。

小微企业负责人要深刻认识到企业是安全生产的主体，企业的主要负责人对该企业的安全生产和职业安全健康工作全面负责，要保证安全生产所必需的资金

投入，并对安全投入不足造成的后果承担责任。即使企业委托服务机构开展各类安全生产技术、管理服务，保障安全生产的责任仍由该企业负责。要通过对法律法规的宣传、合同条款的约束，让小微企业知道，虽然购买了服务机构的安全生产服务，但自己仍然是安全生产责任主体。

各级政府安监部门也应明确自身的职责，把握好度。一方面，各级安监部门对企业的安全生产负有监管责任。国家安全生产监督管理总局[①]对全国安全生产工作实施综合监督管理；县级以上地方各级安监部门对本行政区域内的安全生产工作实施综合监督管理，负责定期统计分析行政区域内安全生产事故的情况并向社会公布；县级以下地方安监部门对本行政区域内生产经营单位安全生产状况监督检查，并协助上级部门开展安全监督检查工作。另一方面，政府安监部门对安全评价检验检测服务机构及其服务负有监管责任。应急管理部负责指导全国安全评价检测检验机构管理工作；省级安监部门负责安全评价检测检验机构资质认可和监督管理工作；县级安监部门对安全评价检测检验机构执业行为实施监督检查，并对发现的违法行为依法实施行政处罚。政府安监部门必须意识到安全生产市场化服务是市场行为，必须坚持市场主导，不能过多地进行行政干预，按照市场规律发展安全生产市场化服务。但是，因为安全生产市场化服务的特殊性以及我国安全生产市场化服务发展仍处于初级阶段，所以政府安监部门并不能放任不管，还应该对市场进行政策引导和培育。

安全生产服务机构作为服务供给方，应该对服务质量负责。不但承担安全评价、认证、检测、检验的机构应当具备国家规定的资质条件，并对其做出的安全评价、认证、检测、检验的结果负责。而且开展安全咨询、托管服务等柔需服务的服务机构，也要通过行业规章、服务合同等进一步明确其应该承担的责任，对其安全生产服务开展过程、服务效果负责。一旦因安全生产服务不到位或者存在重大纰漏而导致严重后果的，服务机构要依法承担法律责任。

12.2.2　理顺安全生产市场化服务各主体间的关系

在明确小微企业、政府安监部门、服务机构各主体安全生产服务过程中的职责的基础上，还应该理顺它们之间的相互关系。政府安监部门是安全生产市场化服务的政策引导者、服务质量监督管理者；小微企业和政府安监部门是服务的购买者，服务机构是供给方，安全生产市场化服务的购买方与供给方形成委托-代理关系，政府与小微企业、服务机构之间形成了监管关系。因此，需要理顺政府

---

① 2018 年 3 月，第十三届全国人民代表大会第一次会议批准了《国务院机构改革方案》，组建应急管理部，不再保留国家安全生产监督管理总局。

安监部门与服务机构之间、政府安监部门与小微企业之间、小微企业与服务机构之间的关系，同时，各主体只有努力履行自身职责，与其他主体有效配合，才能彻底提高安全生产市场化服务的质量。

安全生产市场化服务的特点要求政府安监部门同安全生产服务机构之间保持既相对独立又相互联系的合作关系。相对独立，是指尽管两者都服务于小微企业的安全生产，但其职能和组织边界应该有清晰的界限。然而，在现实中，政府安监部门与安全生产服务机构的关系界限并不十分清晰，较为典型的就是有些安全生产服务机构的官办性质浓重，市场主体特征不足，在与其他服务机构的竞争过程中具有先天的行政资源优势，影响了安全生产服务市场的良性竞争秩序。因此，在安全生产市场化服务发展过程中，政府应推动安全生产服务机构的去行政化，限制政府安监部门的在职人员或退休人员在安全生产服务机构中继续任职或兼职，保证安全生产服务机构的市场独立性。相互联系，是指两者在小微企业的安全生产治理过程中的最终目标是一致的，但各自职能分工不同，政府安监部门是"掌舵人"，服务机构是"划桨人"，政府安监部门作为舵手，要把控好方向，制定好安全生产服务相关政策，创造良好的市场环境。虽然政府购买了服务机构的服务，但没有将监管责任移交给服务机构，服务机构仅是政府安监部门的参谋助手和技术支撑。

在发展安全生产市场化服务的过程中，政府安监部门是小微企业购买安全生产刚需服务的监管者，是小微企业购买安全生产柔需服务的政策引导者。虽然二者存在监管与被监管、引导与被引导的关系，但是它们在安全生产方面的最终目标是一致的。小微企业由于对安全生产市场化服务的认知可能不到位，就需要政府安监部门加强安全生产刚需服务监管，发挥刚需服务应有的作用与功能；就需要政府安监部门对小微企业柔需服务需求进行引导，同时培育良好的安全生产服务市场，并为小微企业购买安全生产市场化服务提供途径与帮助，提高小微企业购买安全生产市场化服务的成效。

在安全生产市场化服务过程中，虽然小微企业与服务机构之间存在委托-代理关系，但安全生产服务与一般意义的生产性服务不同，安全生产服务的任务属性更为复杂，并且与企业生产经营活动的关联性更强。因此，服务双方需要紧密合作。一方面，二者在签订服务合同过程中，应明确各自的职责，服务机构严格按照服务标准和规范开展服务；另一方面，小微企业应密切配合服务机构工作的开展，要彻底打消"花钱购买服务后，安全生产工作就是服务机构的职责"的想法，正确认识与服务机构的关系，不仅是雇佣关系，更是合作伙伴关系，只有服务机构认真开展服务，小微企业认真配合服务机构开展工作，才能真正发挥安全生产服务的成效，促进小微企业安全生产水平的提升。

12.3 严格监管与政策支持并举，激发小微企业安全生产市场化服务需求

针对小微企业安全生产服务购买意愿不强，而安全生产服务市场的形成与发展又以安全生产服务需求外化为前提的现实，须大力发展小微企业安全生产市场化服务，彻底解决小微企业安全生产"无人管"和"不会管"的难题。因此，在继续强制要求重点行业领域进行安全评价、安全检验检测的同时，积极采取有力措施，调动小微企业购买柔需服务的动力。

12.3.1 加强中央政府安全生产监督，提高地方安监部门的执行力

对于安全生产的监管者而言，中央政府代表的是全国人民的公众利益，是安全生产相关政策制定、执行的主要政治获益方；而地方安监部门和小微企业是安全生产相关政策执行的经济成本直接承担方。安全生产监管的获益主体与经济成本承担主体的分离加上地方政府政绩考核以经济增长为主要指标的情况，使得地方政府在追逐自身利益最大化的同时也力图保障本地企业利润最大化。虽然安监部门实行垂直管理，但是地方安监部门工作的开展仍会受到当地政府的极大影响。在当地政府的干预下，地方安监部门的监管工作有可能流于形式。

因此，中央政府必须对地方的安全生产监管行为予以监督，防止地方政府相关官员一味追求本地经济发展，而对小微企业一些安全生产违法违规行为选择"视而不见"。小微企业安全生产的事前、事后监管都需要消耗地方政府直接的人力、物力等行政成本，因此若中央政府对于地方政府进行适当补贴，一方面有助于缓解后者的行政成本压力，另一方面也可以更充分地调动地方政府安监人员的工作积极性，使地方政府更有能力和动力对小微企业进行严格监管。同时，中央政府对地方安全生产监管工作中执行不力的人员和单位应予以一定的处罚，适当地处罚或者撤职查办相关人员能够起到"以儆效尤"的作用，能够激励地方政府部门在未来的监管过程中更严格地执法。

12.3.2 事前监管与事后监管相结合，提高安全生产监管成效

要杜绝小微企业安全生产侥幸心理，促使小微企业积极进行安全生产，必须

加强事前安全生产监管。通过营造严格监管的社会氛围，加强监督检查的频率与力度，拓宽各类社会监督途径，增大企业安全生产不达标、安全生产违法违规被发现的概率，进而让小微企业清醒地认识到，不进行安全生产不仅有发生事故的风险，同时也会立即被监管到，与其被动接受监管后的整改，还不如积极主动地进行安全生产。与此同时，对安全生产违法违规行为、发生安全生产事故的企业要严格执行事后监管，严厉执法、违法必究，起到震慑作用。只有这样，小微企业才能感受到安全生产的压力。对未履行安全生产法定职责且未购买安全生产服务的企业，通过增加执法检查频次、降低安全生产诚信等次等反向约束手段，倒逼其通过购买专业服务的途径来提升安全管理水平。

然而，加强安全生产监管需要投入大量的人力物力，小微企业又面广量多且地方安监力量有限，因此，要提高安全生产监管成效，让小微企业有意向进行安全生产。一方面，地方政府部门应积极加强其安全生产监管能力建设，大力引进安全生产监管的专门人才，通过培训、进修等方式提高监管人员的理论与实践能力；另一方面，通过购买服务的形式，将部分政府安全生产监管职能外包给服务机构，借助服务机构的人力资源和专业设备提高安全生产监管的成效。

12.3.3　政策引导与资金支持，激发小微企业安全生产服务购买动力

在加强安全监管反向约束手段的同时，安全生产服务相关政策对小微企业安全生产服务购买意愿的影响显著。由深圳、浙江、广州等地区安全生产托管服务推行经验可知，政府安全生产服务政策以及对企业购买服务给予的资金扶持，极大地促进了小微企业购买服务的积极性。

一方面，政府安监部门应积极出台小微企业安全生产服务购买指导性文件，深化小微企业对安全生产市场化服务的认识，为小微企业提供安全生产服务相关信息，端正小微企业购买安全生产刚需服务的态度，解除小微企业购买安全生产柔需服务的顾虑。对安全生产风险突出、自身能力不足的小微企业给予适当帮扶。对于其他通过长期聘用技术服务机构或专家来获得安全生产服务的企业，可视作其配备了相应的兼职安全生产管理人员。另一方面，可以借鉴广州、深圳、宁波等地区的良好做法，对安全生产托管服务提供资金支持，并由政府安监部门作为联系人，团购安全生产服务，使企业以较少的费用享受较为优质的安全生产服务。

12.4 大力培育安全生产市场化服务供给，实现供需有效对接

12.4.1 大力培育安全生产市场化服务

安全生产服务供给水平低是制约小微企业购买安全生产服务的一个重要因素。鉴于目前安全生产市场化服务供给不足，且安全生产服务专业性强，需要政府对安全生产服务业进行培育，在人才队伍、发展环境、优惠政策各方面进行支持，及时出台安全生产服务业发展规划，为服务机构发展创造稳健的政策、市场环境。一方面，充分调研安全生产服务业发展状况，加大培育安全生产发展急切需要但服务能力明显薄弱的领域力度，建设行业门类齐全、专业结构合理、市场环境优良、业务竞争力强的安全生产服务体系，实现安全生产全链条、全业态、全方位、全过程的服务体系。另一方面，加强安全生产服务领域人才队伍建设，支持安全生产服务机构与高校、科研院所建立合作与人才共享机制，使高校和科研院所成为安全生产服务领域人才的有力支撑力量。同时，鼓励具有综合专业服务能力、业绩突出、信誉良好的技术服务机构组建行业领域龙头企业，建立多功能综合性服务主体，加快培育一批有影响力的技术服务品牌机构。支持和鼓励由各种社会组织和行业内有影响力的服务机构牵头组建安全生产服务协会，一方面可以通过组织行业安全生产交流，开展调查，研发和推广新技术、新标准等途径，提升产业发展水平；另一方面，通过构建行业运作规范和执行标准等约束服务机构的不良行为，呵护产业良性发展。

12.4.2 构建信息网络，实现小微企业安全生产服务供需有效对接

在激发小微企业安全生产服务需求，培育安全生产服务的同时，如何使服务机构的服务与小微企业的安全生产需求有效对接，打造供需平台，做好安全生产服务供需匹配，实现安全生产服务供需耦合发展至关重要。随着网络技术与信息化的快速发展，可考虑借鉴电商平台发展模式，依托安全生产"物联网+"建设，构建小微企业安全生产服务信息网络。一方面，将符合一定条件的服务机构的服务业务与专长、机构与专家信息发布于该网络，既方便客户查找服务机构，也方便服务机构之间资源共享。另一方面，具有服务需求的政府、小微企业可以

在该网络上发布服务招标公告，或者团购某一类型的安全生产服务。因此，通过构建信息共享机制，可以畅通供需渠道，促进安全生产服务资源共享，实现服务工作的互动，从而推动小微企业安全生产市场化服务的网络化发展。

12.5　规范管理，实现安全生产服务市场优胜劣汰机制

12.5.1　规范安全生产服务市场准入管理

安全生产服务不但专业性很强，而且与社会公众利益息息相关，加强对服务机构的管理是非常有必要的，但是应该按照市场原则来运作。我国目前对安全生产刚需服务采用的是资质制度，与市场经济并不相适应。服务机构的资质等级成了业务水平与能力的代名词，成了投标资格认定的唯一评判标准，使得安全生产刚需服务严重偏离既定目标，滋生乱象。弱化刚需服务机构的资质，甚至取消其资质认证，是市场化发展的趋势。弱化或取消资质并不是弱化对服务机构的管理，相反，要设立严格的市场准入制度来代替资质管理制度，确保开展服务的机构已经具备相应的技术与服务条件，让市场在安全生产服务资源配置中起决定性作用，这也是全球各市场经济国家的惯例和通则。

因此，要加快安全生产服务机构管理制度建设，分别针对安全生产刚需服务和柔需服务设立标准条件，规范从业人员从业行为，破除地方保护和行业垄断，解除设立备案、保证金等限制进入门槛。同时，设立严格的安全生产服务市场准入条件，鼓励有技术、有产品和有能力的服务机构跨区域开展服务。

12.5.2　营造安全生产市场化服务公平竞争环境

按照国务院推进简政放权、放管结合、优化服务改革的要求，发挥政府作用，通过制定安全生产市场化服务的评价及信用管理等制度，建立规则，进一步营造有利于安全生产市场化服务开展的制度环境，打破各种制度壁垒。一方面，不仅要打破原有的利益格局，去行政化、去垄断化，为各个安全生产服务机构提供均等的机会，让其能够以透明化、专业化能力等进行市场竞争，还要通过公平竞争方式让有能力、有技术、会服务的服务机构脱颖而出。另一方面，健全安全生产服务市场，弥补市场空缺，进而满足企业全方位、多层次的服务需求，维护服务供需双方的合法权益，促进服务市场健康发展。

12.5.3　构建劣质服务机构清退机制

在对有技术、有能力、会服务的服务机构大力支持的同时，对开具虚假报告、违法挂靠、违规收费、欺诈客户的服务机构，视情节轻重采取责令整改、给予不良安全生产服务记录等惩戒措施，对情节严重的，应采取强制性清退措施。一方面，在政府部门的引领下，由安全生产服务行业协会牵头，制定安全生产服务业务规范，对存在劣质行为的服务机构采取积分的方法，若其积分累计超过一定分值，则将其录入安全生产服务诚信黑名单。对涉及违法违规经营、安全生产服务能力不足、限期整改仍不符合规定的，进行市场清退。另一方面，严防被清退的服务机构通过重新包装、更改机构名称等方式再次进入安全生产服务市场，这不仅有损安全生产服务行业规范的严肃性，也极大地冲击安全生产服务市场，破坏市场竞争环境、扰乱市场竞争秩序。

12.6　完善服务标准，建立全过程服务质量评价与管理体系

12.6.1　制定科学的服务标准

推进安全生产市场化服务稳步发展，离不开规范的服务标准和服务质量管理。在建立和完善安全生产服务相关法律法规的基础上，应发挥行业协会、社会组织和具有影响力的服务机构的作用，制定不同类型安全生产服务的服务标准。通过对服务能力、服务过程和服务结果质量的评价以及评价结果的管理，实现安全生产市场化服务的规范发展。

无论是政府购买安全生产服务还是企业购买安全生产服务，应该明确安全生产服务标准，对服务机构提供的服务进行专业化、标准化、科学化的评估。但是安全生产服务内容繁多，涉及各类专业，服务标准的制定是一项复杂的系统工程，也是一个不断探索和逐步完善的过程，可以分批分阶段进行，对迫切需要的领域，可以优先进行。例如，服务工作签约流程、服务质量评判标准等，逐步建立起安全生产服务标准化体系，使得安全生产服务有据可依、标准统一，从而保证安全生产服务的科学性和有效性。

12.6.2 建立安全生产市场化服务质量评价与管理体系

进行安全生产市场化服务质量评价需要遵循公平竞争原则、多方积极参与原则和信息公开原则。第一，评价工作应客观公正，能够切实体现服务机构的服务水平。第二，评价工作涉及政府安监部门、小微企业和服务机构，需要被服务对象积极参与评价、认真负责，使得服务质量评估信息更为全面和精准。第三，评价体系和评价结果应及时公开，为小微企业选择服务机构提供有力参考，为金融机构、银行等服务于服务机构时提供依据。

对安全生产市场化服务质量进行评价与管理。首先，应构建科学并具有操作性的服务质量评价体系。在其构建过程中，应充分考虑安全生产刚需服务与柔需服务的不同特性，分别构建其评价指标体系。根据目前的安全生产监管体制，安全生产刚需服务评价应该由政府安监部门组织。在服务开展前，地方安监部门对服务机构的能力进行评估，在服务过程中，由政府和企业双方对服务过程的规范性进行评价，服务结束后，由政府组织专家对报告结果质量进行评估。随着简政放权工作的推行，该项工作在政府的监督下，可交由公益性社会组织或行业协会来完成。而安全生产柔需服务更多是由行业协会或者服务机构自身组织进行的，行业协会组织安全生产服务质量评价的目的在于行业内的评比，服务机构组织安全生产服务质量评价的目的在于取得更高的客户满意度。安全生产柔需服务评价的主体是小微企业，小微企业应该根据服务过程和成效客观公正地进行评价。其次，需要构建安全生产市场化服务质量管理机制，实现对服务质量评价结果的动态管理。依托安全生产市场化服务信息网络平台，借鉴淘宝、大众点评等服务质量评价的经验，建立安全生产市场化服务的动态评价管理。政府在购买安全生产服务时，优先考虑评价结果优秀的服务机构。定期根据评价结果进行服务机构行业内的评比，对于评价结果优秀的，可以设置"红榜"进行公示表彰，对于确认存在重大问题的，将其列入安全生产诚信黑名单。

12.7 构建信息共享机制，加强对服务机构的监督管理

12.7.1 加强行业组织建设，发挥行业协会的监管作用

加强行业组织建设，支持成立安全生产服务协会，发挥其在政府与服务机

构，以及服务机构与企业之间的桥梁与纽带作用，在维护服务机构正当利益，营造和培养适合服务机构发展的制度环境和市场土壤的同时，强化行业自律，优化资源，规范市场秩序。一方面，由行业协会牵头，协助政府安监部门制定安全生产服务从业相关规范及其实施办法，组织行业内不同类别从业人员的业务培训，从行业组织的角度规范服务机构开展的各类服务活动，定期调查行业发展状况并向社会公开；另一方面，协助政府安监部门对安全生产服务机构进行监管与整顿，遏制以不正当手段承揽业务的服务机构的发展；对于不认真开展服务、客户服务满意度不高的企业，及时与其进行沟通，了解情况，督促其认真开展业务，清理不具备服务能力的服务机构；发现有弄虚作假等违法违规行为的，及时上报政府安监部门，进行追责。

12.7.2 畅通举报投诉渠道，构建社会监督机制

依托安全生产服务信息网络和现有的安全生产举报投诉途径，广泛听取来自小微企业、群众的反馈与呼声。一方面，制定行业规范，要求通过安全生产服务信息网络匹配成功的安全生产服务购买方，分别在服务开展过程中、服务结束后对服务机构的工作进行评价。尤其是对在服务过程中不尽职尽责且造成重大失误乃至违法违规的行为，政府监管部门在获悉情况后，应立即展开调查。另一方面，广泛发动群众的力量，鼓励社会公众积极关注政府购买安全生产服务的情况，鼓励小微企业员工积极关注小微企业购买安全生产服务的情况；强化对政府工作人员、服务机构工作人员和小微企业管理者的监督；鼓励对安全生产服务过程中的违法违规行为及时举报，经查证属实的，给予举报者一定的奖励。同时，对违规违法举报做到逢报必查、违章必究，严防服务过程中的合谋与道德风险问题，确保安全生产服务机构的执业行为合法化、规范化。

12.7.3 强化信用约束，加强服务机构自律

依托安全生产服务信息网络、安全生产诚信体系建设，参考小微企业安全生产服务质量评价结果和公众投诉举报结果，健全和完善以信用服务市场体系为基础，信用监管与奖惩体系为支撑，服务质量评价与举报投诉为重要参考的、综合性的安全生产诚信体系，将服务机构的执业行为纳入安全生产诚信管理体系，加强小微企业安全生产市场化服务信用管理，将其信用情况作为日常监管、政策扶持、融资授信、行业内评比等工作的重要依据。对于信用良好的服务机构，在税

收、贷款融资、用地审批各方面给予政策倾斜，并进行重点培育，发挥其带动作用。同时，严格管理安全生产服务不良信用记录，对于发现未认真履行服务合同、工作成效差、只收费不开展服务等的服务机构，将其列入黑名单管理，强化失信惩戒、守信激励。

本 篇 小 结

本篇在借鉴发达国家安全生产市场化服务经验的基础上，根据研究结果，分别从小微企业安全生产服务市场培育、安全生产市场化服务规范运行和安全生产市场化服务质量评价各方面提出提高安全生产服务运行效果的对策措施。

通过对发达国家安全生产市场化服务的分析可以发现，健全的安全生产法律体系是安全生产市场化服务发展的前提、保障，政府安监部门的合理设置是其有效监管安全生产服务市场的保障，高效的安全生产监管队伍和专业的安全生产服务队伍才能实现安全生产市场化服务进程的持续推进。因此，在市场经济体制的大环境中，必须改变政府统管安全生产事务的单一格局，充分利用社会资本，让市场配置资源，推进安全生产服务的市场化。

在发展小微企业安全生产市场化服务过程中，首先，应充分认识安全生产市场化服务的重要性，革新安全生产治理理念，转变政府安监部门职能，将其由管制型政府向服务型政府转变。同时，明确安全生产市场化服务过程中各方主体的职责，构建各方之间相互协作的关系。其次，大力培育小微企业安全生产服务市场。一方面，通过加强中央政府的安全生产监督来加强地方安监部门的安全生产监管，通过加强安全生产事前监管与事后监管相结合的力度来增强安全生产监管成效，通过政策引导和资金支持来激发小微企业安全生产服务购买动力等，增强安全生产市场化服务需求。另一方面，大力培育安全生产市场化服务机构，通过构建信息网络实现安全生产市场化服务供需的有效对接。最后，完善小微企业安全生产市场化服务的管理、运作与监督机制；通过规范安全生产服务市场准入管理、营造安全生产市场化服务公平竞争环境、构建劣质服务机构清退机制来实现安全生产市场化服务机构的规范管理；通过制定科学的服务标准、建立安全生产市场化服务质量评价与管理体系来提高服务运作水准；通过加强行业组织建设、畅通举报投诉渠道和强化信用约束来加强服务机构的监督管理。

第6篇　小微企业安全生产市场化服务的实践研究

自从 20 世纪 80 年代我国进行安全评价工作以来，各种形式的安全生产服务越来越被实业界认可与重视。2002 年《安全生产法》颁布，从国家法律层面对安全管理咨询、评价、检验检测等服务事项提出了要求。之后，安全生产柔需服务备受关注，多地政府积极探索安全生产治理的创新模式。其中，借助服务机构的专业技术优势，替"无人管"和"不会管"的小微企业实行安全生产托管的服务模式，得到了各级政府的青睐与大力推广，并重点在安全生产事故风险聚集的工业园区进行试点，取得了一定的成效。

　　积极推进工业园区安全生产托管是整合安全生产资源、提升园区小微企业安全生产水平的重要方式，是各地认真贯彻《中共中央　国务院关于推进安全生产领域改革发展的意见》（中发〔2016〕32 号）、《国务院安全生产委员会关于加快推进安全生产社会化服务体系建设的指导意见》（安委〔2016〕11 号）和《工业和信息化部　应急管理部　财政部　科技部关于加快安全产业发展的指导意见》（工信部联安全〔2018〕111 号）等文件精神的重要体现。探寻典型工业园区小微企业安全生产托管服务模式，对全面实施小微企业安全生产托管具有重要的参考价值。

第13章　某电镀工业园区安全生产托管实践

国内外学者针对安全生产托管的必要性、安全生产托管服务运行的影响因素以及安全生产托管参与主体博弈问题进行了相关研究。作为创新性的安全生产管理模式，安全生产托管服务的试点工作在广州、深圳、成都、长沙、宁波、盐城等地区陆续开展，取得了一定的成效。本章选取某电镀工业园区为案例，梳理该园区引进安全生产托管服务的过程，归纳该园区开展安全生产托管服务的模式，总结可推广的经验，以期为其他工业园区开展安全生产托管服务提供借鉴。

13.1　某电镀工业园区简介

我国电镀工业园区在各级政府的积极推动下，得到了快速的发展。2017年，我国规模以上的电镀企业（含电镀车间）约 2 万家，电镀加工年产量约 12 亿平方米，实现年产值约 1 500 亿元。根据 2015 年工业和信息化部制定的《电镀行业规范条件》要求，在已有电镀集中区的地市新建的专业电镀企业，原则上应全部进入电镀集中区。

某电镀工业园区，由某生态电镀科技发展有限公司投资建立，成立于 2007 年 9 月，位于某市新区，总投资 5 090 万美元，占地 18.2 公顷，建筑面积 15 万平方米。园区最多可容纳 60 家电镀企业，现在已经入驻 48 家，全部为小微企业，入驻企业包括镀锌、镀铜、镀镍、镀铬、镀金、镀银、铝氧化等多种表面处理及热处理加工方面的企业，是省级重点培育中小企业创业基地。园区采用租赁的形式与入区企业进行合作，与入区企业协商租赁周期并签订租赁合同，合同到期时，在等同条件下原租赁企业有优先续租权；园区集中进行废水、污泥处置；园区为入区企业提供便捷的"保姆式"综合服务。

由于电镀这一工种的特殊性，企业在日常生产中会使用到大量的酸、碱、剧毒品、氧化剂、易燃液体等危险化学品，稍有疏忽，就会发生严重的安全生产事故。2013 年以后，该市安监局进行落后产能淘汰，升级园区化管理模式，所有电镀企业必须搬进园区。一方面，园区化的发展模式通过吸引外来资金和优秀人才，缓解了以小型、微型电镀企业为主力军的电镀行业所面临的人才匮乏、资源短缺、技术落后的窘境，并通过企业集中生产、污染统一处理的方式，根治了部分企业污染治理不到位的问题。另一方面，伴随着电镀工业园区企业数量的增加和空间的聚集，安全生产事故隐患也在园区相应地聚集（程宇和等，2016）。

13.2 某电镀工业园区安全生产特点分析

13.2.1 物质危险性分析

电镀是利用电极反应，让具有导电表面的制件与电解质溶液接触，在其表面上形成与基体牢固结合的镀覆层的过程。电镀过程中使用的物质、工艺的特殊性，导致其存在一定的危险性。

1. 物质危险性

电镀过程中会用到各类危险化学品：①毒害品（包括剧毒品），如氰化钠、氰化钾、硫酸铜等。其中，氰化钠遇酸会产生剧毒、易燃的氰化氢气体，在潮湿空气或二氧化碳中会缓慢生成微量氰化氢气体。氰化物能抑制呼吸酶，造成细胞内窒息，被吸入、口服或经皮肤吸收均可引起急性中毒。②腐蚀品，如硫酸、盐酸、硝酸、铬酸、液碱等，很容易灼伤人体，在生产过程中会产生大量腐蚀性酸雾及废水，对人体的呼吸道及皮肤有强烈的刺激作用。③易燃液体，主要指部分电镀企业用于除油的有机溶剂（如丙酮、苯类等）、喷涂镀件的油漆和发电用的柴油等，丙酮、苯类、油漆、柴油等易燃液体蒸气与空气接触可形成爆炸性混合物，遇一定能量的点火源会发生火灾爆炸事故。

2. 设备危险性

常用的电镀设备包括镀前处理设备、镀槽设备、过滤设备、干燥设备、废水废气处理设备及其他辅助设备，具体包括整流器、电镀槽、清洗槽、除油槽、超声波清洗机、喷砂机、磨光机、过滤机、抛光机、烘箱、风机、发电机等。电镀车间内比较潮湿，设备容易腐蚀，且电镀车间内电气设备、线路布置较多，如果设备未接地接零保护，或失效、电线未穿管保护、开关无有效保护措施，或电气设备因受腐蚀而降低绝缘性能，或员工违章作业、操作失误，抑或防护设施自身存在缺陷等，则易导致触电事故和火灾事故发生。

3. 工艺危险性

各种五金件在打磨、抛光或者喷砂处理等过程中会产生大量的含有硅、铬、铁、铜等成分的粉尘，不仅给作业人员带来职业危害，还可能引发粉尘爆炸事故。同时，如果采用超声波清洗、压缩空气吹干等工艺过程，则会给员工带来噪声危害。

13.2.2　事故隐患分析

1. 存在落后生产工艺和设备

《产业结构调整指导目录（2005 年本）》将含氰电镀工艺（电镀金、银、铜基合金及予镀铜打底工艺，暂缓淘汰）、含氰沉锌工艺列入淘汰类工艺。但园区内仍然存在一些技术落后、污染严重的生产工艺，难以全面实施低氰、无氰、无铬、代铬、代镍、微生物降解除油、耗能低等电镀新工艺、新技术。

2. 园区内间距太小

一是企业与企业之间的间距小。园区内厂房为三层左右的楼房，企业与企业之间间距太小，同一层楼有多家企业、同一单元上下楼层之间入驻不同的企业，因企业与企业之间的管理存在一定的差异，故一旦某一企业发生事故，必然会殃及周边企业，扩大事故损失。

二是部分企业厂房空间狭小，因房屋租赁按照面积收取租金，有的企业使用面积明显捉襟见肘，设备布置拥挤，存在原辅材料、镀件乱堆乱放的情况，存在现场安全隐患。

3. 企业内部安全生产管理缺乏

由于园区内部分企业规模小，企业主安全意识淡薄，安全生产"无人管"也"不会管"，缺乏相应的安全生产管理制度、安全生产台账，这成为园区管理方（某生态电镀科技发展有限公司）进行园区安全生产管理的障碍，使其在提升园区整体安全水平方面存在困难。

13.2.3　事故损失的外溢

园区内企业地理位置相对集中，加之我国安全生产管制的特点，工业园区事故损失的外部溢出效应明显，主要反映在两个方面。

一是园区内企业空间区域相对集中，一旦单个企业发生事故，容易引发"多米诺骨牌"连锁效应，在事故企业遭受损失的同时，殃及周边非事故企业，产生事故损失的负外部溢出效应。

二是我国政府管理部门在处理园区企业安全生产事故时，常常采取"一刀切、停产整顿"策略。当园区内一家企业发生事故时，就会对整个园区进行安全生产检查，甚至勒令整个园区企业停产整改。这无疑加重了无事故企业的安全生产成本，挫伤了进行安全生产的企业的积极性，造成了园区企业间因事故管制而带来的损失的负外部性溢出。

例如，2016 年 11 月 26 日早晨，园区内 5 号楼 2 楼的一家企业在进行电镀槽预热时发生火灾，之后火势蔓延到 1 楼和 3 楼，2 楼和 3 楼的两家公司全部被烧毁，1 楼的公司局部过火，造成直接经济损失 900.5 万元。事故发生后，园区管理方被警示约谈，对园区所有电镀企业进行普查，并督促各电镀企业及时整改排查出的隐患。

13.3　某电镀工业园区安全生产托管的动力分析

13.3.1　相关利益主体分析

园区安全生产涉及的直接主体包括园区内的小微企业、园区管理方和政府安监部门。

园区内的小微企业是安全生产的责任主体，但是，为了在激烈的市场竞争中获取更大的利益，总是把自身有限的资源投入最具竞争力的领域，而忽略了对安全生产工作的投入。即使是在政府安监部门监管的情况下，小微企业也会被动应付。从根本意义上来讲，小微企业也希望自身的安全生产水平能够提升，但是由于企业主安全意识淡薄、安全文化有限，加之企业内安全生产资源匮乏，其安全生产出现"无人管"和"不会管"的状况。

园区管理方也是企业，与园区内其他企业属于合同关系，租赁厂房、服务于入驻企业，其追求的目标是利润最大化。但是，一旦园区内有企业发生安全生产事故，第一，可能会造成厂房和公共设施等的损坏，给其直接造成经济损失；第二，园区内有企业发生事故，会影响园区企业生产的顺利进行，或让其进行整改，不仅增加了园区管理方的工作，导致其被罚款，还会影响其租赁收入；第三，一旦园区发生重大事故，会对其声誉产生负面影响。

政府安监部门负责整个所辖区域的安全生产工作，追求的是整体安全生产水平的提升，对园区负有安全生产监管责任。由于监管力量有限，其难以也不可能全面监管园区各个企业的安全生产情况，就会让园区管理方承担一部分，如安全生产检查、隐患排查等安全生产监管职能。但是园区管理方毕竟不是政府安监部门，不具备执法权，与企业的关系仅是合同关系。因此，园区内企业对园区管理方的监管并不买账。

另外，园区安全生产是处于一定的外部环境中的，因此，还受到社会公众、媒体及行业协会等的监督。

13.3.2　安全生产托管的动力来源

对于园区安全生产问题，如小微企业"无人管"也"不会管"，园区管理方"无权管"，政府安监部门"无力管"。在断断续续几起事故发生后，各方意识到这种状态不利于企业自身及园区的可持续发展，因此，都在努力寻求一种有效的安全生产管理模式。

1. 政府安全生产监管的压力

尽管政府安监部门的监管力量有限，但是电镀工业园区属于高事故风险区，自然成为其安全生产监管的重点。政府安监部门要求企业定期上报事故隐患与隐患整改情况，不定期地检查安全生产台账等，这对于"不会管"安全生产的小微企业来说，若没有专门人员开展这方面的工作，则是一项较难完成的任务。因此，企业有从这种专业的安全生产管理事务中解脱出来的意愿。

同时，由于政府安监部门的监管力量有限，园区管理方充当了园区管委会的角色，承担园区安全生产监管的职责，但是园区管理方毕竟是一个企业，不是政府部门，要集中精力开展主营业务，因此，也有引进服务机构协助其进行园区安全生产管理的意愿。

2. 安全生产政策的引导

2015 年 8 月，该市安监部门引入了"第三方"机构监管模式，是指政府和企业通过购买安全生产技术服务的方式，委托有国家认可资质的单位和专业人员提供安全专业技术、评估认证、宣传培训等服务，对生产经营单位的安全生产情况进行评价，并提出有助于提高其安全生产管理水平的意见、建议和要求。专家对企业定期开展"会诊"检查，对于发现的隐患和问题，按照"一企一策"形成"会诊"报告和整改建议，送达安监部门和企业，并督促企业整改落实到位。

同时，该市新区通过"政府购买服务"的方式，将安全生产中介机构引入重点企业安全生产的日常监管中，促进企业落实主体责任，推动安全生产规范化管理。

3. 企业内驱力

通过调查访谈发现，园区管理方深刻认识到园区企业安全生产的重要性，对抓好园区安全生产的积极性特别高。园区管理方设有专门的安全生产管理部门，协助政府安监部门进行安全生产监管，帮助园区企业组织安全生产。但是，由于安全生产权责关系不清、人力资源有限等，园区管理方希望能够通过购买安全生产服务机构的专业服务来助力企业安全生产。

园区中也有一些安全生产意识较高的企业主，他们有提升企业安全生产水平的意愿，愿意改变自己企业安全生产"无人管"的状况。同时，也希望园区内其他企业能够规范进行安全生产管理，从而提升整个园区安全生产水平。

13.4 某电镀工业园区安全生产托管模式

13.4.1 我国已有安全生产托管模式分析

近年来，我国初步形成了一些不同的安全生产托管模式，下面简单介绍一下其中的几种主要模式。

（1）企业购买服务模式，即一些管理能力弱的企业将隐患排查治理等重点工作委托给专业服务机构，并与其签订安全生产服务合同，由专业服务机构为其提供有偿服务。具体来说，就是那些没有隐患排查专业能力或自愿将安全隐患排查服务外包的企业，可以委托安全服务机构，定期对企业的安全生产状况、生产作业现场和设备设施等进行事故隐患"把脉会诊"，指导企业及时整改隐患，并对排查出的事故隐患，按照其等级进行登记，建立信息档案等。

（2）政府购买服务模式，即由政府出资，委托专业服务机构或聘请安全专家为政府部门开展安全监管提供技术支持，加强对重点企业和园区的安全监管。

（3）三方联动模式，即由政府制定服务标准，企业自主与专业服务机构签订服务合同，出资购买专业化服务，再由政府给予适当补助。

（4）行业片组互助模式，即将同一区域或某一行业的企业，组成若干个管理单元或协作组，定期组织开展交流、研讨及企业自查等活动。例如，宁波市江北区，创建了"行业片组安全互帮互促"机制，每月在企业间开展安全专家技术辅导、各组员交叉互查、企业安全生产管理员交流学习安全生产管理经验等活动，形成了"行业自律、企业主体、专家服务、互学共进"安全生产管理模式。

（5）园区协作模式。经政府统筹协调，充分发挥产业园区核心企业的引领作用，并推动其他企业共同参与，实现园区企业在安全生产管理、技术服务及应急处置等方面相互联动。

（6）保险机构参与管理模式。保险公司委托专业服务机构或聘请相关专家，为投保企业提供安全生产服务或技术指导，并参与投保企业的安全生产检查、安全风险评估管理和事故善后处理等工作。

13.4.2　该园区安全生产托管的利益联盟

该园区安全生产托管模式不同于以上已有模式，虽然也是企业购买安全生产服务，但是这并不是单一企业的孤立行为，而是在政府安监部门和园区管理方的政策引导下进行的。虽然该市安监局也购买了第三方的服务来开展隐患排查、安全生产指导等工作，并且该园区也是其重点监管的对象，但该项服务并不是专门针对该园区的。政府安监部门在该项工作中发挥了引导作用，但是该园区的安全生产托管工作除了涉及的服务双方，还有很重要的一方的支持与配合，即园区管理方。虽然园区中有一些企业安全生产资源实力与其他企业相比较强，但是还难以在园区内起到引领作用，因此，寻求在园区内建立企业协会的有效途径。

2015 年该园区开始实施安全生产托管，引入第三方服务机构进驻园区，政府安监部门、园区管理方、园区小微企业、安全生产服务机构四大主体围绕园区企业安全生产进行协作，形成了利益联盟关系，构成了一个安全生产托管行动网络。该网络运行效率的高低，取决于多主体之间的利益是否均衡及其是否结成了利益联盟。各个主体在网络中掌握的资源、市场地位以及扮演角色的不同，致使其在利益定位、诉求及兑现上存在差异，这些差异是导致其利益冲突的根源。但是从各主体资源依赖的角度来看，它们之间具有互补资源依赖性，每一个主体都无法自给自足，为了自身的发展必须与其他主体交互。

在这一行动网络中，政府安监部门必须通过运用强制手段（行政、法律等）

及调控手段（市场、经济等），来动员园区管理方和园区内企业开展安全生产托管，并征召和动员有实力、有资源、有技术的安全生产服务机构入驻园区。在安全生产托管过程中，四大主体形成了以下利益联盟关系，如图13.1所示。

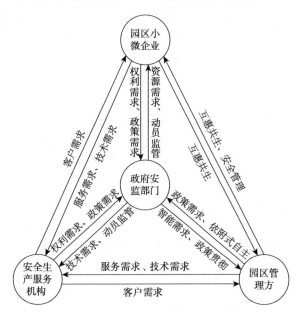

图13.1　园区安全生产托管行动网络各主体利益联盟

政府安监部门作为政策引导方，在此网络中发挥着招募者的作用。一方面，监管园区管理方和园区小微企业安全生产，动员园区企业参与安全生产托管，通过园区管理方将一些政策落实到园区内部。另一方面，动员安全生产服务机构参与园区小微企业安全生产托管，并监管其服务质量。园区管理方需要政府安监部门的政策支持，与园区小微企业在互惠共生的基础上，对园区企业安全生产进行一定程度的统一管理，需要借助安全生产服务机构的专业技术来对园区进行统一安全生产管理。园区内小微企业接受政府安监部门的安全监管并需要政府政策支持，与园区管理方互惠共生，并接受园区管理方的统一管理，需要安全生产服务机构提供安全生产托管服务。安全生产服务机构业务开展受政府安监部门政策的影响，需要努力与工业园区管理方和园区小微企业构建客户关系。

13.4.3　该园区安全生产托管特色工作

2015年，园区开始稳步推行安全生产托管工作，当年有26家企业实施安全生产托管；2016年代理32家，实行普通托管；2017年上升为高级托管的有

33 家；2018 年、2019 年高级托管均为 32 家。由此形成了政府安监部门、园区管理方、园区小微企业与安全生产服务机构协作互动的行动网络，创新了工作模式。归纳起来，可知该园区推行的比较有特色的安全生产托管工作机制如下。

1）成立园区安全生产自治委员会

为有效促进园区的安全生产积极性，园区管理方组织园区内的小微企业成立园区安全生产自治委员会。园区安全生产自治委员会积极发挥自律、监督职能和桥梁与纽带作用，及时高效地协调各主体之间的利益，实现园区安全生产工作的整体提升。

2）组建园区安全生产技术团队

由园区管理方出面，聘请高水平安全生产工程师、兼职注册安全工程师，将这些人员组成园区安全生产技术团队，加大对园区中小企业安全生产的巡查力度。同时也督促入驻的服务机构提高服务水准，保障工业园区安全生产托管质量。为了将安全生产隐患严重的企业拒于"园门"之外，园区管理方会同安全生产技术团队对申请入园企业的生产能力、产业附加值等资质进行审核，同时也会着重审查企业安全生产条件；对已入驻园区但审查不合格的企业，令其限期整改，持续整改不合格的企业将考虑不再与其签订租赁合同。

3）不断完善安全生产托管服务标准

在工业园区安全生产托管运行实施初期，缺乏安全生产托管服务实施标准、托管服务评估标准及经济激励标准等相关的政策法规体系，难以界定生产托管运行中各主体的权利和义务，导致被托管企业的企业主认为，安全生产既然已经托管给服务机构，就变成服务机构的职责，自己企业可以不再关心安全生产。针对此类问题，合同双方在拟定安全生产托管服务合同过程中，要详细规定针对该园区企业的、专门的安全生产托管服务规定，明确合同双方的责任与义务，并充分告知小微企业负责人。

4）推广使用安全生产事故隐患治理系统平台

安全生产事故隐患治理系统平台可以有效提高工业园区全体员工参与安全生产事故隐患排查治理的能力和效率，实现园区内隐患快速排查、发现隐患及时记录、整改、验收，及时跟踪，解决安全生产管理的"最后一公里"问题。服务机构依托该隐患治理平台，加强了隐患排查、整改一系列管理工作，提高了工作实效。安全生产事故隐患治理系统平台工作流程见图 13.2。

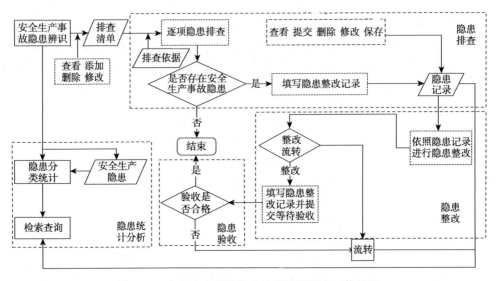

图 13.2　安全生产事故隐患治理系统平台工作流程

本 篇 小 结

　　某电镀工业园区由某生态电镀科技发展有限公司投资建立，是一家民营工业园区，一方面，通过企业集中生产、污染统一处理的方式，根治了部分企业污染治理不到位问题；另一方面，伴随着电镀工业园区企业数量的增加和空间的聚集，安全生产事故隐患也在园区相应地聚集。在企业生产过程中，不但存在有毒、腐蚀、易燃物质，设备危险性，工艺过程危险性等隐患，而且各企业位置非常集中，还存在安全生产事故外溢风险，极易引发安全生产事故的连锁反应。

　　在政府安全监管压力与安全生产市场化服务政策的引导下，在园区管理方的积极协调下，企业自愿购买安全生产托管服务，政府安监部门、园区管理方、园区小微企业、安全生产服务机构四个主体形成了利益联盟，共同努力提升园区安全生产水平。在安全生产托管服务过程中，形成了一些独具特色的工作机制，包括成立园区安全生产自治委员会、组建园区安全生产技术团队、不断完善安全生产托管服务标准和推广使用安全生产事故隐患治理系统平台等。

第14章 研 究 结 论

考虑到开展安全生产市场化服务是有效弥补小微企业安全生产资源实力不足，进而解决小微企业安全生产困境的有效途径，针对目前安全生产市场化服务存在的问题，围绕小微企业安全生产服务市场形成机理、市场化服务的运行、服务质量的评价等开展了系列研究，得到以下主要研究结论。

（1）我国安全生产市场化服务发展处于初级阶段，根据法律法规是否对安全生产服务有强制性要求，将安全生产市场化服务分为刚需服务和柔需服务两类。其中，刚需服务主要包括安全评价服务和安全生产检测检验服务；柔需服务包括 OHSMS、安全生产培训、安全管理咨询、安全生产托管等多种服务形式。刚需服务市场运行带有强烈的政策驱动性和强制色彩。柔需服务市场政策性较弱，对刚需服务市场存在强依赖。我国安全生产服务市场是一个H型的政策引导型市场，要想大力开展安全生产市场化服务，需要政府政策对供需双侧进行引导。目前安全生产市场化服务发展还存在着安全生产服务供需双低、刚需服务目标偏离、服务质量低等一系列问题，亟须对小微企业安全生产服务市场的形成与培育、安全生产市场化规范运行、服务质量评价开展深入研究。

（2）安全生产服务机构的产生及安全生产服务市场的形成，其本质是在专业化分工程度不断加深的进程中，基于一定的市场交易效率，小微企业安全生产管理需求不断由企业内部外化至市场，形成市场需求，与安全生产服务机构形成供需联动的动态过程。本书通过构建小微企业的内部职能分工外化模型，说明了小微企业安全生产管理职能外化的微观机理和经济合理性，分析了安全生产服务市场得以形成的交易效率临界值。小微企业安全生产服务的市场化供给其实是其在安全生产服务供给专业化水平与安全生产服务市场交易成本之间的权衡选择，是小微企业在安全生产管理职能内部自行组织供给和服务机构专业化供给之间超边际决策的均衡结果。其中，小微企业的安全生产服务内部自给成本和市场交易效率（交易成本）在决策中起着决定性作用。

（3）小微企业安全生产管理需求由企业内部走向外部市场，即小微企业对安全生产服务的购买是安全生产服务市场得以形成的前提和基础。考虑中央政府对地方政府的监督因素，通过对地方政府安监部门与小微企业交互的演化分析得出，中央政府需加大对地方政府的监督力度，促使地方政府严格监管当地小微企业的安全生产状况，间接激励小微企业购买安全生产服务。同时，地方政府对小微企业定期巡检、抽检，以帮助企业排除隐患风险，并适当对其安全生产给予经济补贴、税收优惠和融资扶持，这可以增强小微企业购买安全生产服务的购买力和购买意愿。

（4）对于在安全生产服务市场建设初期，小微企业与服务机构之间存在的信息不对称及由此导致的逆向选择问题，合理信号设计能够有效缓解安全生产服务机构与企业之间的信息不对称，而要实现安全生产服务市场的分离均衡，则要求信号传递成本在不同类型安全生产服务机构之间存在一定范围内的差异，并且需要控制在特定的范围内。因此，地方政府安监部门可以积极发挥桥梁作用，促进安全生产服务机构与小微企业之间就安全生产服务相关问题进行沟通协调，提高信息透明度；也可成立并借助安全生产服务机构行业协会的组织力量，对安全生产服务机构的资质及其更新情况及时进行通报，确保信息的实时更新及流通。

（5）针对小微企业刚需服务市场运行目标偏离预期目标问题，通过对某东部沿海发达省份部分服务机构、小微企业、安监部门相关人员的深度访谈，应用扎根理论方法深入剖析安全评价制度市场运行中目标偏离的原因，有以下发现：①地方安监部门在依法执法的主导逻辑及对服务机构技术依赖、上级安监部门与地方政府双重权力依赖的共同作用下，受服务机构消极行为影响，选择仪式性监管策略；②服务机构在趋利避害的主导逻辑及对地方安监部门权力依赖、企业客户依赖的共同作用下，受地方安监部门与企业消极行为影响，选择自保性逐利策略；③小微企业在快速取证的主导逻辑及对地方安监部门权力依赖、服务机构服务依赖的共同作用下，受地方安监部门与服务机构消极行为影响，选择象征性遵从策略；④安全评价服务市场中各主体的行为策略不仅受自身主导逻辑影响，也受所处市场环境的资源依赖制约影响。各主体在其交互作用下的行为策略均属消极，并最终影响安全评价制度运行目标实现。

（6）针对小微企业刚需服务市场中出现的企业与服务机构合谋、服务机构提供劣质服务等市场违规问题，提出以下措施：①政府安监部门在不同时段对安全评价市场进行监管，其所获成效不同。安全评价实施前对安全评价服务机构资质、硬件的监管，无法遏制市场合谋及劣质服务。安全评价过程中对服务质量进行监管，可有效遏制服务机构的违规行为。安全评价结束对事故企业追责监管，在市场中能起到较好的警示效果。②政府采取不同的监管力度和惩罚力度，其所获成效不同。在安全评价过程的质量监管下，中等力度的监管和高力度的处罚是最有效、合理的监管。而安全评价结束后的追责监管，则必须具有足够大的惩罚力度，才能起到良好的市场惩戒效果。

（7）针对柔需服务市场中出现的低质服务并损害市场运行的问题，提出以下建议：①政府政策对安全生产托管服务产生重要影响，监管能够显著提升安全生产托管服务质量。②当政府实施处罚措施时，需要设置适当的处罚标准和惩罚力度。处罚标准过高或过低，都难以达到刺激服务机构提高服务质量的目的。③当政府对质量较高的服务机构采取政策激励措施时，同样需要设置适当的奖励质量标准和奖励力度。④政府还可实施质量评级的管理措施。当政府机构引入安全生产托管服务质量评级并予以公开后，企业可观测各服务机构的安全生产托管服务质量，主动寻求高质量的服务机构进行合作，同样能激励安全生产托管服务质量大幅提升，并带动更多企业购买安全生产托管服务。

（8）安全生产刚需服务质量评价具有评价的过程性、阶段性、针对性与独立性等特点。本书通过对各种文献资料、新闻报道资料和访谈资料的扎根理论分析，探寻出影响刚需服务质量的影响因素，并在此基础上，发展出包括服务支撑质量、服务过程质量、服务结果质量三方面的安全生产刚需服务质量评价指标体系。其中，安全生产刚需服务过程质量又分为潜在质量、实施质量、效果质量 3个一级指标、14 个二级指标。相较于刚需服务质量，柔需服务质量具有评价主体明确、主观性较强，被评价对象重视、主动性强，评价结果公正、有效性强等特点。借鉴 INDSERV 量表，结合专家访谈结果，设计柔需服务质量评价指标，包括潜在质量和实际质量两个维度、12 个二级指标，并采用实证数据检验了该指标体系的有效性。

（9）本书通过分析美国、日本、英国及欧盟其他国家的安全生产市场化服务发现，健全的安全生产法律体系是安全生产市场化服务的前提，广泛依靠各类社会组织是全面推行安全生产市场化服务的基础，瞄准企业和政府需求是提高安全生产市场化服务成效的基本要求。因此，需要让市场配置安全生产资源，推进安全生产服务的企业化、市场化、产业化进程，具体来说，包括以下方面：①充分认识安全生产市场化服务，转变政府安监部门职能。②明确安全生产市场化服务各方职责，理顺主体间相互关系。③严格监管与政策支持并举，激发小微企业安全生产市场化服务需求。④大力培育安全生产市场化服务供给，实现供需有效对接。⑤规范管理，实现安全生产服务市场优胜劣汰机制。⑥完善服务标准，建立全过程服务质量评价与管理体系。⑦构建信息共享机制，加强对服务机构的监督管理。

（10）安全生产托管是近年多地政府安监部门大力推广的安全生产柔需服务形式，这种创新性安全生产治理模式，是提升安全生产事故风险聚集的工业园区的安全生产管理水平的有效举措。某电镀工业园区是一家民营工业园区，在政府安全生产监管压力与安全生产市场化服务政策的引导，园区管理方积极协调下，当地政府安监部门、园区管理方、园区内小微企业、安全生产服务机构构建起了安全生产利益联盟，四方通力协作，积极探索有效的园区安全管理机制，通过成立园区安全生产自治委员会、组建园区安全生产技术团队、不断完善安全生产托管服务标准、推广使用安全生产事故隐患治理系统平台等系列措施，探索出了一个工业园区小微企业安全生产治理的有效模式，可供其他工业园区参考和借鉴。

参 考 文 献

奥斯本 M J. 2010. 博弈入门[M]. 施锡铨，陆秋君，钟明，等译. 上海：上海财经大学出版社.

毕小青，彭晓峰. 2000. "外包"的动机及其实现方式[J]. 南方经济，（4）：55-57，80.

陈菲. 2005. 服务外包动因机制分析及发展趋势预测——美国服务外包的验证[J]. 中国工业经济，（6）：67-73.

陈森森，范英. 2012. 基于信号传递博弈的能源行政执法补贴模型[J]. 科研管理，33（12）：149-156.

程宇和，周汉卿，刘宏. 2016. 基于WSR的电镀小微园区安全管理灰色评估——以镇江环保电镀专业区为例[J]. 电镀与涂饰，35（1）：37-43.

董小刚，王顺洪. 2015. 建筑企业安全文化对安全服从行为的影响——以过度自信的中介作用为视角[J]. 西南交通大学学报（社会科学版），16（3）：107-111.

方世建，史春茂. 2003. 技术交易中的逆向选择和中介效率分析[J]. 科研管理，24（3）：45-51.

方世建，郑南磊. 2001. 技术交易中的逆向选择问题研究[J]. 研究与发展管理，13（6）：55-60.

伏燕. 2012. 行业协会在煤矿安全生产中的作用分析[J]. 中国矿业，21（10）：13-15.

付省亮. 2018. 安全生产监理服务质量评价体系研究[J]. 住宅与房地产，（21）：159.

高恩新. 2015. 特大生产安全事故的归因与行政问责——基于65份调查报告的分析[J]. 公共管理学报，12（4）：58-70，155-156.

郭焱，张世英，郭彬，等. 2004. 战略联盟伙伴选择的契约机制研究[J]. 系统工程学报，19（5）：477-481.

郝生跃，柴正兴. 2006. 完善我国建筑安全管理组织体系的思考[J]. 中国软科学，（6）：13-19.

胡文信. 2016. 煤矿安全生产技术服务机构风险管理初探[J]. 山东煤炭科技，（11）：183-185.

黄梅萍，汪贤裕，耿子扬. 2013. 虚拟第三方下供应链激励协调[J]. 运筹与管理，22（3）：214-221.

姜秀慧. 2015. 安全生产中介组织参与安全生产事故应急管理研究[J]. 中国安全生产科学技术, (5): 159-163.

蒋赖兵, 江虹. 2016. 如何拓展安监部门在安全生产社会化服务中的作用[J]. 中国安全生产, (2): 42-43.

金永红, 奚玉芹, 叶中行. 2002. 风险投资中的逆向选择: 分离均衡式契约安排[J]. 系统工程学报, 17 (6): 556-561.

李爱国, 彭其渊, 黄建宏. 2007. 第三方物流顾客感知质量评价模型与指标体系实证研究[J]. 世界科技研究与发展, 29 (3): 87-94.

李传贵, 魏振宽, 程慧敏, 等. 2006. 中小企业 "4+1" 安全管理与监管模式研究[J]. 中国安全科学学报, 16 (10): 42-50.

李建红. 2011. 浅谈安全评价对企业安全生产的作用[J]. 黑龙江科技信息, (25): 164.

李莉, 杨文胜, 谢阳群, 等. 2004. 电子商务市场质量信息不对称问题研究[J]. 管理评论, 16 (3): 25-30.

李双燕, 万迪昉, 史亚蓉. 2009. 公共安全生产事故的产生与防范——政企合谋视角的解析[J]. 公共管理学报, 6 (2): 43-49.

李涛. 2010. 我国安全生产服务中介组织研究[J]. 华北科技学院学报, 7 (3): 93-96.

李艳, 李业刚, 陈波. 2019. 基于模糊综合评价的矿山安全培训方案评估[J]. 山东理工大学学报 (自然科学版), 33 (4): 42-45.

林闽钢, 许金梁. 2008. 中国转型期食品安全问题的政府规制研究[J]. 中国行政管理, (10): 48-51.

刘佳. 2015a. 欧盟安全生产中介服务机构及其预防性服务 (上)[J]. 劳动保护, (4): 111-113.

刘佳. 2015b. 欧盟安全生产中介服务机构及其预防性服务 (下)[J]. 劳动保护, (5): 112-114.

刘素霞, 梅强, 陈雨峰, 等. 2016. 安全生产市场化服务供求演化路径[J]. 系统工程, 34 (4): 41-49.

马歇尔 A. 2019. 经济学原理[M]. 朱志泰, 陈良璧译. 北京: 商务印书馆.

梅强, 李钊, 刘素霞, 等. 2015. 基于Multi-Agent的中小煤矿安全生产管制效果研究[J]. 工业工程与管理, 20 (4): 142-151.

梅强, 刘素霞. 2011. 中小企业安全生产管制研究——基于生命价值理论视角[M]. 北京: 科学出版社.

聂辉华, 李金波. 2006. 政企合谋与经济发展[J]. 经济学 (季刊), 6 (1): 75-90.

潘勇. 2009. 网络 "柠檬" 环境下消费者行为与抵消机制——基于信息经济学的视角[J]. 管理评论, 21 (10): 41-51.

潘勇. 2010. 网络 "柠檬" 环境下消费者行为模型[J]. 商业经济与管理, 219 (1): 5-10.

彭宇文，吴林海. 2007. 我国中小企业技术创新支持体系研究[J]. 科学管理研究，25（2）：5-9.

钱颖一. 1996. 激励理论的新发展与中国的金融改革[J]. 经济社会体制比较，（6）：33-37.

秦娟，梅强，刘素霞. 2012. 中小企业安全生产寻租行为的演化博弈分析[J]. 中国安全科学学报，22（10）：145-150.

邵兵洋，杨玉中. 2018. 煤矿安全评价中介组织监管方式改进探析[J]. 煤矿安全，49（7）：234-236，240.

盛洪. 1992. 分工与交易———一个一般理论及其对中国非专业化问题的应用分析[M]. 上海：生活·读书·新知三联书店上海分店，上海人民出版社.

斯密 A. 2010. 国富论（全译本）[M]. 谢家林，李华夏译. 北京：中央编译出版社.

苏秦，崔艳武，党继祥. 2010. 基于认证行业的B2B服务质量测评模型研究[J]. 管理评论，22（7）：105-113，128.

汤道路. 2015. 安全生产的市场推进机制及其法律保障[J]. 学海，（6）：38-43.

汤凌霄，郭熙保. 2006. 我国现阶段矿难频发成因及其对策：基于安全投入的视角[J]. 中国工业经济，（12）：53-59.

王凯全，李强. 2008. 接处警系统的可靠性研究[J]. 中国安全生产科学技术，4（1）：25-29.

威布尔 J W. 2006. 演化博弈论[M]. 王永钦译. 上海：上海三联书店，上海人民出版社.

吴磊，吴启迪. 2011. 基于SEM的生产性服务质量关键影响因素[J]. 系统管理学报，20（2）：213-217.

徐建. 2012. 中小企业引入安全生产托管服务的思考[J]. 经济视角，（4）：49-50.

徐金燕. 2009. 地方煤矿安全生产政府监管的失效及对策[J]. 中国安全科学学报，19（12）：141-147.

杨格 A A，贾根良. 1996. 报酬递增与经济进步[J]. 经济社会体制比较，（2）：52-57.

杨光. 2007. 论社会制约机制在煤矿安全生产中的功效[J]. 山东工商学院学报，21（4）：17-20.

杨小凯，张永生. 2000. 新兴古典经济学和超边际分析[M]. 北京：中国人民大学出版社.

阴建康. 2009. 安全生产中介组织建设与发展[J]. 中国安全生产科学技术，5（2）：125-128.

印朝富. 2013. 在建筑安全管理体系中推行第三方评价制度的研究[J]. 建筑安全，（2）：6-9.

于群，代帆. 2004. 简论安全生产社会中介服务机构的形成与管理[J]. 中国安全科学学报，14（8）：39-42.

乐新军，余立中. 2010. 建筑安全监管与中介机构存在的问题及对策[J]. 建筑安全，25（6）：4-8.

张国兴，张绪涛，程素杰，等. 2013. 节能减排补贴政策下的企业与政府信号博弈模型[J]. 中国管理科学，21（4）：129-136.

张建华，梅胜，张格. 2005. 交易成本：外包现象的一个解释视角[J]. 商业研究，（7）：17-21.

张宗明，刘树林，廖貅武. 2013. 逆向选择下合作服务的最优契约配置[J]. 科研管理，34（4）：151-160.

仲晶晶，梅强，刘素霞. 2014. 安全生产服务市场化供给的效率边界研究[J]. 工业工程，17（6）：127-133.

仲晶晶，梅强，刘素霞. 2015. 基于分工理论的安全生产服务市场化的微观机理研究[J]. 科技管理研究，35（1）：202-206.

朱立龙，尤建新. 2011. 非对称信息供应链质量信号传递博弈分析[J]. 中国管理科学，19（1）：109-118.

Akerlof G A. 1970. The market for "lemons"：quality uncertainty and the market mechanism[J]. The Quarterly Journal of Economics，84（3）：488-500.

Alders M，Wilthagen T. 1997. Moving beyond command-and-control：reflexivity in the regulation of occupational safety and health and the environment[J]. Law & Policy，19（4）：415-443.

Arntz-Gray J. 2016. Plan，do，check，act：the need for independent audit of the internal responsibility system in occupational health and safety[J]. Safety Science，84：12-23.

Askenazy P. 2006. The health and safety issue in US corporations[J]. Actes De La Recherche En Sciences Sociales，163：72-89，102-103，105，107.

Atherley G R C，Else D，Levy L S. 1978. A review of the Organization of Occupational Health and Safety and Occupational Hygiene in Britain[J]. International Journal of Public Health，23（1）：8-13.

Baril-Gingras G，Bellemare M，Brun J P. 2006. The contribution of qualitative analyses of occupational health and safety interventions：an example through a study of external advisory interventions[J]. Safety Science，44（10）：851-874.

Battaglia M，Passetti E，Frey M. 2015. Occupational health and safety management in municipal waste companies：a note on the Italian sector[J]. Safety Science，72：55-65.

Bonafede M，Corfiati M，Gagliardi D，et al. 2016. OHS management and employers' perception：differences by firm size in a large Italian company survey[J]. Safety Science，89：11-18.

Brady M K，Cronin J J，Jr. 2001. Some new thoughts on conceptualizing perceived service quality：a hierarchical approach[J]. Journal of Marketing，65（3）：34-49.

Brown H S，Angel D P，Broszkiewicz R，et al. 2001. Occupational safety and health in Poland in the 1990s：a regulatory system adapting to societal transformation[J]. Policy Sciences，34（3）：247-271.

Camerer C，Ho T H. 1998. Experience-weighted attraction learning in coordination games：probability rules，heterogeneity，and time-variation[J]. Journal of Mathematical Psychology，42（2/3）：305-326.

Chang S C, Lin C F, Wu W M. 2016. The features and marketability of certificates for occupational safety and health management in Taiwan[J]. Safety Science, 85: 77-87.

Chen C Y, Wu G S, Chuang K J, et al. 2009. A comparative analysis of the factors affecting the implementation of occupational health and safety management systems in the printed circuit board industry in Taiwan[J]. Journal of Loss Prevention in the Process Industries, 22（2）: 210-215.

Cheng W L, Sachs J, Yang X K. 2000. An inframarginal analysis of the ricardian model[J]. Review of the International Economics, 8（2）: 208-220.

Churchill G A, Jr, Surprenant C. 1982. An investigation into the determinants of customer satisfaction[J]. Journal of Marketing Research, 19（4）: 491-504.

Cioca L I, Moraru R I, Băbuţ G B. 2010. Occupational risk assessment: a framework for understanding and practical guiding the process in Romania[C]. International Conference on Risk Management, Assessment and Mitigation Rima.

Coase R H. 1937. The nature of the firm[J]. Economica, 4（16）: 386-405.

Cronin J J, Taylor S A, Jr. 1994. SERVPERF versus SERVQUAL: reconciling performance-based and perceptions-minus-expectations measurement of service quality[J]. Journal of Marketing, 58（1）: 125-131.

Cunningham T R, Sinclair R. 2015. Application of a model for delivering occupational safety and health to smaller businesses: case studies from the US[J]. Safety Science, 71: 213-225.

Curcuruto M, Griffin M A. 2018. Prosocial and proactive "safety citizenship behaviour" （SCB）: the mediating role of affective commitment and psychological ownership[J]. Safety Science, 104: 29-38.

Dabholkar P A, Thorpe D I, Rentz J O. 1996. A measure of service quality for retail stores: scale development and validation[J]. Journal of the Academy of Marketing Science, 24: 3-16.

de Boeck E, Mortier A V, Jacxsens L, et al. 2017. Towards an extended food safety culture model: studying the moderating role of burnout and job stress, the mediating role of food safety knowledge and motivation in the relation between food safety climate and food safety behavior[J]. Trends in Food Science & Technology, 62: 202-214.

Donthu N, Yoo B. 1998. Cultural influences on service quality expectations[J]. Journal of Service Research, 1（2）: 178-186.

Drakopoulos S A, Theodossiou I. 2016. Workers' risk underestimation and occupational health and safety regulation[J]. European Journal of Law and Economics, 41（3）: 641-656.

Eakin J M, Champoux D, MacEachen E. 2010. Health and safety in small workplaces: refocusing upstream[J]. Canadian Journal of Public Health-Revue Canadienne de Santé Publique, 101: S29-S33.

Fama E F. 1980. Agency problems and the theory of the firm[J]. Journal of Political Economy, 88（2）: 288-307.

Friedman D. 1991. Evolutionary games in economics[J]. Econometrica, 59（3）: 637-666.

Ghahramani A. 2016. Factors that influence the maintenance and improvement of OHSAS 18001 in adopting companies: a qualitative study[J]. Journal of Cleaner Production, 137: 283-290.

Glick P, Al-Khammash U, Shaheen M, et al. 2018. Health risk behaviours of Palestinian youth: findings from a representative survey[J]. Eastern Mediterranean Health Journal, 24（2）: 127-136.

Gounaris S. 2005. Measuring service quality in b2b services: an evaluation of the SERVQUAL scale vis-à-vis the INDSERV scale[J]. Journal of Services Marketing, 19（6）: 421-435.

Granerud R L, Rocha R S. 2011. Organisational learning and continuous improvement of health and safety in certified manufacturers[J]. Safety Science, 49（7）: 1030-1039.

Grönroos C. 1982. An applied service marketing theory[J]. European Journal of Marketing, 16（7）: 30-41.

Grönroos C. 1984. A service quality model and its marketing implications[J]. European Journal of Marketing, 18（4）: 36-44.

Grossman S J, Hart O D. 1983. An analysis of the principal-agent problem[J]. Econometrica, 51（1）: 7-45.

Habib R R, Blanche G, Souha F, et al. 2016. Occupational health and safety in hospitals accreditation system: the case of Lebanon[J]. International Journal of Occupational & Environmental Health, 22（3）: 201-208.

Haslam C, O' Hara J, Kazi A, et al. 2016. Proactive occupational safety and health management: promoting good health and good business[J]. Safety Science, 81: 99-108.

Hasle P, Jensen P L. 2006. Changing the internal health and safety organization through organizational learning and change management[J]. Human Factors and Ergonomics in Manufacturing & Service Industries, 16（3）: 269-284.

Hasle P, Kines P, Andersen L P. 2009. Small enterprise owners' accident causation attribution and prevention [J]. Safety Science, 47（1）: 9-19.

Hasle P, Limborg H J. 2006. A review of the literature on preventive occupational health and safety activities in small enterprises[J]. Industrial Health, 44（1）: 6-12.

Hasle P, Limbory H J, Nielsen K T. 2014. Working environment interventions-bridging the gap between policy instruments and practice[J]. Safety Science, 68: 73-80.

Haywood-Farmer J. 1988. A conceptual model of service quality[J]. International Journal of Operations & Production Management, 8（6）: 19-29.

Hohnen P, Hasle P. 2011. Making work environment auditable—a "critical case" study of certified occupational health and safety management systems in Denmark[J]. Safety Science, 49（7）: 1022-1029.

Hovden J, Lie T, Karlsen J E, et al. 2008. The safety representative under pressure. A study of occupational health and safety management in the Norwegian oil and gas industry[J]. Safety Science, 46（3）: 493-509.

Jahangiri M, Rostamabadi A, Malekzadeh G, et al. 2016. Occupational safety and health measures in micro-scale enterprises（MSEs）in Shiraz, Iran[J]. Journal of Occupational Health, 58（2）: 201-208.

Jan B. 2015. Basic versus supplementary health insurance: moral hazard and adverse selection[J]. Journal of Public Economics, 128: 50-58.

Jensen M C, Meckling W H. 1976. Theory of the firm: managerial behavior, agency costs and ownership structure[J]. Journal of Financial Economics, 3（4）: 305-360.

Jiang L, Li F, Li Y J, et al. 2017. Leader-member exchange and safety citizenship behavior: the mediating role of coworker trust[J]. Work, 56（3）: 387-395.

Kankaanpää E, Suhonen A, Valtonen H. 2009. Does the company's economic performance affect access to occupational health services?[J]. BMC Health Services Research, 9（1）: 156.

Keiichi K. 2015. Reputation for quality and adverse selection[J]. European Economic Review, （76）: 47-59.

Kettinger W J, Choong C L. 1994. Perceived service quality and user satisfaction with the information services function[J]. Decision Sciences, 25（5/6）: 737-766.

Laura V K, Peter H, Ulla C. 2015. Motivational factors influencing small construction and auto repair enterprises to participate in occupational health and safety programmes[J]. Safety Science, 71: 253-263.

Legg S J, Olsen K B, Laird I S, et al. 2015. Managing safety in small and medium enterprises[J]. Safety Science, 71: 189-196.

Lengagne P. 2016. Experience rating and work-related health and safety[J]. Journal of Labor Research, 37（1）: 69-97.

Lenhardt U, Beck D. 2016. Prevalence and quality of workplace risk assessments-findings from a representative company survey in Germany[J]. Safety Science, 86: 48-56.

Levine D K, Pesendorfer W. 2007. The evolution of cooperation through imitation[J]. Games and Economic Behavior, 58（2）: 293-315.

Mahmoudi S, Ghasemi F, Mohammadfam I, et al. 2014. Framework for continuous assessment and improvement of occupational health and safety issues in construction companies[J]. Safety and Health at Work, 5（3）: 125-130.

Martin W B. 1986. Defining what quality service is for you[J]. Cornell Hotel and Restaurant

Administration Quarterly, 26（4）: 32-38.

Masi D, Cagno E. 2015. Barriers to OHS interventions in small and medium-sized enterprises[J]. Safety Science, 71（1）: 226-241.

Mayhew C, Quintan M, Ferris R. 1997. The effects of subcontracting/outsourcing on occupational health and safety: survey evidence from four Australian industries[J]. Safety Science, 25（1/3）: 163-178.

Meershoek A, Horstman K. 2016. Creating a market in workplace health promotion: the performative role of public health sciences and technologies[J]. Critical Public Health, 26（3）: 269-280.

Mikkelsen S H. 2001. Occupational safety and health through marketing and procurement: a review of European initiatives[C]//Proceedings of the International Conference on Radioactive Waste Management and Environmental Remediation, ICEM, 1: 367-370.

Mohammadfam I, Kamalinia M, Momeni M, et al. 2016. Developing an integrated decision making approach to assess and promote the effectiveness of occupational health and safety management systems[J]. Journal of Cleaner Production, 127: 119-133.

Morgan N. 1990. Corporate legal advice and client quality perceptions[J]. Marketing Intelligence and Planning, 8（6）: 33-39.

Moriguchi J, Ikeda M, Sakuragi S, et al. 2010. Activities of occupational physicians for occupational health services in small-scale enterprises in Japan and in the Netherlands[J]. International Archives of Occupational and Environmental Health, 83（4）: 389-398.

Morillas R M, Rubio-Romero J C, Fuertes A. 2013. A comparative analysis of occupational health and safety risk prevention practices in Sweden and Spain[J]. Journal of Safety Research, 47: 57-65.

Moyo D, Zungu M, Kgalamono S, et al. 2015. Review of occupational health and safety organization in expanding economies: the case of Southern Africa[J]. Annals of Global Health, 81（4）: 495-502.

Mrema E J, Ngowi A V, Mamuya S H D. 2015. Status of occupational health and safety and related challenges in expanding economy of Tanzania[J]. Annals of Global Health, 81（4）: 538-547.

Muto T, Takata T, Aizawa Y, et al. 2000. Analysis of Japanese occupational health services for small-scale enterprises, in comparison with the recommendations of the joint WHO/ILO task group[J]. International Archives of Occupational and Environmental Health, 73（5）: 352-360.

Nenonen S, Vasara J. 2013. Safety management in multiemployer worksites in the manufacturing industry: opinions on co-operation and problems encountered[J]. International Journal of Occupational Safety & Ergonomics, 19（2）: 167-183.

Niskanen T. 2015. Leadership Relationships and Occupational Safety and Health Processes in the Finnish Chemical Industry[M]. Berlin: Springer International Publishing.

Niskanen T, Louhelainen K, Hirvonen M L. 2014. An evaluation of the effects of the occupational safety and health inspectors' supervision in workplaces[J]. Accident Analysis & Prevention, 68: 139-155.

Niskanen T, Naumanen P, Hirvonen M L. 2012. An evaluation of EU legislation concerning risk assessment and preventive measures in occupational safety and health[J]. Applied Ergonomics, 43 (5): 829-842.

Ollé-Espluga L, Vergara-Duarte M, Belvis F, et al. 2015. What is the impact on occupational health and safety when workers know they have safety representatives?[J]. Safety Science, 74: 55-58.

Olsen K B, Hasle P. 2015. The role of intermediaries in delivering an occupational health and safety programme designed for small businesses—a case study of an insurance incentive programme in the agriculture sector[J]. Safety Science, 71: 242-252.

Parasuraman A, Zeithaml V A, Berry L L. 1985. A conceptual model of service quality and its implications for future research[J]. Journal of Marketing, 49 (4): 41-50.

Parasuraman A, Zeithaml V A, Berry L L. 1988. SERVQUAL: a multiple-item scale for measuring consumer perceptions of service quality[J]. Journal of Retailing, 64 (1): 12-40.

Quinlan M, Bohle P. 2009. Overstretched and unreciprocated commitment: reviewing research on the occupational health and safety effects of downsizing and job insecurity[J]. International Journal of Health Services, 39 (1): 1-44.

Rantanen J, Lehtinen S, Iavicoli S. 2013. Occupational health services in selected International Commission on Occupational Health (ICOH) member countries[J]. Scandinavian Journal of Work, Environment &Health, 39 (2): 212-216.

Rocha R. 2008. Occupational health and safety management systems—an institutional analysis[J]. Social Science Electronic Publishing, 26 (4): 693-720.

Rohrbaugh J. 1981. Operationalizing the competing values approach: measuring performance in the employment service[J]. Public Productivity Review, 5: 141-159.

Rouviere E, Caswell J A. 2012. From punishment to prevention: a French case study of the introduction of co-regulation in enforcing food safety [J]. Food Policy, 37 (3): 246-254.

Rust R T, Oliver R L. 1994. Service Quality: New Directions in Theory and Practice[M]. London: SAGE Publications, Inc.

Samant V, Parker D, Brosseau L, et al. 2007. Organizational characteristics of small metal-fabricating businesses in Minnesota[J]. International Journal of Occupational and Environmental Health, 13 (2): 160-166.

Santos G, Barros S, Mendes F, et al. 2013. The main benefits associated with health and safety management systems certification in Portuguese small and medium enterprises post quality management system certification[J]. Safety Science, 51（1）: 29-36.

Sari F Ö. 2009. Effects of employee trainings on the occupational safety and health in accommodation sector[J]. Procedia-Social and Behavioral Sciences, 1（1）: 1865-1870.

Schmidt C. 2004. Are evolutionary games another way of thinking about game theory?[J]. Journal of Evolutionary Economics, 14（2）: 249-262.

Schmidt L, Sjöström J, Antonsson A B. 2015. Successful collaboration between occupational health service providers and client companies: key factors[J]. Work, 51（2）: 229-237.

Schvaneveldt S J, Enkawa T, Miyakawa M. 1991. Consumer evaluation perspectives of service quality: evaluation factors and two-way model of quality[J]. Total Quality Management, 2（2）: 149-162.

Šidagytė R, Eglīte M, Salmi A, et al. 2015. The legislative backgrounds of workplace health promotion in three European countries: a comparative analysis[J]. Journal of Occupational Medicine and Toxicology, 10（1）: 18.

Smith W R. 1959. The role of planning in marketing[J]. Bussiness Horizons, 2（3）: 53-57.

Spence M. 1973. Job market signaling[J]. The Quarterly Journal of Economics, 87（3）: 355-374.

Steel J, Godderis L, Luyten J. 2018. Productivity estimation in economic evaluations of occupational health and safety interventions: a systematic review[J]. Scandinavian Journal of Work, Environment & Health, 44（5）: 458-474.

Subramaniam C, Shamsudin F M, Zin M L M, et al. 2016. Safety management practices and safety compliance in small medium enterprises: mediating role of safety participation[J]. Asia-Pacific Journal of Business Administration, 8（3）: 226-244.

Sunindijo R Y. 2015. Improving safety among small organisations in the construction industry: key barriers and improvement strategies[J]. Procedia Engineering, 125（11）: 109-116.

Takeuchi H, Quelch J. 1983. Quality is more than making a good product [J]. Harvard Business Review, 61（4）: 139-145.

Thiede I, Thiede M. 2015. Quantifying the costs and benefits of occupational health and safety interventions at a Bangladesh shipbuilding company[J]. International Journal of Occupational and Environmental Health, 21（2）: 127-136.

Tompa E, Trevithick C, Mcleod T C. 2007. Systematic review of the prevention incentives of insurance and regulatory mechanisms for occupational health and safety[J]. Scandinavian Journal of Work, Environment & Health, 33（2）: 85-95.

Tucker S, Turner N. 2014. Safety voice among young workers facing dangerous work: a policy-capturing approach[J]. Safety Science, 62（2）: 530-537.

Ulutasdemir N，Kilic M，Zeki Ö，et al. 2015. Effects of occupational health and safety on healthy lifestyle behaviors of workers employed in a private company in Turkey[J]. Annals of Global Health，81（4）：503-511.

Walters D. 2004. Worker representation and health and safety in small enterprises in Europe[J]. Industrial Relations Journal，35（2）：169-186.

Yi K H，Cho H H，Kim J. 2011. An empirical analysis on labor unions and occupational safety and health committees' activity，and their relation to the changes in occupational injury and illness rate[J]. Safety and Health at Work，2（4）：321-327.

附录 A　小微企业安全生产服务购买情况调查问卷

企业名称：_____　　　　　　地址：_____
填表联系人：_____　　　　　　联系方式：_____

一、基本信息

1. 年龄：
2. 学历：□研究生 □本科 □大专 □高中及中专 □初中 □初中以下
3. 您所在企业的行业：□机械加工 □建筑行业 □非煤矿山 □民用爆破 □危险化学品 □烟花爆竹 □煤矿 □冶金 □其他（请注明）
4. 企业性质：□民营企业　□合资企业　□国有独资或国有控股企业　□集体企业　□乡镇企业　□外资企业
5. 企业从业人员共（　）人。
从事特种作业人员（　）人；有特种作业资格证书人员（　）人；专职安全管理人员（　）人；兼职安全管理人员（　）人；企业上年营业收入（　）万元；企业上年年底固定资产规模（　）

二、安全生产服务购买情况

1. 目前贵企业最主要购买安全生产服务的方式是什么？　　　　　（　　　）
A. 向相关安全生产服务机构购买　　B. 企业自己培养相关人才，自给自足
C. 其他（请注明）_____
2. 贵企业是否接受过安全生产服务机构提供的服务？　　　　　（　　　）
A. 是　　　　　　　　　　　B. 否
3. 贵企业若接受过安全生产服务机构提供的服务，则接受的服务项目主要是什么？（多选）　　　　　　　　　　　　　　　　　　　（　　　）
A. 安全预评价　　　　　B. 验收评价　　　　　C. 综合评价或现场评价
D. 专项评价　　　　　　E. 安全检测　　　　　F. 安全培训

G. 安全咨询　　　　　H. 安全体系认证　　I. 安全生产管理

J. 安全技术服务　　　　K. 其他（请注明）_____

4. 对安全生产服务机构提供的服务，贵企业的满意程度如何？　　　（　　）

A. 满意　　　　　　　B. 较满意　　　　　　C. 一般

D. 不满意　　　　　　E. 很不满意

5. 贵企业认为安全生产服务机构应在哪些方面进行改进？　　　（　　）

A. 培训手段、方法　　B. 咨询业务范围　　　C. 技术服务的规范化

D. 技术内容　　　　　E. 安全评价的质量　　F. 其他（请注明）_____

6. 若政府加大对购买安全生产服务企业的补贴力度，贵企业是否购买安全生产服务？　　　（　　）

A. 是　　　　　　　　B. 否

7. 贵企业对安全生产服务机构提供的以下服务的购买意愿

	不愿意	较不愿意	一般	愿意	非常愿意
安全预评价	□	□	□	□	□
安全现状评价	□	□	□	□	□
安全验收评价	□	□	□	□	□
安全检测	□	□	□	□	□
安全培训	□	□	□	□	□
安全咨询服务	□	□	□	□	□

8. 贵企业对安全生产服务机构提供的服务的评价

	不满意	较不满意	一般	满意	非常满意
安全预评价	□	□	□	□	□
安全现状评价	□	□	□	□	□
安全验收评价	□	□	□	□	□
安全检测	□	□	□	□	□
安全培训	□	□	□	□	□
安全咨询服务	□	□	□	□	□

三、企业安全管理现状调查

1. 贵企业的安全管理机构设置情况　　　（　　）

A. 没有安全管理机构　　　　　　　B. 有部门兼管安全工作

C. 有专业安全管理机构

2. 企业主要负责人参加安全培训的情况　　　　　　　　　（　　　）

A. 未参加安全培训　　　　　　　　　B. 委派他人参加安全培训

C. 参加过安全教育培训，暂时没有证书

D. 经过培训与考核，并已取得证书

3. 企业安全管理人员参加安全培训的情况　　　　　　　　（　　　）

A. 没有人员参加安全教育培训　　　　B. 少数人员参加安全教育培训

C. 大部分人员参加安全教育培训　　　D. 全部人员参加安全教育培训

4. 贵企业特种作业人员持证上岗情况　　　　　　　　　　（　　　）

A. 没有人员持证上岗　　　　　　　　B. 少数人员持证上岗

C. 绝大多数人员持证上岗　　　　　　D. 全部人员持证上岗

5. 贵企业员工的常规安全培训情况　　　　　　　　　　　（　　　）

A. 未开展员工安全教育培训

B. 只针对危险、有害作业岗位人员开展安全教育培训

C. 开展全员安全教育培训

附录 B　安全生产服务机构半结构化访谈提纲

访谈时间：_____

访谈对象：_____

对象地址：_____

访谈编号：_____

一、安全生产服务机构背景

1. 请简要介绍贵机构的发展情况，如成立初衷、主要业务内容、机构性质、资质、变迁历史等。

2. 请简要介绍贵机构从业人员构成、资质及素质发展情况。

3. 请简要介绍贵机构主要业务来源。是企业主动寻找、政府指定，还是自己开拓市场？

4. 请客观评价安全生产服务机构在小微企业安全生产绩效提升中的作用。

5. 谈谈您对安全生产服务机构出具的安全评价报告质量、作用等的看法。

二、安全生产管理政策

1. 谈谈您对目前政府安全生产政策的看法。

2. 谈谈您对地方安监部门的监管策略、人员实力、监管态度、行为、举措等的看法。

3. 您觉得目前政府在安全生产服务机构的管理方面存在哪些问题？

4. 您希望政府出台哪些政策或措施来推动安全服务市场发展，规范市场秩序，实现公平竞争？

三、市场运行

1. 您认为安全生产服务市场发展前景如何？哪些领域潜力较大？市场有无饱和？

2. 您认为目前安全生产服务市场存在哪些问题？是否存在恶性竞争？是否存在安全生产服务机构与企业合谋，出具虚假报告的现象？

四、小微企业现状

1. 您认为小微企业购买安全生产服务的意愿是否强烈？

2. 请客观评价小微企业安全生产现状，如人力、物力资源情况，企业主安全生产投入意愿与心态，对待安全评价政策的态度、行为、举措等。

附录 C 小微企业安全生产半结构化访谈提纲

一、小微企业安全生产现状

1. 请简要介绍贵企业（厂）的发展情况，如成立时间、主要业务、成立以来的安全生产事故发生率、安全评价及安全生产许可证发放情况等。

2. 请简要介绍贵企业人员构成；有无安全生产专职管理人员；企业主要员工学历、素质、关于安全生产的认知和要求等。

3. 请简要介绍贵企业安全生产设备与管理制度、员工安全教育培训等情况。

4. 您对贵企业购买安全生产服务的意愿是否强烈？

5. 如果国家要求在小微企业推行安全生产标准化管理，贵企业有无能力实施该项管理，将如何应对？

二、安全生产政策与监管

1. 谈谈您对目前政府出台的安全评价、安全生产许可证制度等相关政策的看法。

2. 谈谈安全评价制度对企业安全生产现状改善的作用。

3. 谈谈您对地方安监部门监管资源、实力、态度、行为、举措的看法。

4. 您希望政府出台哪些安全生产政策或措施来扶持、推动小微企业提升安全生产水平？

三、安全生产服务认知

1. 谈谈您对安全生产服务市场发展现状、行业自律情况等的看法。

2. 谈谈您对安全生产服务机构服务能力、态度及对贵企业安全生产现状改善所起作用的看法。

3. 谈谈您对安全生产服务机构安全评价过程及评价报告质量的看法。

四、安全生产服务购买

（一）购买服务之前

1. 您所在企业主要购买服务机构的哪些服务，对安全生产服务有什么要求吗？

2. 当贵企业选择服务机构时，会关注服务机构的服务范围吗？

3. 贵企业会去了解服务机构的相关信息吗？

4. 贵企业从哪里获得服务机构的相关信息？

5. 贵企业购买安全生产服务时主要考察服务机构的哪些方面？

6. 贵企业选择服务机构的标准是什么？对贵企业而言，刚需服务机构的服务资质重要吗？

7. 贵企业对服务合同的条款有什么要求？

（二）服务实施过程

1. 服务机构在提供服务之前会到贵企业了解情况吗？

2. 服务机构在提供服务时需要贵企业进行配合吗，对贵企业的帮助如何？

3. 贵企业比较关注服务实施过程中的哪些方面？为什么？

4. 贵企业认为服务机构哪方面的能力比较重要？为什么？

（三）接受服务之后

1. 服务机构提供的服务能达到贵企业的预期吗？

2. 什么样的服务是好的服务呢？

3. 服务的效果从哪些方面体现？

4. 怎么判断服务机构出具的服务报告的优劣？

附录 D　地方安监部门半结构化访谈提纲

一、地方安监部门情况介绍

1. 请简要介绍贵部门的发展情况，包括成立时间、历史沿革、类属性质、主要职能等。

2. 请简要介绍贵部门的人员编制、构成、业务能力、权限等。

二、安全生产服务机构及市场监管

1. 您认为安全生产服务市场发展前景如何？哪些领域潜力较大？市场有无饱和？

2. 您认为目前安全生产服务市场存在哪些问题？是否存在恶性竞争？是否存在安全生产服务机构与企业合谋，出具虚假报告的现象？

3. 您觉得目前政府对安全生产服务机构的管理存在哪些问题？

4. 贵部门有哪些安全生产服务市场监管政策与举措？请简要介绍其实施情况和安全评价制度落实的监管情况等。

5. 您认为安全评价能否对小微企业安全生产现状的改善起到好的促进作用？若能起到好的作用，请举例。

三、小微企业安全生产监管

1. 您认为小微企业对于安全生产服务的购买意愿是否强烈？

2. 请您对所属地区内的小微企业安全生产现状进行评价。

3. 贵部门有哪些促进小微企业安全生产水平提升的监管政策与举措，其实施情况如何？

附录 E　安全生产柔需服务质量调研问卷

1. 您所在企业的类型　　　　　　　　　　　　　　　　　　　　（　　）
   A. 机械电子　　　　　B. 建筑施工　　　　　C. 非煤矿山
   D. 民用爆破　　　　　E. 危险化学品　　　　F. 烟花爆竹
   G. 煤矿　　　　　　　H. 冶金
   I. 其他（请注明）_____
2. 您的工作岗位　　　　　　　　　　　　　　　　　　　　　　　（　　）
   A. 主要负责人　　　　B. 安全生产管理人员　　C. 特种作业人员
   D. 其他从业人员
3. 您的性别　　　　　　　　　　　　　　　　　　　　　　　　　（　　）
   A.男　　　　　　　　B.女
4. 您的年龄　　　　　　　　　　　　　　　　　　　　　　　　　（　　）
   A. 18~25 岁　　　　　B. 26~30 岁　　　　　C. 31~35 岁
   D. 36~40 岁　　　　　E. 41~50 岁　　　　　F. 51 岁及以上
5. 您从事该行业或者相关工作的年限　　　　　　　　　　　　　　（　　）
   A. 1 年以下　　　　　B. 1~3 年　　　　　　C. 4~6 年
   D. 7~9 年　　　　　　E. 10~12 年　　　　　F. 13~15 年
   G. 15 年以上
6. 您所在单位购买的安全生产服务类型：_____
7. 您所在单位准备后续购买的安全生产服务类型：_____
8. 请您简单谈谈对贵单位购买的安全生产服务质量的看法。

_____

_____

9. 您觉得服务机构的安全生产服务需要在哪些方面进行改进?

_____

_____

10. 该调查表列出了安全生产柔需服务相关的影响因素,在每个因素的右边,给出了一个 10 分制的重要程度测评量表:1 分表示"一点也不重要",10 分表示"非常重要",中间的分数表示介于它们之间的重要程度。

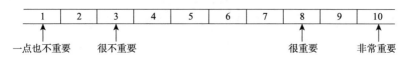

只需要在各影响因素对应的分数框打"√"。请您在量表上对各影响因素的重要程度打分。

题号	与安全生产柔需服务质量相关的因素									
1	掌握企业安全生产现状和特点,对企业安全生产现状进行评估的能力	1	2	3	4	5	6	7	8	9	10
2	能够提交有效的机构资质证明	1	2	3	4	5	6	7	8	9	10
3	依法与委托企业签订安全生产服务合同,明确双方的权利、义务	1	2	3	4	5	6	7	8	9	10
4	机构提供安全生产柔需服务所收取的费用符合法律法规规定;法律法规没有规定的,按照行业自律标准或者指导性标准收费	1	2	3	4	5	6	7	8	9	10
5	能够履行现场安全生产检查职责,对检查发现的事故隐患提出整改意见,督促委托企业落实整改	1	2	3	4	5	6	7	8	9	10
6	能够建立和完善委托企业的安全规章制度	1	2	3	4	5	6	7	8	9	10
7	能够贯彻执行有关安全生产的法律、法规要求,指导和促进委托企业达到安全生产标准	1	2	3	4	5	6	7	8	9	10
8	协助企业培养组织员工安全生产宣传教育和培训工作能力	1	2	3	4	5	6	7	8	9	10
9	能够掌握委托企业安全生产状况,及时报告其发生的安全生产事故,制定安全生产事故应急救援预案并指导演练、落实	1	2	3	4	5	6	7	8	9	10
10	企业安全问题与隐患被及时有效地发现	1	2	3	4	5	6	7	8	9	10
11	制定的安全生产整改措施具有可实施性	1	2	3	4	5	6	7	8	9	10
12	提升了安全生产管理水平	1	2	3	4	5	6	7	8	9	10